黄河防御洪水方案关键技术研究

魏　军　刘红珍　等著

黄 河 水 利 出 版 社
· 郑 州 ·

内 容 提 要

本书针对黄河流域洪水泥沙灾害特点和防洪工程情况等，梳理了流域防洪形势和亟须解决的问题。重点研究了上游龙羊峡、刘家峡水库联合防洪调度，中下游洪水泥沙特点及中小洪水调控，小浪底水库拦沙后期下游防洪工程体系联合防洪调度，上中下游凌汛特征及防凌调度原则等关键技术。提出了面向全流域包括防洪防凌、涵盖洪水泥沙和洪水资源利用的黄河防御洪水方案，为实现流域洪水统一管理、统一调度奠定了技术基础。

本书可供从事水文水资源、水库调度、防洪减灾等相关专业领域研究、规划、设计和管理的专业技术人员、高等院校师生阅读参考。

图书在版编目(CIP)数据

黄河防御洪水方案关键技术研究/魏军，刘红珍等著.—郑州：黄河水利出版社，2017.12

ISBN 978-7-5509-1926-6

Ⅰ.①黄… Ⅱ.①魏…②刘… Ⅲ.①黄河-防洪工程-研究 Ⅳ.①TV882.1

中国版本图书馆CIP数据核字(2017)第324197号

组稿编辑：王路平　电话：0371-66022212　E-mail：hhslwlp@126.com

出 版 社：黄河水利出版社　　网址：www.yrcp.com

地址：河南省郑州市顺河路黄委会综合楼14层　邮政编码：450003

发行单位：黄河水利出版社

发行部电话：0371-66026940、66020550、66028024、66022620(传真)

E-mail：hhslcbs@126.com

承印单位：河南新华印刷集团有限公司

开本：787 mm×1 092 mm　1/16

印张：15

字数：350千字

版次：2017年12月第1版　　印次：2017年12月第1次印刷

定价：60.00元

前　言

黄河是一条多泥沙、多灾害河流,洪水泥沙灾害严重,历史上曾给中国人民带来深重的灾难。治理黄河历来是中华民族安民兴邦的大事。中华人民共和国成立以来,党和政府对黄河防洪减灾十分重视,对下游两岸临黄大堤先后进行了四次加高培厚,开辟了北金堤、东平湖等滞洪区,修建了三门峡、小浪底、陆浑、故县等水库,初步形成了"上拦下排、两岸分滞"的防洪工程体系。为防御黄河洪水,国务院于1985年批复《黄河防御特大洪水方案》,国家防汛抗旱总指挥部于2005年批复了《黄河中下游近期洪水调度方案》,对黄河中下游各级洪水的防御和调度工作做出了安排,为小浪底水库建成前和近期的防汛抗洪提供了决策依据,在黄河防洪与洪水管理方面发挥了重要作用。

但是,首先,1985年国务院批复的《黄河防御特大洪水方案》中的防洪工程体系情况已发生了巨大变化,1986年以来,黄河干支流先后建成了龙羊峡、万家寨(含龙口)、小浪底(含西霞院)、故县等大型水库,海勃湾水库和河口村水库正在建设中,上游宁夏、内蒙古河段(简称宁蒙河段)堤防建设逐步完善,下游干流标准化堤防建设基本完成,主要支流堤防工程进一步完善。同时,科学技术的发展使黄河防洪非工程措施丰富、管理水平提高;国务院已于2008年7月批复《黄河流域防洪规划》,黄河水沙调控体系、下游防洪工程体系等将逐步完善。受气候变化及人类活动的共同影响,黄河中下游的洪水形势也发生了较大变化,洪水量级减小,频次减少。20世纪90年代以来,黄河下游河道主槽过流能力减小、"二级悬河"形势严峻,黄河上中游干流河段泥沙淤积、河道排洪能力降低,黄河流域的防洪条件和防洪形势都发生了巨大变化。因此,黄河流域现有的防御洪水方案和洪水调度方案已不能适应当前的防洪形势。

其次,制订防御洪水方案的理念发生了根本转变。十六大以来,党中央相继提出了"坚持以人为本,树立全面、协调、可持续发展"的科学发展观,建设社会主义和谐社会、构建资源节约型和环境友好型社会的战略部署。水利部门提出了从传统水利向现代水利、可持续发展水利转变的治水新思路;以科学发展观和治水新思路为指导,提出了"维持黄河健康生命"的治河新理念和新的治河体系。科学发展观、治水新思路和维持黄河健康生命的治河理念需要贯彻到黄河防御洪水方案和洪水调度方案的制订中,由过去单纯地控制洪水向管理洪水转变,以指导一定时期内的黄河防御洪水安排和管理工作。

再次,经济社会的发展对洪水管理提出了新的更高要求。随着经济社会的快速发展,洪水灾害造成的损失增大;人民生活水平的提高使下游滩区群众防洪保安全的呼声越来越高,各地区、各部门对防洪保障体系也提出了新的更高要求,对黄河防御洪水方案和洪水调度方案也提出了新的更高要求。

最后,目前已有的洪水防御方案都是仅针对伏秋大汛洪水,还没有针对凌汛期防御冰凌洪水的纲领性文件,而近年来黄河上游宁蒙河段凌汛洪水威胁依然严峻,因此需要开展凌汛期防御冰凌洪水方案研究。

为做好防御洪水方案编制和洪水调度方案修订工作，2009年5月，国家防汛抗旱总指挥部办公室下发了《关于做好大江大河防御洪水方案和洪水调度方案编制修订工作的通知》（简称《通知》），根据《通知》要求，黄河水利委员会（简称黄委）组织开展黄河防御洪水方案和洪水调度方案研究工作。2009年8月，黄委成立黄河防御洪水方案和洪水调度方案编制工作领导小组，明确本研究由黄委防汛办公室组织协调，黄河勘测规划设计有限公司技术牵头、负责汛期防御洪水方案和洪水调度方案的研究，黄委水文局负责凌汛期防御洪水方案的研究，黄河水利科学研究院参与有关分析计算工作。课题组在开展大量研究工作基础上，提出了《黄河汛期防御洪水方案研究报告》、《黄河洪水调度方案研究报告》、《凌汛期防御冰凌洪水方案研究报告》和《黄河防御洪水方案》、《黄河洪水调度方案》。2011年4月，黄委科技委对两个方案和研究成果进行了咨询，之后，黄委针对两个方案和研究成果多次讨论，并征求了流域相关省区意见，研究报告也完成相应修改。2011年10月，黄委对《黄河汛期防御洪水方案研究报告》、《黄河洪水调度方案研究报告》和《凌汛期防御冰凌洪水方案研究报告》进行了成果验收。

之后，在课题研究成果基础上汇总形成《黄河防御洪水方案关键技术研究》报告，并于2014年6月经过国内多名院士和知名专家鉴定，研究成果总体上达到国际先进水平，在防凌预警指标方面达到国际领先水平；2016年成果获得大禹水利科学技术进步二等奖。2014年国务院批复了《黄河防御洪水方案》（国函〔2014〕44号），2015年国家防汛抗旱总指挥部批复了《黄河洪水调度方案》（国汛〔2015〕19号）。

本书是在课题研究成果基础上提炼而成的，全书共7章：第1章介绍当前防洪形势、国内外研究现状，阐述本次研究的范围、目标、思路和主要研究成果；第2章对黄河暴雨洪水进行了研究，定义了花园口、潼关等站的中小洪水量级，提出了中小洪水泥沙特点；第3章分析了黄河水沙特性及河道冲淤特点，预测了上游宁蒙河段和黄河下游河道冲淤变化；第4章在分析上游防洪工程和防洪形势的基础上，根据近年来上游防洪要求提出了龙羊峡、刘家峡水库兼顾宁蒙河段防洪的运用方式和上游防御洪水方案；第5章通过下游河道过流能力和滩区淹没损失分析，说明黄河下游滩区防洪是近期存在的主要问题，构建了五库联合防洪调度模型，提出小浪底水库对中小洪水的防洪运用方式，利于解决下游滩区防洪问题，明确了特大洪水五库联合防洪运用方式，提出超标准洪水的防御措施；第6章从热力、动力和河道边界条件等多方面分析了黄河上、中、下游凌汛形成原因、近期变化特点和水库调度影响等，重点分析了上游宁蒙河段凌情、上游防凌工程调度等，首次提出凌情等级判别指标及量级划分标准；第7章总结研究所取得的主要成果并展望未来成果的应用。

本书编写的具体分工为：第1章由魏军执笔；第2章由李荣容执笔；第3章由付健、李焯执笔；第4章由宋伟华、刘红珍执笔；第5章由李保国、李荣容、刘红珍执笔；第6章由魏军执笔；第7章由刘红珍、魏军执笔。全书由魏军、刘红珍统稿。

本课题成果由多个单位和多名技术人员共同参与完成。参加研究的有黄河勘测规划设计有限公司的刘红珍、李保国、付健、安催花、李海荣、宋伟华、李荣容、雷鸣、李超群、万占伟、许明一、鲁俊、崔鹏、贺顺德、王鹏等，黄委防汛办公室的魏军、张素平、张乐天、毕东升、张永、赵咸荣、任伟等，黄委水文局的李焯、刘龙庆、李世明、钱云平、许卓首、范国庆等，黄河水利科学研究院的杨明、曲少军、林秀芝、王平等。在此对大家的辛勤劳动、大力支持表示诚挚的感谢！

本书在研究和编辑过程中，得到了国家防汛抗旱总指挥部办公室多位领导的指导，得到了时任黄委科技委主任陈效国、副主任胡一三和翟家瑞教授、李文家教授等多位专家的悉心指导，得到了黄河勘测规划设计有限公司、黄委水文局、黄河水利科学研究院多位领导的指导。在此对各位领导和专家的关心、帮助表示衷心的感谢！特别感谢黄委防汛办公室的张素平和毕东升教授、黄河勘测规划设计有限公司的李海荣和安催花教授对成果和书稿提出的诸多宝贵意见和建议。

黄河防洪、防凌问题复杂，加之编写人员水平有限，书中疏漏之处在所难免，敬请专家、读者批评指正。

作　者

2017 年 9 月

目 录

第 1 章　绪　论

1.1　黄河流域概况

1.1.1　自然地理条件

黄河是我国的第二大河，发源于青藏高原巴颜喀拉山北麓海拔 4 500 m 的约古宗列盆地，流经青海、四川、甘肃、宁夏、内蒙古、陕西、山西、河南、山东等 9 省（区），在山东省垦利县注入渤海。干流河道全长 5 464 km，流域面积 79.5 万 km^2（包括内流区 4.2 万 km^2）。

黄河流域位于东经 95°53′～119°05′、北纬 32°10′～41°50′之间，西起巴颜喀拉山，东临渤海，北抵阴山，南达秦岭，横跨青藏高原、内蒙古高原、黄土高原和华北平原等四个地貌单元，地势西部高、东部低，由西向东逐级下降，地形上大致可分为三级阶梯。

第一级阶梯是流域西部的青藏高原，海拔 3 000 m 以上，其南部的巴颜喀拉山脉构成与长江的分水岭。祁连山横亘北缘，形成青藏高原与内蒙古高原的分界。东部边缘北起祁连山东端，向南经临夏、临潭沿洮河，经岷县直达岷山。主峰高达 6 282 m 的阿尼玛卿山，耸立中部，是黄河流域最高点，山顶终年积雪。呈西北—东南方向分布的积石山与岷山相抵，使黄河绕流而行，形成 S 形大弯道。

第二级阶梯大致以太行山为东界，海拔 1 000～2 000 m，包含河套平原、鄂尔多斯高原、黄土高原和汾渭盆地等较大的地貌单元。许多复杂的气象、水文、泥沙现象多出现在这一地带。

第三级阶梯从太行山脉以东至渤海，由黄河下游冲积平原和鲁中南山地丘陵组成。冲积扇的顶部位于沁河口一带，海拔 100 m 左右。鲁中南山地丘陵由泰山、鲁山和蒙山组成，一般海拔 200～500 m 之间，丘陵浑圆，河谷宽广，少数山地海拔在 1 000 m 以上。

黄河水系的特点是干流弯曲多变、支流分布不均、河床纵比降较大，流域面积大于 1 000 km^2的一级支流共 76 条，其中流域面积大于 1 万 km^2或入黄泥沙大于 0.5 亿 t 的一级支流有 13 条，上游有 5 条，其中湟水、洮河天然来水量分别为 48.76 亿 m^3、48.25 亿 m^3，是上游径流的主要来源区；中游有 7 条，其中渭河是黄河最大一条支流，天然径流量、沙量分别为 92.50 亿 m^3、4.43 亿 t，是中游径流、泥沙的主要来源区；下游有 1 条，为大汶河。根据水沙特性和地形、地质条件，黄河干流分为上中下游共 11 个河段，各河段特征值见表 1.1-1。

表 1.1-1 黄河干流各河段特征值

河段	起讫地点	流域面积 (km^2)	河长 (km)	落差 (m)	比降 (‰)	汇入支流 (条)
全河	河源至河口	794 712	5 463.6	4 480.0	8.2	76
上游	河源至河口镇	428 235	3 471.6	3 496.0	10.1	43
	1. 河源至玛多	20 930	269.7	265.0	9.8	3
	2. 玛多至龙羊峡	110 490	1 417.5	1 765.0	12.5	22
	3. 龙羊峡至下河沿	122 722	793.9	1 220.0	15.4	8
	4. 下河沿至河口镇	174 093	990.5	246.0	2.5	10
中游	河口镇至桃花峪	343 751	1 206.4	890.4	7.4	30
	1. 河口镇至禹门口	111 591	725.1	607.3	8.4	21
	2. 禹门口至小浪底	196 598	368.0	253.1	6.9	7
	3. 小浪底至桃花峪	35 562	113.3	30.0	2.6	2
下游	桃花峪至河口	22 726	785.6	93.6	1.2	3
	1. 桃花峪至高村	4 429	206.5	37.3	1.8	1
	2. 高村至陶城铺	6 099	165.4	19.8	1.2	1
	3. 陶城铺至宁海	11 694	321.7	29.0	0.9	1
	4. 宁海至河口	504	92	7.5	0.8	

注:1. 汇入支流是指流域面积在 1 000 km^2 以上的一级支流。

2. 落差以约古宗列盆地上口为起点计算。

3. 流域面积包括内流区,其面积计入下河沿至河口镇河段。

1.1.1.1 上游河段

自河源至内蒙古托克托县的河口镇为黄河上游,干流河道长 3 472 km,流域面积 42.8 万 km^2,汇入的较大支流(流域面积大于 1 000 km^2,下同)有 43 条。龙羊峡以上河段是黄河径流的主要来源区和水源涵养区,也是我国三江源自然保护区的重要组成部分。玛多以上属河源段,地势平坦,多为草原、湖泊和沼泽,河段内的扎陵湖、鄂陵湖,海拔在 4 260 m以上,蓄水量分别为 47 亿 m^3 和 108 亿 m^3,是我国最大的高原淡水湖。玛多至玛曲区间,黄河流经巴颜喀拉山与阿尼玛卿山之间的古盆地和低山丘陵,大部分河段河谷宽阔,间有几段峡谷。玛曲至龙羊峡区间,黄河流经高山峡谷,水量相对丰沛,水流湍急,水力资源较丰富。龙羊峡至宁夏境内的下河沿,川峡相间,落差集中,水力资源十分丰富,是我国重要的水电基地。下河沿至河口镇,黄河流经宁蒙平原,河道展宽,比降平缓,两岸分布着大面积的引黄灌区,沿河平原不同程度地存在洪水和冰凌灾害,特别是内蒙古三盛公以下河段,系黄河自低纬度流向高纬度后的河段,凌汛期间冰塞、冰坝壅水,往往造成堤防决溢,危害较大。上游河段流经干旱地区,降水少,蒸发大,加之灌溉引水和河道侧渗损失,致使黄河水量沿程减少。

1.1.1.2 中游河段

河口镇至河南郑州桃花峪为黄河中游，干流河道长 1 206 km，流域面积 34.4 万 km^2，汇入的较大支流有 30 条。河段内绝大部分支流地处黄土高原地区，暴雨集中，水土流失十分严重，是黄河洪水和泥沙的主要来源区。河口镇至禹门口河段（也称北干流）是黄河干流上最长的一段连续峡谷，水力资源较丰富，峡谷下段有著名的壶口瀑布，深槽宽仅 30 ~ 50 m，枯水水面落差约 18 m，气势宏伟壮观。禹门口至潼关河段（也称小北干流），黄河流经汾渭地堑，河谷展宽，河长约 130 km，河道宽浅散乱，冲淤变化剧烈，河段内有汾河、渭河两大支流相继汇入。潼关至小浪底河段，河长约 240 km，是黄河干流的最后一段峡谷。小浪底以下河谷逐渐展宽，是黄河由山区进入平原的过渡河段。

1.1.1.3 下游河段

桃花峪以下至入海口为黄河下游，流域面积 2.3 万 km^2，汇入的较大支流只有 3 条。现状河床高出背河地面 4 ~ 6 m，比两岸平原高出更多，成为淮河和海河流域的分水岭，是举世闻名的“地上悬河”。从桃花峪至河口，除南岸东平湖至济南区间为低山丘陵外，其余全靠堤防挡水，历史上堤防决口频繁，目前悬河、洪水依然严重威胁黄淮海平原地区的安全，是中华民族的心腹之患。

黄河下游河道具有上宽下窄的特点。桃花峪至高村河段，河长 207 km，堤距一般 10 km 左右，最宽处有 24 km，河槽宽一般 3 ~ 5 km，河道泥沙冲淤变化剧烈，河势游荡多变，历史上洪水灾害非常严重，重大改道都发生在本河段，现状两岸堤防保护面积广大，是黄河下游防洪的重要河段。高村至陶城铺河段，河道长 165 km，堤距一般在 5 km 以上，河槽宽 1 ~ 2 km。陶城铺至宁海河段，河道长 322 km，堤距一般 1 ~ 3 km，河槽宽 0.4 ~ 1.2 km。宁海以下为河口段，河道长 92 km，随着入海口的淤积—延伸—摆动，入海流路相应改道变迁，摆动范围北起徒骇河口，南至支脉沟口，扇形面积约 6 000 km^2。现状入海流路是 1976 年人工改道清水沟后形成的新河道，位于渤海湾与莱州湾交汇处，是一个弱潮陆相河口。随着河口的淤积延伸，1953 年以来至小浪底水库建成前，年平均净造陆面积约 24 km^2。

黄河下游两岸大堤之间滩区面积约 3 160 km^2，有耕地 375 万亩（1 亩 = 1/15 hm^2，全书同），居住人口 189.5 万人。东坝头至陶城铺河段由于主槽淤积和生产堤的修建，造成槽高、滩低、堤根洼的“二级悬河”，严重威胁防洪安全。

1.1.2 气象条件及洪水情况

1.1.2.1 气象条件

黄河流域东临渤海，西居内陆，位于我国北中部，属大陆性气候，各地气候条件差异明显，东南部基本属半湿润气候，中部属半干旱气候，西北部为干旱气候。流域年平均气温 6.4 ℃，由南向北、由东向西递减。近 20 年来，随着全球气温变暖，黄河流域的气温也升高了 1 ℃左右。

根据 1956 ~ 2000 年系列统计，流域多年平均年降水量 446 mm。流域分区降水量见表 1.1-2。

表 1.1-2　黄河流域多年平均降水量特征值(1956 ~ 2000 年系列)

河段	年降水量(mm)	C_v	C_s/C_v	不同频率 p(%)降水量(mm)			
				20	50	75	95
龙羊峡以上	478.3	0.11	2.0	530.2	473.9	448.8	401.4
龙羊峡至兰州	478.9	0.14	2.0	534.2	475.8	432.1	374.2
兰州至河口镇	261.9	0.22	2.0	308.5	257.5	220.9	174.7
河口镇至龙门	433.5	0.21	2.0	507.7	427.1	369.1	295.4
龙门至三门峡	540.6	0.16	2.0	611.6	535.9	479.9	406.5
三门峡至花园口	659.5	0.18	2.0	756.8	652.4	576.0	477.1
花园口以下	647.8	0.22	2.0	763.7	637.4	546.8	432.5
内流区	271.9	0.27	2.0	331.0	265.3	219.5	163.4
黄河流域	445.8	0.14	2.0	498.7	444.2	403.4	349.3

降水量总的趋势是由东南向西北递减,降水最多的是流域东南部湿润、半湿润地区,如秦岭、伏牛山及泰山一带年降水量超过 800 mm;降水量最少的是流域北部的干旱地区,如宁蒙河套平原年降水量只有 200 mm 左右。流域降水量的年内分配极不均匀,连续最大 4 个月降水量占年降水量的 68.3%。流域降水量年际变化悬殊,湿润区与半湿润区最大与最小年降水量的比值大都在 3 倍以上,干旱、半干旱区最大与最小年降水量的比值一般在 2.5 ~ 7.5 之间。

黄河流域水面蒸发量随气温、地形、地理位置等变化较大。兰州以上气温较低,平均水面蒸发量 790 mm;兰州至河口镇区间,气候干燥、降水量少,多沙漠干旱草原,平均水面蒸发量 1 360 mm;河口镇至花园口区间平均水面蒸发量约 1 070 mm;花园口以下平均水面蒸发量 990 mm。

1.1.2.2　洪水情况

黄河洪水按其成因可分为暴雨洪水和冰凌洪水两种类型。其中,发生在 7 ~ 8 月的暴雨洪水对黄河下游防洪威胁最大。冰凌洪水则来势猛、水位高,难于防守。

黄河流域暴雨洪水发生时间为 6 ~ 10 月。其中大洪水的发生时间,上游一般为 7 ~ 9 月,三门峡为 8 月,三门峡至花园口区间为 7 月上旬至 8 月中旬。黄河上游洪水主要来自兰州以上,洪水历时长、洪量大。中下游洪水主要来自河口镇至龙门区间、龙门至三门峡区间和三门峡至花园口区间,其中三门峡以上洪水洪峰高、洪量大、含沙量高;三门峡至花园口区间洪水洪峰高、涨势猛、预见期短。

黄河凌汛主要发生在上游宁夏、内蒙古河段(简称宁蒙河段)和中下游部分河段。冰凌洪水在上游宁蒙河段多发生在 3 月,在黄河下游河段多发生在 2 月。凌汛威胁主要取决于气温变化、河道槽蓄水增量、上游来水情况等。黄河上游宁蒙河段,三湖河口站凌峰流量一般在 1 100 m^3/s 左右(2000 年以来,下同),最大为 1 650 m^3/s;头道拐站凌峰流量一般在 1 800 m^3/s 左右,最大为 2 590 m^3/s;河道槽蓄水增量一般为 15.0 亿 m^3 左右,最大为 19.6 亿 m^3。黄河中游北干流河段局部河段可能出现冰凌堆积。黄河下游随着小浪底水库投入运用,凌汛威胁明显减轻。

1.1.3 土地及矿产资源

1.1.3.1 土地资源

黄河流域总土地面积11.9亿亩(含内流区),占全国国土面积的8.3%,其中大部分为山区和丘陵,分别占流域面积的40%和35%,平原区仅占17%。由于地貌、气候和土壤的差异,形成了复杂多样的土地利用类型,不同地区的土地利用情况差异很大,见表1.1-3。流域内共有耕地2.44亿亩,农村人均耕地3.5亩,约为全国农村人均耕地的1.4倍。流域内大部分地区光热资源充足,生产发展尚有很大潜力。流域内有林地1.53亿亩、牧草地4.19亿亩,林地主要分布在中下游,牧草地主要分布在上中游,林牧业发展前景广阔。

表1.1-3 黄河流域现状土地利用情况

区域	土地面积(万 km^2)	农耕地				林地		牧草地	
		灌溉地(万亩)	旱耕地(万亩)	小计(万亩)	占总面积(%)	面积(万亩)	占总面积(%)	面积(万亩)	占总面积(%)
龙羊峡以上	13.1	24	90	114	0.6	974	4.9	15 963	81
龙羊峡至兰州	9.1	508	1 236	1 744	12.8	2 030	14.9	7 744	56.6
兰州至河口镇	16.3	2 294	2 804	5 098	20.8	420	1.7	6 712	27.4
河口镇至龙门	11.2	294	3 175	3 469	20.7	3 232	19.3	3 517	21
龙门至三门峡	19.2	2 890	7 200	10 090	35.2	6 174	21.6	5 359	18.7
三门峡至花园口	4.2	574	1 104	1 678	26.9	1 957	31.3	643	10.3
花园口以下	2.2	1 094	610	1 704	50.7	274	8.2	15	0.4
内流区	4.2	87	378	465	7.3	241	3.8	1 961	30.9
全流域	79.5	7 765	16 597	24 362	20.4	15 302	12.8	41 914	35.2

1.1.3.2 矿产资源

黄河流域矿产资源丰富,已探明的矿产有114种,在全国已探明的45种主要矿产中,黄河流域有37种。具有全国性优势的有煤、稀土、石膏、玻璃用石英岩、铌、铝土矿、钼、耐火黏土等8种;具有地区性优势的有石油、天然气和芒硝3种;具有相对优势的有天然碱、硫铁矿、水泥用灰岩、钨、铜、岩金等6种。

流域内成矿条件多样,矿产资源既分布广泛,又相对集中,为开发利用提供了有利条件。流域内有兴海—玛沁—迭部区、西宁—兰州区、灵武—同心—石嘴山区、内蒙古河套地区、晋陕蒙接壤地区、陇东地区、晋中南地区、渭北区、豫西—焦作区及下游地区等10个资源集中区,形成了各具特色和不同规模的生产基地,可进行集约化开采利用。流域内有色金属矿产成分复杂,共生、伴生多种有益成分,综合开发利用潜力大。

流域内能源资源十分丰富,中游地区的煤炭资源、中下游地区的石油和天然气资源,在全国占有极其重要的地位。已探明煤产地(或井田)685处,保有储量约5 500亿t,占全国煤炭储量的50%左右，预测煤炭资源总储量2.0万亿t左右。黄河流域的煤炭资源主要分布在内蒙古、山西、陕西、宁夏、河南、甘肃6省(区)，具有资源雄厚、分布集中、品种齐全、煤质优良、埋藏浅、易开发等特点。在全国已探明储量超过100亿t的26个煤田中，黄河流域有12个，如内蒙古鄂尔多斯、山西省的晋中和晋东、陕西陕北、宁夏宁东、河南豫西、甘肃陇东等能源基地。流域内的石油、天然气已探明储量分别约为90亿t和2万亿 m^3，分别占全国总地质储量的40%和9%，主要分布在胜利、中原、长庆和延长4个油区，其中胜利油田是我国的第二大油田。

1.1.4 经济社会概况

黄河流域大部分位于我国中西部地区，经济社会发展相对滞后。流域土地资源、矿产资源特别是能源资源十分丰富，在全国占有极其重要的地位，被誉为我国的"能源流域"，未来发展潜力巨大，经济社会持续发展对黄河治理开发与保护提出了新的更高要求。

1.1.4.1 经济社会发展现状

黄河流域涉及青海、四川、甘肃、宁夏、内蒙古、陕西、山西、河南和山东9省(区)的66个地(市、州、盟)340个县(市、旗)，其中有267个县(市、旗)全部位于黄河流域，73个县(市、旗)部分位于黄河流域。据2007年统计，黄河流域总人口11 368万人，城镇化率约40%，流域人口分布见表1.1-4。

表1.1-4 黄河流域2007年人口分布

河段	人口(万人)			城镇化率(%)	人口密度(人/km^2)
	总人口	城镇人口	农村人口		
龙羊峡以上	65.23	14.28	50.95	21.9	5
龙羊峡至兰州	917.41	327.12	590.29	35.7	101
兰州至河口镇	1 605.98	850.36	755.62	52.9	99
河口镇至龙门	871.00	265.03	605.98	30.4	78
龙门至三门峡	5 119.48	2 066.34	3 053.14	40.4	268
三门峡至花园口	1 340.27	529.66	810.61	39.5	319
花园口以下	1 391.90	463.68	928.22	33.3	633
内流区	56.96	26.81	30.15	47.1	14
黄河流域	11 368.23	4 543.27	6 824.96	40.0	143

黄河流域大部分位于我国中西部地区，由于历史、自然条件等原因，经济社会发展相对滞后，与东部地区相比存在着明显的差距。近年来，随着西部大开发、中部崛起等战略的实施，国家经济政策向中西部倾斜，黄河流域经济社会得到快速发展。流域国内生产总值由1980年的916亿元增加至2007年的16 527亿元(按2000年不变价计，下同)，年均增长率达到11.0%；特别是2000年以后，年均增长率高达13.1%，高于全国平均水平。人均GDP由1980年的1 121元增加到2007年的14 538元，增长了10多倍。但由于黄河流域大部分地处我国中西部地区，经济社会发展相对滞后，2007年黄河流域GDP仅占全国的8%，人均GDP约为全国人均的90%。

1. 农业生产

黄河流域及相关地区是我国农业经济开发的重点地区，小麦、棉花、油料、烟叶、畜牧等主要农牧产品在全国占有重要地位。上游青藏高原和内蒙古高原，是我国主要的畜牧业基地；上游宁蒙河套平原、中游汾渭盆地、下游防洪保护区范围内的黄淮海平原，是我国主要的农业生产基地。现状年流域总耕地面积2.44亿亩，耕垦率为20.4%；总播种面积2.68亿亩，粮食总产量3 958万t，人均粮食产量350 kg，为全国平均值的93%。

黄河流域主要农业基地多集中在灌溉条件好的平原及河谷盆地，广大山丘区的坡耕地粮食单产较低。据统计，现状农田有效灌溉面积为7 765万亩，耕地灌溉率为31.9%，灌溉农田粮食总产量超过全流域粮食总产量的60%。

黄河下游流域外引黄灌区横跨黄淮海平原，目前已建成万亩以上引黄灌区85处，其中30万亩以上大型灌区34处，耕地面积5 990万亩，农田有效灌溉面积约3 300万亩，受益人口约4 898万人，是我国重要的粮棉油生产基地。据统计，现状下游引黄灌区粮食总产量2 727万t，详见表1.1-5。

表1.1-5 黄河流域及相关地区农业发展情况

区域	耕地面积（万亩）	总播种面积（万亩）	农田有效灌溉面积（万亩）	粮播面积（万亩）	粮食产量（万t）
流域内	24 362	26 800	7 765	17 320	3 958
流域外引黄灌区	5 990	10 881	3 300	6 690	2 727
合计	30 352	37 681	11 065	24 010	6 685
占全国比例(%)	16.6	16.2	13.2	15.2	13.4

黄河流域及相关地区农业在全国具有重要地位。流域及下游流域外引黄灌区耕地面积合计为3.04亿亩，占全国的16.6%；农田有效灌溉面积为1.11亿亩，占全国的13.2%；粮食总产量达6 685万t，占全国的13.4%。

黄河流域的河南、山东、内蒙古等省（区）为全国粮食生产核心区，有18个地市53个县被列入全国产粮大县的主产县。甘肃、宁夏、陕西、山西等省（区）的12个地市28个县被列入全国产粮大县的非主产县。

黄河下游流域外引黄灌区涉及河南、山东的13个地市59个县被列入全国产粮大县的主产县。

2. 工业生产

中华人民共和国成立以来，依托丰富的煤炭、电力、石油和天然气等能源资源及有色金属矿产资源，流域内建成了一大批能源和重化工基地、钢铁生产基地、铝业生产基地、机械制造和冶金工业基地，初步形成了工业门类比较齐全的格局，为流域经济的进一步发展奠定了基础。形成了以包头、太原等城市为中心的全国著名的钢铁生产基地和豫西、晋南等铝生产基地，以山西、内蒙古、宁夏、陕西、河南等省（区）为主的煤炭重化工生产基地，建成了我国著名的中原油田、胜利油田以及长庆和延长油气田，西安、太原、兰州、洛阳等城市机械制造、冶金工业等也有很大发展。近年来，随着国家对煤炭、石油、天然气等能源需求的增加,黄河上中游地区的甘肃陇东、宁夏宁东、内蒙古西部、陕西陕北、山西离柳及晋南等能源基地建设速度加快,带动了区域经济的快速发展,与此同时,能源、冶金等行业增加值比重上升。

2007 年黄河流域煤炭产量约 12 亿 t,占全国的 47%;火电装机容量约 60 000 MW,占全国的 8.4%。2007 年工业增加值 7 837 亿元,占流域 GDP 的 47.4%,占全国工业增加值的 9.1%。据统计,现状黄河流域煤炭采选业增加值占全国比重约为 50%,比 2001 年上升了 8.4 个百分点;有色金属矿采选业增加值占全国比重约为 40%,比 2001 年上升了 7.5 个百分点。这说明能源、原材料行业仍是黄河流域各省(区)国民经济发展的主力行业,且其在全国的地位也相当重要。

3. 第三产业

20 世纪 80 年代以来,流域第三产业发展迅速,特别是交通运输、旅游、服务业等发展速度较快,成为推动第三产业快速发展的重要组成部分。2007 年流域第三产业增加值为 5 933 亿元,占流域 GDP 的 35.9%,占全国第三产业增加值的 5.9%。

1.1.4.2 经济社会发展趋势

随着国家区域经济发展战略的调整,国家投资力度将向中西部地区倾斜,未来黄河流域经济发展具有以下优势和特点:一是上中游地区的矿产资源尤其是能源资源十分丰富,开发潜力巨大,在全国的能源和原材料供应方面占有十分重要的战略地位,为了满足国家经济发展对能源及原材料的巨大需求,能源、重化工、有色金属等行业在相当长的时期还要快速发展;二是黄河流域土地资源丰富,是我国粮食的主产区,农业生产在我国占有重要地位,上中游地区还有宜农荒地约 2 000 万亩,占全国宜农荒地总量的 20%,只要水资源条件具备,开发潜力很大,是保障我国粮食安全的重点后备发展区域;三是经过中华人民共和国成立后 60 多年特别是改革开放 30 多年的建设,黄河流域已具备地区特色明显且门类比较齐全的工业基础。

根据国家区域发展战略和黄河流域的资源禀赋,未来黄河流域经济社会发展将形成以下战略格局:一是以上游青藏高原和内蒙古高原为主的畜牧业基地,上游的湟水谷地、宁蒙灌区,以及中游的汾渭灌区、下游引黄灌区等为主的黄河流域乃至全国重要的农业生产基地,发展高效节水农业,保障粮食安全;二是以兰州、西宁为中心的黄河上游水电能源和有色金属基地,加快开发水力资源和有色金属矿产资源,带动相关加工工业的发展;三是以黄河上中游甘肃陇东、宁夏宁东、内蒙古中西部、山西、陕西陕北、河南豫西等为重点的能源化工基地,结合西电东送、西气东输等重大工程的建设和上中游水电开发,保障国家能源安全;四是以西安为核心的关中 - 天水经济区,以装备制造业和高新技术产业为重点,打造航空航天、机械制造等若干规模和水平居世界前列的先进制造业集群,形成新材料、新能源、先进制造业基地和农业高新技术产业基地;五是以郑州为中心的中原城市群,加快包括洛阳、开封、新乡、焦作、济源等城市的建设,形成布局优化、产业结构合理、与周边区域融合发展的开放型城市体系,凸显城市经济在区域经济中的主体作用,提高产业竞争力、科技创新能力和文化竞争力;六是黄河三角洲高效生态经济区,建成我国重要的石油和海洋开发、石油化工基地,以及以外向型产业为特色的经济开发区。

随着国家推进西部大开发、促进中部崛起等发展战略的实施,黄河流域近年来经济增长速度高于全国平均水平，工业发展保持快速增长，尤其是能源、原材料工业的发展更加突出。今后随着能源基地开发、西气东输、西电东送等重大战略工程的建设，预计在未来相当长一段时期内，黄河流域特别是上中游地区发展进程将明显加快，经济社会仍将以高于全国平均水平的速度持续发展。

1.2 现状防洪形势分析

1.2.1 洪水泥沙灾害

1.2.1.1 黄河下游洪水泥沙灾害及其严重影响

黄河下游是举世闻名的“地上悬河”，洪水灾害历来令世人瞩目，历史上被称为中国之忧患。据不完全统计，从公元前602年（周定王五年）至1938年的2 540年间，下游决口泛滥的年份有543年，决口达1 590余次，经历了5次重大改道和迁徙。洪水泥沙灾害波及范围西起孟津，北抵天津，南达江淮，遍及河南、河北、山东、安徽和江苏等5省的黄淮海平原，纵横25万 km^2，给国家和人民带来了深重的灾难。

由于黄河下游河道高悬于两岸平原之上，洪水含沙量大，每次决口，水冲沙压，田庐人畜荡然无存者屡见不鲜，灾情极为严重。1761年（清乾隆二十六年），三门峡至花园口区间发生特大洪水，花园口洪峰流量约32 000 m^3/s，最大5日洪量达85亿 m^3。武陟、荥泽、阳武、祥符、兰阳决口15处，并在中牟杨桥决口数百丈，大溜直趋贾鲁河，由贾鲁河、惠济河分道入淮，同时在下游曹县附近也发生决溢，使河南12个州县、山东12个州、安徽4个州县被淹。

1843年（清道光二十三年），三门峡以上发生历史特大洪水，三门峡洪峰达36 000 m^3/s，最大5日洪量达84亿 m^3。不仅在陕县以上造成很大灾害，而且在中牟发生决口，全河夺溜，大溜分为两股直趋东南。正溜由贾鲁河经开封府中牟、尉氏，陈州府扶沟、西华等县入大沙河，东汇淮河归洪泽湖；旁溜由惠济河经开封府祥符、通许，陈州府太康，归德府鹿邑，颍州府亳州入涡，南汇淮河归洪泽湖。河南的中牟、尉氏、祥符、通许、陈留、淮阳、扶沟、西华、太康、杞县、鹿邑，安徽的太和、阜阳、颍上、凤台、霍邱、亳州等地普遍受灾。

1855年（清咸丰五年），河决兰阳铜瓦厢，并发生重大改道。溃水折向东北，至长垣分而为三：一由赵王河东注，一经东明之北，一经东明之南，三河至张秋汇穿运河，夺大清河由山东利津入海行河至今。溃水淹及封丘、祥符、兰阳、仪封、考城及直隶、长垣等县，给泛区人民带来巨大的灾难。“菏泽县首当其冲”，“平地陡长水四五尺，势甚汹涌，郡城四面一片汪洋，庐舍田禾，尽被淹没”，“下游之濮州、范县、寿张等州县已据报被淹”。本次受灾山东最重，水淹5府20余州县。此后，每当汛期水涨，水灾也就更加严重。

近代有实测洪水资料的1919年至1938年的20年间，就有14年发生决口灾害。1933年8月，陕县站出现洪峰流量22 000 m^3/s 的洪水，沙量高达36亿 t，下游两岸发生50多处决口，受灾地区有河南、山东、河北和江苏等4省30个县，受灾面积6 592 km^2，灾民273万人。该次洪水,长垣县受灾最重,据长垣县志记载,“两岸水势皆深至丈余,洪流所经,万派奔腾,庐舍倒塌,牲畜漂没,人民多半淹毙,财产悉付波臣。县城垂危,且挟沙带泥淤淀一二尺至七八尺不等。当水之初,人民竞趋高埔,或蹲屋顶,或攀树枝,馁饿露宿;器皿食粮,或被漂没,或为湮埋。人民于饥寒之后,率皆挖掘臭粮以充饥腹。情形之惨,不可言状……”由于本次洪水的暴雨中心在多沙粗沙区,水沙俱下,不仅灾区洪水泥沙灾害严重,而且该年的输沙量及下游河道淤积量成为有记录以来的最大值,陕县年输沙量39.1亿t,下游高村以上河道淤积量高达17亿t。

1938年国民党政府为阻止日军西侵,于郑州花园口扒决黄河大堤,洪水经尉氏、扶沟、淮阳、商水、项城、沈丘至安徽进入淮河,使豫东、皖北、苏北44个县市受淹,泛区一片汪洋,受灾人口1 250万人,有300多万人背井离乡,89万人死于非命。滚滚洪流把大量的泥沙带入淮河,淤塞河道与湖泊。1947年黄河虽然回归故道,但是黄河遗留的影响仍很严重,致使淮河流域连年发生水灾。

黄河下游河道是海河流域和淮河流域的分水岭。现行河道东坝头以上行河历时已达500多年,东坝头以下河段行河历时140多年(扣除1938年花园口扒口南泛9年)。在以上行河时段内,较大的决口有115次,洪泛地区北抵卫河、徒骇河,南达淮河、小清河。

根据历史洪泛情况,结合现在的地形地物变化分析推断,在不发生重大改道的条件下,现行河道向北决溢,洪水泥沙灾害影响范围包括漳河、卫运河及漳卫新河以南的广大平原地区;现行河道向南决溢,洪灾影响范围包括淮河以北、颍河以东的广大平原地区。黄河洪水泥沙灾害影响范围内,涉及冀、鲁、豫、皖、苏5省的24个地区(市)所属的110个县(市),总土地面积约12万km^2,耕地1.1亿亩,人口约9 064万人。就一次决溢而言,向北最大影响范围3.3万km^2,向南最大影响范围2.8万km^2。黄河下游不同河段堤防决溢可能影响范围详见表1.2-1。

黄河下游两岸平原人口密集,城市众多,有郑州、开封、新乡、濮阳、济南、菏泽、聊城、德州、滨州、东营,以及徐州、阜阳等大中城市,有京广、津浦、陇海、新菏、京九等铁路干线以及很多公路干线,还有中原油田、胜利油田、兖济煤田、淮北煤田等能源工业基地。目前,黄河下游悬河形势加剧,防洪形势严峻,黄河一旦决口,势必造成巨大灾难,将打乱我国经济社会发展战略部署。据初步估算,如果北岸原阳以上或南岸开封附近及其以上堤段发生决口泛滥,直接经济损失将超过1 000亿元。除直接经济损失外,黄河洪水泥沙灾害还会造成十分严重的后果,大量铁路、公路及生产生活设施,治淮、治海工程和引黄灌排渠系都将遭受毁灭性破坏,造成群众大量伤亡、泥沙淤塞河渠、良田沙化等,对经济社会发展和生态环境造成的不利影响将长期难以恢复。

黄河下游的历史灾害和现实威胁充分说明黄河安危事关重大,它与淮河、海河流域的治理,与黄淮海平原的国计民生息息相关。随着黄淮海平原经济社会的快速发展,对下游防洪提出了越来越高的要求,确保黄河下游防洪安全,对全面建成小康社会具有重要的战略意义。

表1.2-1 黄河下游不同河段堤防决溢可能影响范围

岸别	决溢堤段	洪水泥沙灾害影响范围		涉及主要城市、工矿及交通设施
		面积(km^2)	边界范围	
北岸	沁河口—原阳	33 000	北界卫河、卫运河、漳卫新河;南界陶城铺以上为黄河,以下为徒骇河	新乡市、濮阳市,京广、京九、津浦、新菏铁路,中原油田
	原阳—陶城铺	8 000~18 500	漫天然文岩渠流域和金堤河流域;若北金堤失守,漫徒骇河两岸	濮阳市,新菏、津浦、京九铁路,中原油田、胜利油田北岸
	陶城铺—津浦铁桥	10 500	沿徒骇河两岸漫流入海	滨州市,津浦铁路,胜利油田北岸
	津浦铁桥以下	6 700	沿徒骇河两岸漫流入海	滨州市,胜利油田北岸
南岸	郑州—开封	28 000	贾鲁河、沙颍河与惠济河、涡河之间	郑州市(部分)、开封市,陇海、京九铁路
	开封—兰考	21 000	涡河与沱河之间	开封市、商丘市,陇海、京九铁路,淮北煤田
	兰考—东平湖	12 000	高村以上决口,波及万福河与明清故道之间及邳苍地区;高村以下决口,波及菏泽、丰县一带及梁济运河、南四湖,并邳苍地区	菏泽市,陇海、津浦、新菏、京九铁路,兖济煤田
	济南以下	6 700	沿小清河两岸漫流入海	济南市(部分)、东营市,胜利油田南岸

1.2.1.2 上中游干流及主要支流洪水灾害

1. 上中游干流

中华人民共和国成立前由于上游河段防洪工程残缺不全,历次大洪水均造成严重人员伤亡、大量房屋倒塌、大片耕地受淹等重大灾情。兰州河段自明代至1949年有记载的大洪灾有21次之多;宁夏河段自清代至1949年,有记载的大洪灾有24次,同期内蒙古河段则发生大洪灾13次。1904年7月,兰州洪峰流量8 500 m^3/s,造成兰州受淹面积1 500余万亩,受灾人口2.8万人,毁房1.74万间;宁夏"民田庐舍淹没无数,沿黄各县夏禾实收五分左右",内蒙古"黄河水涨,淹没成灾,五原一带民舍多被毁伤"。1934年洪灾,黄河磴口洪峰流量2 500 m^3/s,宁夏沿河一带到处漫淹,冲去村落1 000余处,灾民数十万人;内蒙古沿河房屋倒塌,交通断绝,19个乡300余村庄均泡在水中。

中华人民共和国成立后,虽然加大了上游河段的治理力度,但防洪工程体系不完善,工程标准低,质量差,仍造成1964年、1967年、1981年等洪灾,其中以1981年为重。该年9月上旬,兰州洪峰流量5 600 m^3/s,淹没30个乡10万多亩农田,冲毁房屋4 000间,7.4

万人被迫搬迁,造成直接经济损失2 000万元;宁蒙河段53万亩农田、草场及100多个村庄被淹,8 300多间房屋倒塌,输电线路、扬水站、公路等多处基础设施被毁,数万头牲畜伤亡,直接经济损失3 400多万元,灾情十分严重。

除洪水灾害外,宁蒙河段凌汛灾害也十分严重。1974年3月,宁夏河段由于冰塞,水位抬高,凌汛共淹地4 000余亩,倒房260间,损失粮食1万kg以上。内蒙古河段春季凌汛多发,20世纪60年代以前年年都有程度不同的凌汛灾害发生。据记载,1926年、1927年、1933年、1945年、1950年、1951年曾发生严重的凌灾。其中1945年凌灾导致临河县城被淹,1951年春季凌汛导致黄河堤防决口11处,淹没土地76 000亩,被淹人数2 450人,倒塌房屋568间。1981年凌汛淹没耕地4.5万亩,倒塌房屋914间,渠道等基础设施大量被毁。此次防凌,动用"运五"侦察机、轰炸机数架次,投弹42枚,炸药1.2 t,草袋、麻袋5 000多条。1986年以来,凌汛期堤防决口5次,其中2003年内蒙古达拉特前旗河段在流量1 000 m^3/s左右时堤防就发生了决口。

中游的禹门口至潼关河段,河槽平面摆动迅速频繁,历史上素有"三十年河东,三十年河西"之说。受河水侵袭,山西省河津、荣河、永济县城及陕西省的朝邑县城、芝川镇被迫搬迁,1923年、1932年、1940年、1942年河水先后侵入旧城,1950年8月两次大水,先后造成40余人死亡,受灾面积9万亩。黄河主流摆动不定,两岸滩地时而此增彼减,时而此减彼增,两岸群众为争种滩地常起纠纷,打斗不断,明、清两代均为朝廷派官员进行调节,直至民国期间两岸依然纠纷不断。中华人民共和国成立后,为解决两岸矛盾,经国务院批准,1985年开始成立统一管理机构,开创了团结治河的新局面。但由于黄河河情复杂,已建工程不完善,河势变化造成的塌滩、塌岸现象仍不断发生。1955年至1980年,该段塌失高岸土地1.8万亩,迁移58个村2.5万人。近十多年来,两岸塌滩塌岸总长达50 km以上,塌毁耕地面积9万多亩,造成100多人搬迁,滩岸造成机电灌站被毁,给当地群众带来沉重的经济负担。

潼关至三门峡大坝河段,在三门峡建库前,陕西省潼关、山西省平陆、河南省陕县和灵宝县城均在黄河边,地势较低,1589年、1646年、1864年、1887年大水,均造成大量民房被毁。三门峡水库建成后,随着水沙条件和水库运用方式的变化,库区上段主流摆动频繁,中下段风浪淘刷库岸,造成严重的塌岸、塌滩现象。据不完全统计,近20万亩耕地、数百眼机井、数十座扬水站被毁,搬迁人口1.2万多人。

2. 主要支流

黄河多数支流历史上都曾是多灾河流。由于支流两岸多是地区经济、文化中心,洪灾往往造成较大的人员伤亡和巨大的财产损失,而且随着区域经济社会的不断发展,洪灾程度也越来越严重。

主要支流沁河下游历史上洪水灾害频繁,灾情十分严重。据历史记载,从三国时的魏景初元年(237年)起至民国三十六年(1947年)的1 711年间,沁河计有117年决溢,决口293次。明代以前多为溢,明永乐以后溢与决并记,且决多于溢。发生区域主要在今济源、沁阳、博爱、温县、武陟一带。受灾范围北至卫河,南至黄河。其中近代1947年8月6日,武陟北堤大樊决口,口宽238 m,洪水挟丹河夺卫河入北运河,泛区面积达400 km^2以上,淹及武陟、修武、获嘉、新乡、辉县5县的120多个村庄,灾民20余万人,给沿河人民带来了深重的灾难。沁河洪水曾使沁阳城被灌2次,武陟县城被灌3次,汲县城被灌3次。此外,抗日战争期间,国民党军队与日本侵略军,为了以水代兵,竞相扒堤决口,给沿河群众带来很大灾害。

渭河是黄河的第一大支流,据1401~1995年统计,渭河流域发生洪灾的年数为232年,涝灾的年数为100年,其中有74年是洪、涝灾害同时发生,洪灾平均2.6年一次。1898年、1911年和1933年洪水,均造成大范围灾害。1981年洪水,咸阳、华县站洪峰流量分别为6 210 m^3/s、5 380 m^3/s,宝鸡市渭河堤防决口17处,多处桥涵路基、房屋被冲毁,陇海铁路中断,农作物受灾面积10.7万亩,受灾人口8.7万人,直接经济损失3.31亿元;渭河下游临潼南屯堤段决口,淹没耕地1.7万亩。

20世纪90年代以来渭河下游河道泥沙淤积严重,洪水灾害增加,"92·8"、"96·7"和"2000·10"等洪水均造成渭河下游受灾,经济损失严重。"96·7"南山支流和渭河干流(华县站洪峰流量3 500 m^3/s)洪水,造成310国道中断,损坏和倒塌房屋1.45万间,淹没耕地35.6万亩,直接经济损失4.2亿元。2003年8月下旬至10月上旬,渭河下游连续发生了6次大洪量、长历时、高水位的洪水过程,河道全部漫滩,堤防全线偎水,致使堤防工程、河道整治工程、水文测报设施水毁严重,渭河下游干流堤防决口1处,南山支流堤防决口10处,给渭南市临渭区、华县、华阴等地造成严重灾害。据陕西省统计,受灾人口近60万人,迁移人口29万人,总受灾面积137.8万亩,绝收面积122万亩;倒塌房屋18.7万间;损坏大量水利设施、桥涵、公路、输电线路等,直接经济损失达28亿元。

1.2.2 现状防洪形势及存在问题

1.2.2.1 现状防洪形势

人民治理黄河以来,一直把下游防洪作为治黄的首要任务,经过70多年坚持不懈的治理,在黄河中游干支流上建成了三门峡水利枢纽、陆浑水库、故县水库和小浪底水利枢纽,河口村水库也正在开工建设,对黄河下游两岸1 371.2 km的临黄大堤先后进行了四次加高培厚,进行了放淤固堤,开展了标准化堤防工程建设,建设险工135处、坝垛护岸5 279道和河道整治工程219处、坝垛4 573道,开辟了北金堤、东平湖滞洪区等分滞洪工程,基本形成了以中游干支流水库、下游堤防和河道整治河防工程、蓄滞洪区工程为主体的"上拦下排、两岸分滞"黄河下游防洪工程体系。同时,加强了水文测报、洪水调度、通信、防汛抢险、防洪政策法规等防洪非工程措施和人防体系建设以及下游滩区安全建设。依靠这些防洪措施和沿黄广大军民的严密防守,战胜了花园口站1958年22 300 m^3/s、1982年15 300 m^3/s等12次超过10 000 m^3/s的大洪水,彻底扭转了历史上黄河下游频繁决口改道的险恶局面,取得了连续70多年伏秋大汛堤防不决口的辉煌成就,保障了黄淮海平原12万 km^2防洪保护区的安全和稳定发展。现状四座水库联合运用,可将花园口断面1 000年一遇洪水洪峰流量由42 300 m^3/s削减至22 600 m^3/s,接近下游大堤花园口断面的设防流量22 000 m^3/s,100年一遇洪水由29 200 m^3/s削减至15 700 m^3/s。

在黄河上游建成了龙羊峡、刘家峡水库,对保障兰州市的防洪安全和减轻宁蒙平原河道的凌汛威胁也发挥了重要作用。经过多年治理,宁蒙河段已建堤防长1 400 km,河道整治工程117处,坝垛1 428道;以防凌为主要任务的海勃湾水库已开工建设,乌兰布和、河套灌区及乌梁素海等内蒙古河段应急分凌区也已开工建设。中游禹门口至三门峡大坝河段已建各类护岸及控导工程 72 处;沁河下游堤防及险工进行了三次大规模的建设,修筑堤防 161.63 km,险工 48 处,坝垛 763 道;渭河下游修建了干堤 191.87 km,河道整治工程 58 处,坝垛 1 113 道;其他支流也修建了大量的堤防、护岸工程。这些工程的修建,有效地提高了流域抗御洪水的能力,保障了沿岸人民群众的生命财产安全和经济社会的稳定发展。

经过几十年的不断探索和实践,逐步形成了"拦、调、排、放、挖"处理和利用泥沙的基本思路。在上中游地区建成淤地坝 9 万多座,有效减少了入黄泥沙。利用三门峡、小浪底水库的拦沙库容,累计拦沙 77 亿 t,减少了进入黄河下游的泥沙,有效减缓了河道淤积。2002 年以来,连续进行了以小浪底水库为核心的调水调沙,通过小浪底水库拦沙和调水调沙,下游河道累计冲刷 15.9 亿 t,逐步恢复了河道主槽排洪输沙功能,下游河道最小平滩流量由 2002 年汛前的 1 800 m^3/s 提高到 2009 年的 3 880 m^3/s 左右。2004 年以来开展了小北干流放淤试验,为今后大规模放淤积累了经验。同时,对放淤改造盐碱地和低洼地、挖河固堤等泥沙处理和利用措施进行了积极的探索。

黄河流域防洪工程体系示意图见图 1.2-1。

1.2.2.2 防洪防凌形势严峻

经过 70 多年坚持不懈的努力,黄河的防洪治理取得了很大的成效。但是,黄河水少沙多,水流含沙量高,泥沙淤积河道,泥沙问题长期难以得到解决,消除黄河水患是一项长期的任务。随着经济社会的持续发展,城市化水平的不断提高,社会财富积累越来越多,对黄河防洪安全的要求越来越高,流域的情况也在发展变化,黄河防洪防凌形势依然严峻,仍有以下几个主要问题:

(1)下游洪水泥沙威胁依然存在。黄河下游河道不仅是"地上悬河",而且是槽高、滩低、堤根洼的"二级悬河"。20 世纪 80 年代中期以来,受来水来沙条件、生产堤等因素影响,下游河道的泥沙淤积 70% 集中在主槽内,"二级悬河"态势加剧。一旦发生较大洪水,就会增加主流顶冲堤防、产生顺堤行洪,甚至发生滚河的可能性,严重威胁黄河下游防洪安全。小浪底水库运用后,使进入下游的稀遇洪水得到有效控制,同时通过水库拦沙和调水调沙遏制了河道淤积,河道最小平滩流量由 1 800 m^3/s 恢复到 2009 年的 3 880 m^3/s,但小浪底水库拦沙库容淤满后,若无后续控制性骨干工程,已形成的中水河槽将难以维持,下游河道复将严重淤积抬高,河防工程的防洪能力将随之降低。目前下游标准化堤防建设尚未全部完成,"二级悬河"态势仍很严峻,没有得到有效治理,河道整治工程尚不完善,高村以上游荡性河段河势仍未得到控制,东平湖滞洪区运用及安全建设等遗留问题较多。

(2)下游滩区滞洪沉沙与群众生活生产、经济社会发展矛盾突出,已成为黄河下游治理的瓶颈。黄河下游滩区是重要的滞洪沉沙区域,下游堤防设防流量花园口为 22 000 m^3/s、孙口为 17 500 m^3/s,正是建立在滩区滞洪削峰基础之上。同时,滩区又是 189.5 万群众赖以生存的家园,目前由于滩区安全设施少、标准低,基础设施差,加之缺少洪水淹没补偿政策,导致滩区洪灾频繁、经济发展水平低、群众安全和财产无保障,滩区已成为下游沿黄的贫困带。为了防止漫滩洪水危害,滩区群众逐步修建了生产堤,不仅缩窄了输送洪水的通道,而且影响了滩槽的水沙交换,使主槽淤积更加严重,进一步加剧了滩区的洪灾风险,威胁下游整体防洪安全。

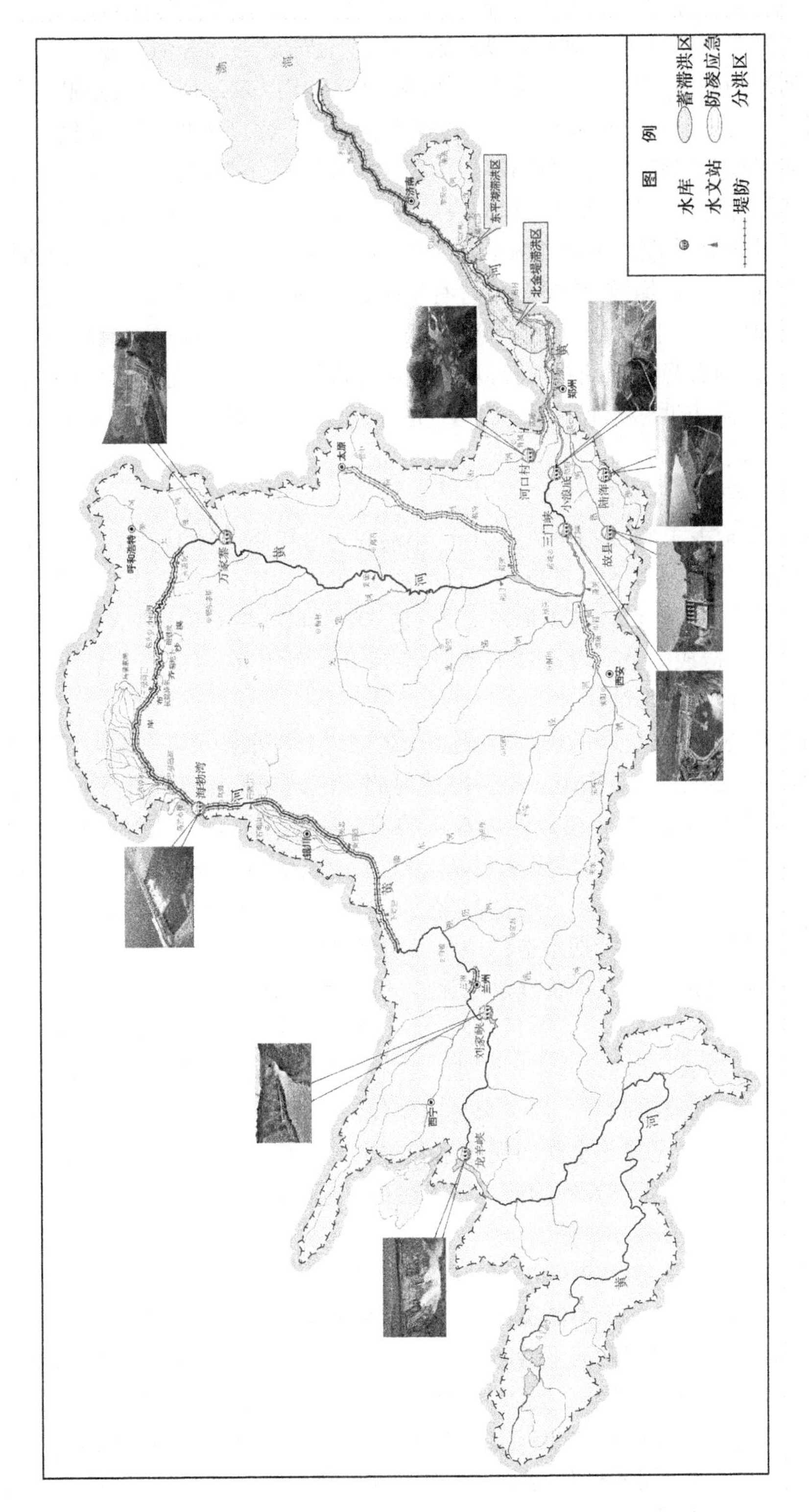

图 1.2-1　黄河流域防洪工程体系示意图

(3)宁蒙河段防凌防洪问题突出。宁蒙河段历史上凌汛灾害较为严重。刘家峡水库建成后,通过控制凌汛期进入内蒙古河段的流量过程,使宁蒙河段开河期凌汛灾害有所减少,但流凌封河期的凌汛灾害还时有发生。特别是1986年以来,由于河道主槽淤积严重、河道形态恶化,与历史上凌汛情况比较,河道槽蓄水增量大幅度增加,凌汛期水位急剧升高,再加上河防工程不完善,宁蒙河段现状防凌防洪形势十分严峻。1986年以来已先后发生了6次凌汛堤防决口和一次汛期堤防决口,给两岸造成了巨大的经济损失。

(4)中游干流河道治理及主要支流防洪工程仍不完善。禹门口至三门峡河段河道整治工程、护岸工程不完善,塌滩、塌岸现象时有发生,严重危及沿岸群众的生活生产安全;潼关高程仍然较高,渭河下游河道淤积严重,防洪形势严峻;沁河下游现有堤防质量差、标准低,险工不完善,河势尚未得到有效控制,防御超标准洪水措施不完善;汾河、伊洛河、大汶河等主要支流堤防防洪标准低,护岸工程不完善,重大灾情屡有发生;除险加固任务尚未完成,城市防洪设施薄弱。

1.2.2.3　水沙调控体系不完善

黄河干流已建成龙羊峡、刘家峡、三门峡、小浪底4座控制性骨干工程。龙羊峡、刘家峡水库在黄河防洪(防凌)和水量调度等方面发挥了巨大作用,有力支持了沿黄地区经济社会发展,但由于黄河水沙调控体系尚不完善,龙羊峡、刘家峡水库汛期大量蓄水带来的负面影响难以消除,造成宁蒙河段水沙关系恶化、河道淤积加重、主槽严重淤积萎缩,对中下游水沙关系也造成不利影响。

小浪底水库通过水库拦沙和调水调沙运用,在协调下游水沙关系、减少河道淤积、恢复中水河槽等方面发挥了重要作用。但目前黄河北干流缺乏控制性骨干工程,小浪底水库调水调沙后续动力不足,不能充分发挥水流的输沙功能,影响水库拦沙库容的使用寿命,同时在水量持续减少、入库泥沙没有明显减少、水沙关系仍不协调的情况下,小浪底水库拦沙库容淤满后,汛期进入黄河下游的高含沙小洪水出现的机遇将大幅度增加,下游河道主槽仍会严重淤积,水库拦沙期塑造的中水河槽将难以长期维持。

1.2.2.4　经济社会发展要求科学管理洪水泥沙、保障黄河防洪安全

黄河下游洪水灾害历来令世人瞩目,被称为中华民族之忧患。随着经济社会的持续发展,社会财富日益增长,基础设施不断增加,黄河一旦决口,势必造成巨大灾难,并将打乱我国经济社会发展的战略部署。为了满足国家经济可持续发展、社会稳定和全面建成小康社会的要求,要构建完善的水沙调控体系和防洪减灾体系,科学管理洪水,改善水沙关系,尽量遏制下游河道淤积抬高,确保堤防不决口,保障黄河下游防洪防凌安全,仍是未来黄河治理开发与管理的第一要务。

黄河下游滩区的地位十分特殊,洪水威胁严重制约了滩区经济社会发展,导致滩区经济发展相对落后,形成了黄河下游的贫困带。为了保障滩区广大居民的生命财产安全、促进经济社会发展,必须在保障黄河下游防洪安全的前提下,进行滩区综合治理,协调解决黄河下游滩区滞洪沉沙和人民群众生活、生产之间的矛盾,促进人水和谐。

黄河宁蒙河段防凌防洪问题突出,上中游其他河段及重点城市也都面临着不同程度的洪水威胁。为保障地区经济社会的稳定发展和人民群众生命财产安全,必须搞好防洪防凌工程建设,保障防洪防凌安全。

1.3　国内外研究现状

对于黄河流域暴雨洪水,国内多家单位进行过大量研究,研究多集中于大洪水,洪水系列多针对天然系列,洪水场次多为典型年洪水。对于中小洪水,在《黄河中常洪水变化研究》中进行过较为深入的研究,提出了现状工程条件下潼关站的洪水特性及中小设计洪水值。对于洪水调度中花园口站洪水量级划分,在《黄河中下游近期洪水调度方案》及有关年度洪水调度方案中,划分的量级为4 000 m^3/s、4 000～8 000 m^3/s、8 000～10 000 m^3/s、10 000～22 000 m^3/s。

对于小浪底水库防洪运用方式及控制指标研究,国内有关单位也进行过相关研究工作,研究多针对小浪底水库拦沙初期,对于小浪底水库拦沙后期不同阶段的防洪库容和中小洪水控制流量缺乏深入研究。在中游水库群联合调度方面,已有研究主要考虑三门峡、小浪底、陆浑、故县水库四库联合调度,在《沁河河口村水库枢纽初步设计》中,曾进行过河口村水库加入后五库联合调度计算,但研究偏重于河口村水库运用方式分析,其他水库运用方式仍采用小浪底水库初步设计中拟定的方式。

对于水库防凌调度研究,在国外,俄罗斯、欧洲、北美等国家与地区对冰情研究已有较多成果,在河段冰情现象(流凌、封河、开河规律变化,以及冰塞、冰坝等)影响因素、作用和机制方面开展了比较系统的研究;利用河冰观测资料,结合一些试验研究,开展了冰物理力学、冰力学等物理、数学模型研究;研究了冰情变化对大坝安全、电厂发电的影响等,用以解决冰工程设计与应用管理、河流冰情预报等问题;有些研究涉及通过调整发电水量或取水深度来改善凌汛情势。在国内,东北、西北一些省区有关单位、研究机构和高等院校,也有关于冰情和水库防凌调度方面的研究成果。在黄河流域,以往冰情的研究成果多集中于黄河下游,在三门峡水库防凌调度方面的研究成果较多;近年来,宁蒙河段防凌问题较为突出,关于宁蒙河段凌情问题的研究项目逐渐增多,但由于凌情问题复杂、宁蒙河段冰情研究的相关资料基础较差,对宁蒙防凌问题有突破性的研究成果并不多。目前,虽然在龙羊峡、刘家峡水库实际防凌调度方面积累了较多经验,但实际调度多偏于安全,对成果的提炼研究不足。

1.4　研究的范围、目标和思路

1.4.1　《黄河流域综合规划》的防洪减淤总体布局及目标

1.4.1.1　黄河水沙调控体系和防洪减淤体系的总体布局

根据《黄河流域综合规划》,黄河下游河道仍以"宽河固堤"格局为基本方案,形成完善的河防工程体系,保持中水河槽排洪输沙功能,使洪水泥沙安全排泄入海;利用完善的黄河水沙调控体系联合运用,科学管理洪水,优化配置水资源,协调水沙关系,控制河道淤积,维持黄河健康生命,谋求黄河长治久安。为实现黄河治理开发与保护的总体目标,需要构建完善的水沙调控体系、防洪减淤体系等六大体系,其中水沙调控体系是防洪减淤体系、水资源高效利用和综合调度体系的核心。

1. 水沙调控体系

黄河水沙异源，约62%的水量来自兰州以上，89%的泥沙来自中游河口镇至三门峡区间，且约60%的水量、90%的泥沙来自汛期。水沙关系不协调的基本特性，导致了黄河下游河道严重淤积。黄河下游洪水威胁是中华民族的心腹之患，其大洪水主要来自河口镇至三门峡和三门峡至花园口两大区间，同时宁蒙河段和黄河下游凌汛灾害问题也比较突出。黄河流域约90%的经济社会用水主要集中在兰州以下，不仅各地区之间用水矛盾突出，而且经济社会用水与河道生态用水矛盾也十分尖锐，枯水年缺水问题更加突出。

根据黄河水沙特点，统筹考虑防洪、减淤、协调水沙关系、水资源高效利用和综合调度、河道水生态保护等综合利用要求，需要建设完善的水沙调控体系。建设完善水沙调控体系的目的，就是通过水库群联合运用，科学管理洪水，为防洪、防凌安全提供重要保障；利用骨干水库的拦沙库容拦蓄泥沙并调控水沙，特别是合理拦蓄对下游河道淤积危害最大的粗泥沙，协调水沙关系，减少河道淤积；合理配置和优化调度水资源，协调生活、生产、生态用水要求。

根据黄河干流各河段的特点、流域经济社会发展布局，统筹考虑洪水管理、协调全河水沙关系、合理配置和优化调度水资源等综合利用要求，按照综合利用、联合调控的基本思路，构建以干流的龙羊峡、刘家峡、黑山峡、碛口、古贤、三门峡、小浪底等骨干水利枢纽为主体，以海勃湾、万家寨水库为补充，与支流的陆浑、故县、河口村、东庄等控制性水库共同构成完善的黄河水沙调控工程体系。其中，龙羊峡、刘家峡、黑山峡水库主要构成黄河上游以水量调控为主的子体系，联合对黄河水量进行多年调节和水资源优化调度，并满足上游河段防凌、防洪减淤要求；碛口、古贤、三门峡和小浪底水库主要构成中游以洪水泥沙调控为主的子体系，管理黄河中游洪水，进行拦沙和调水调沙，协调黄河水沙关系，并进一步优化调度水资源。

同时，还需要构建由水沙监测、水沙预报和水库调度决策支持等系统组成的水沙调控非工程体系，为黄河水沙联合调度提供技术支撑。

2. 防洪减淤体系

确保防洪安全是治黄的第一要务，黄河下游是防洪的重中之重。黄河水害不仅是洪水造成的，而且因其大量泥沙造成的河道不断淤积抬高和主流游荡多变而异常复杂。因此，黄河防洪必须与减轻泥沙淤积统筹考虑，构建完善的防洪减淤体系。

总结多年的治黄实践，解决黄河大洪水和泥沙问题的基本思路是“上拦下排、两岸分滞”调控洪水，“拦、调、排、放、挖”综合处理和利用泥沙。“上拦”就是根据黄河洪水陡涨陡落的特点，在中游干支流修建大型水库显著削减洪峰；“下排”即通过河防工程建设和河口治理，充分利用河道排洪能力，确保进入河道的洪水排泄入海；“两岸分滞”即在必要时利用两岸设置的滞洪区分洪，滞蓄超过堤防设防标准的洪水。“拦”主要依靠水土保持和干支流控制性骨干工程拦减泥沙，特别是要有效拦减对河道淤积危害大的粗泥沙；“调”就是利用水沙调控体系调节水沙过程，使水沙关系适应河道的输沙特性，以利于排沙入海；“排”就是充分利用下游河道的排洪输沙能力，通过河道、河口治理，将进入河道的泥沙尽可能多地输送入海；“放”主要是利用黄河两岸有条件的地方放淤沉沙，特别是处理对河道淤积危害大的粗泥沙，结合引水引沙处理和利用一部分泥沙；“挖”主要是在“二级悬河”严重或过流能力偏小的河段挖河疏浚，扩大河道行洪能力，淤背加固堤防，淤滩治理“二级悬河”和堤河串沟。

按照上述基本思路，需要进一步完善以河防工程为基础，水沙调控体系为核心，多沙粗沙区拦沙工程、放淤工程、分滞洪工程等相结合的防洪减淤工程总体布局，辅以防汛抗旱指挥系统、防洪调度和洪水风险管理等非工程措施，构建较为完善的黄河防洪减淤体系。

黄河水沙调控体系联合运用，管理洪水、拦减泥沙、调控水沙，对黄河下游和上中游河道防洪（防凌）减淤具有重要作用。

河防工程包括两岸标准化堤防、河道整治工程、河口治理工程等，是提高河道排洪输沙能力、控制河势、保障防洪安全的重要屏障。河防工程建设以黄河下游和宁蒙河段等干流河段，以及沁河下游、渭河下游等主要支流防洪河段为重点。

水土保持措施特别是多沙粗沙区拦沙工程，是防洪减淤体系的重要组成部分。

利用黄河中游的小北干流、温孟滩、下游两岸滩地等有条件的地方放淤，是处理和利用泥沙的重要措施之一。特别是小北干流具有广阔的放淤空间，通过滩区放淤，可减轻下游河道和小浪底水库淤积。

分滞洪区是处理黄河下游超标准洪水，以牺牲局部利益保全大局的关键举措。东平湖滞洪区作为黄河下游重点滞洪区，是保证艾山以下窄河段防洪安全的关键工程，承担分滞黄河洪水和调蓄大汶河洪水的双重任务，控制艾山下泄流量不超过10 000 m^3/s。北金堤滞洪区作为保留滞洪区，是处理黄河下游超标准特大洪水的临时分洪措施。

下游滩区既是群众赖以生存的家园，又是滞洪沉沙的重要场所，加强滩区综合治理，完善洪水淹没补偿政策，是实现滩区人水和谐、保障黄河防洪安全的重要措施。

1.4.1.2　规划的防洪减淤阶段目标

1. 近期（2020年）目标

初步建成黄河下游防洪减淤体系，基本控制洪水，确保防御花园口洪峰流量22 000 m^3/s 堤防不决口。基本完成下游标准化堤防建设，初步控制游荡性河段河势，初步完成东平湖滞洪区工程加固和安全建设。塑造下游4 000 m^3/s 左右的中水河槽，逐步恢复主槽行洪排沙能力。加强黄河下游“二级悬河”治理及滩区安全建设，研究建立滩区洪水淹没补偿政策。搞好黄河口综合治理，有计划地安排入海流路。

建设干流古贤水利枢纽和支流河口村水库、东庄水库工程，增强水沙调控能力。初步完成粗泥沙集中来源区拦沙工程建设，有效拦减入黄粗泥沙。

加强宁蒙河段防洪防凌工程建设，堤防工程达到设防标准。干流其他重点防洪河段和主要支流重点防洪河段的河防工程基本达到设防标准，遏制潼关高程抬高并有所降低。完成病险水库除险加固，重要城市防洪基本达到国家规定的防洪标准。

2. 远期（2030年）目标

基本建成黄河下游防洪减淤体系，有效控制和科学管理洪水。维持下游中水河槽，基本控制游荡性河段河势，保障滩区群众生命财产安全，基本实现人水和谐。

建设黑山峡河段工程，基本形成以干流骨干水库为主体的工程体系和相应配套的非工程措施组成的水沙调控体系，水沙关系得到较大改善。

基本完成多沙粗沙区拦沙工程建设，有效拦减进入黄河的粗泥沙。开展小北干流滩区有坝放淤。

黄河上中游干流、主要支流河防工程达到设防标准，重要城市防洪全部达到国家规定的防洪标准。

1.4.2　研究范围和目标

1.4.2.1　研究范围

防御洪水方案是根据流域综合规划、防洪规划，结合防洪工程实际状况和国家规定的防洪标准制订的流域防御洪水的综合方案。防御洪水方案主要确定防御洪水的原则和总体对策，对不同量级洪水的安排（包括对特大洪水的处置措施）、责任与权限以及工作与任务（包括防汛准备、水文预报、蓄滞洪区运用、抗洪抢险、救灾）等方面进行原则规定。在防洪规划和江河防洪体系没有大的调整或变化的情况下，一般不进行修订。

洪水调度方案是根据防御洪水方案的原则，结合防洪工程和非工程设施实际状况，对江河洪水做出具体调度安排的方案，洪水调度方案随着防洪工程的变化情况及时修订。

所以，从时间上讲，防御洪水方案需要研究较长时期（远期）的防洪形势，洪水调度方案主要针对近期现状条件进行研究，就整个课题而言，需要研究现状、近期、远期的不同防洪情况；从空间上看，防御洪水方案涉及全流域，洪水调度方案针对防洪工程体系较为完善的地区；另外，针对黄河凌汛期情况，还应研究凌汛期洪水的情况。

当前黄河上游宁夏、内蒙古河段防洪工程不完善，内蒙古河段河道淤积和防凌防洪问题较为突出；黄河中下游洪水泥沙问题严重，下游河道行洪与滩区群众生产生活矛盾较为尖锐，黄河防洪形势严峻。

近期黄河上中游新建海勃湾水库、河口村水库两座水库。上游海勃湾水库于2014年3月下闸蓄水，水库建成运行10年后约有1.8亿m^3调节库容，可为内蒙古河段防凌进行应急运行；中游沁河河口村水库于2017年10月通过竣工验收，该水库可减轻沁河下游洪水威胁，提高沁河下游防洪标准。两座水库的运用都是解决现状黄河防洪防凌问题的有力措施，因此应在防洪防凌方案和研究中予以考虑。

古贤水库是黄河水沙调控体系的重要组成部分，在黄河治理开发中具有极其重要的战略地位，该工程与小浪底水库联合调水调沙运用，结合支流建库和淤地坝拦沙、水土保持及干流滩区放淤等综合治理措施，可调整和改善黄河中下游的水沙关系，减少和减缓黄河下游河道淤积，维持较长时间的中水河槽行洪输沙能力，提高下游防洪能力；降低潼关高程，向电网提供清洁能源，并改善两岸供水和灌溉条件。古贤水库尽早建设并与小浪底联合运用，可完善黄河下游水沙调控体系，提高两库调水调沙的能力、灵活性及拦沙减淤作用。目前，古贤水库项目建议书已通过国家发改委评估，本书中考虑2030年以前古贤水库已建成并投入运用。

综合考虑黄河现状防洪形势、现状在建防洪防凌工程情况以及黄河流域综合规划的近远期目标等，确定本研究的工作范围。汛期防御洪水的防洪工程主要有：黄河上游的龙羊峡、刘家峡水库和上游黄河干流河防工程（主要是宁蒙河段和兰州城市河段）；黄河中下游防洪工程体系,包括下游干流河防工程、中游干支流水库群(三门峡、小浪底、陆浑、故县、河口村,2030年增加古贤水库)、下游蓄滞洪区(东平湖、北金堤)。凌汛期防御冰凌洪水的防洪工程主要有:上游的龙羊峡、刘家峡水库、三盛公水利枢纽、干流宁蒙河段河防工程,以及在建的海勃湾水库;中游干流的万家寨、三门峡、小浪底水库;下游干流河防工程等。

《黄河防御洪水方案》与小浪底水库的运用紧密相关,目前小浪底水库已进入拦沙后期,根据小浪底水库拦沙后期减淤运用方式研究的初步成果,拦沙后期的整个历时约为20年。考虑到方案的相对长期性和稳定性,将《黄河防御洪水方案》的有效时间定为小浪底水库拦沙后期和正常运用期,水平年为2020年(近期)和2030年(远期)。不同时期黄河干支流防洪工程组成情况见表1.4-1。

表1.4-1 黄河防御洪水方案不同时期黄河干支流防洪工程组成情况

<table>
<tr><td colspan="3" rowspan="2">项目</td><td colspan="2">方案名称</td></tr>
<tr><td>汛期防御洪水方案</td><td>凌汛期防御冰凌洪水方案</td></tr>
<tr><td colspan="3">空间范围</td><td colspan="2">全流域</td></tr>
<tr><td colspan="3">时间范围</td><td colspan="2">2009~2030年</td></tr>
<tr><td rowspan="5">工程体系</td><td rowspan="3">2009
现状年</td><td>上游</td><td>龙羊峡、刘家峡水库;
宁蒙河段河防工程</td><td>龙羊峡、刘家峡水库;
宁蒙河段河防工程;
三盛公水利枢纽;
内蒙古应急分凌区</td></tr>
<tr><td>中游</td><td>三门峡、小浪底、陆浑、故县水库</td><td>万家寨、三门峡、小浪底水库</td></tr>
<tr><td>下游</td><td>下游干流河防工程;
东平湖、北金堤滞洪区</td><td>下游干流河防工程</td></tr>
<tr><td colspan="2">2020年</td><td>中游增加河口村水库</td><td>上游增加海勃湾水库</td></tr>
<tr><td colspan="2">2030年</td><td>中游增加古贤水库</td><td>同2020年</td></tr>
</table>

1.4.2.2 研究目标

目前黄河上游防洪防凌的突出问题是宁蒙河段防凌安全,上游应主要研究冰凌洪水防御问题。黄河中下游防洪面临的主要问题是小浪底至花园口区间无控制区洪水较大和中小洪水滩区淹没损失严重,而近些年来,中下游洪水泥沙受上中游水库、水利水保工程等人类活动影响较大,中小洪水泥沙特点与以往相比发生较大变化。因此,需要分析花园口中小洪水泥沙特点,研究小浪底水库对中小洪水的防洪作用,从而论证下游滩区中小洪水的防洪问题。

围绕现状黄河防洪、防凌存在的主要问题,结合防洪减淤体系规划情况,本书重点研究四方面内容:一是人类活动对中下游中小洪水的影响,提出人类活动影响后,花园口、三门峡至花园口区间、小浪底至花园口区间等黄河防洪重点地区的中小洪水泥沙变化情况;二是在中小洪水特性研究的基础上,针对黄河下游现状防洪形势、考虑黄河流域综合规划和下游滩区综合治理规划等成果,研究提出小浪底水库拦沙后期中小洪水的防洪运用方式,争取协调处理滩区防洪与小浪底水库长期运用的关系;三是根据宁蒙河段防洪需求和龙羊峡、刘家峡水库防洪运用特点,研究上游水库群兼顾宁蒙河段防洪的运用方式;四是针对宁蒙河段防凌问题,探索性地研究凌汛情势等级判别标准,提炼总结防凌调度经验,制定防凌调度原则。

具体的研究目标为:

(1)研究花园口站中小洪水量级,说明大型水库及水利水保工程对中小洪水量级的影响,提出中下游中小洪水泥沙特点。

(2)研究提出小浪底水库拦沙后期不同量级洪水的防洪运用方式。

(3)研究提出三门峡、小浪底、陆浑、故县、河口村水库联合防洪运用方式。

(4)研究提出龙羊峡、刘家峡水库兼顾宁蒙河段防洪的运用方式。

(5)研究探索黄河干流各主要河段冰凌情势等级判别指标。

(6)提出防御冰凌洪水水库运用原则。

1.4.3 研究思路

1.4.3.1 防御洪水方案研究

防御洪水方案的相关研究主要从宏观、全面系统和长期的角度开展。首先,收集相关的水文、工程、地形、社会经济、相关规划报告等基本资料,通过资料分析和调研等方式了解现状防洪工程基本情况及防洪运用中存在的新情况、新问题;其次,从水沙变化、社会经济发展、工程条件变化等多个方面,分析问题产生的原因,分析已有的防洪(防凌)调度方案(含年度的)对解决这些问题的效果,进行调度经验总结;再次,根据防洪规划等相关成果或通过分析计算,预测水平年水沙情势、河道冲淤,分析防洪工程、社会经济的变化情况,并根据不同情况拟订多种防洪方案、对不同量级洪水进行分析计算,分析比较确定防洪运用的方式和具体控制指标;最后,通过收集已有防御洪水方案、其他流域防御洪水方案和调研、电话咨询、征求意见等方式制订黄河防御洪水方案。黄河防御洪水方案研究思路示意图见图 1.4-1。

防御洪水方案研究中包括防御汛期洪水方案研究和防御凌汛期洪水方案研究两部分。防御汛期洪水方案研究中,上游主要针对兰州、宁蒙河段防洪,研究龙羊峡、刘家峡水库的防洪运用和宁蒙河段堤防建设情况;中下游部分则与洪水调度方案研究的内容基本一致。防御凌汛期洪水的研究重点在上游宁蒙河段,通过分析宁蒙河段凌情特点及变化成因、上游防凌工程情况及存在问题,总结凌汛期致灾凌情的主要特点,研究凌情等级划分的定量指标;分析龙羊峡、刘家峡水库调度对宁蒙河段凌情的影响,河道冲淤形态变化对凌情的影响;分析应急分凌工程运用方式,预测水平年防凌情势,提出上游防御冰凌洪水原则。

1.4.3.2 中下游洪水调度研究

黄河中下游水库防洪调度研究思路示意图见图 1.4-2。

首先,根据水库调度运用的实际过程,从洪水泥沙条件、下游河道过流能力和滩区洪水淹没损失、中游水库群条件和下游蓄滞洪区情况等分析中下游防洪调度的边界及约束条件。

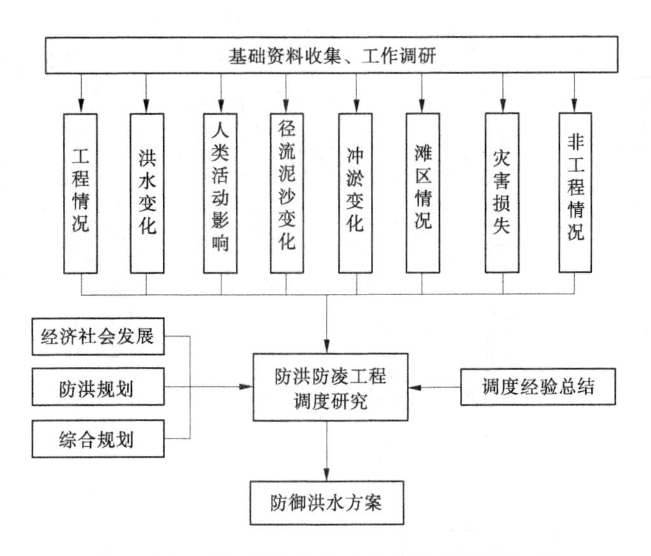

图1.4-1　黄河防御洪水方案研究思路示意图

其次，针对黄河下游滩区防洪问题，重点开展中小洪水防洪调度研究。第一，开展中小洪水泥沙特性研究。通过对三门峡至花园口区间场次洪水降雨径流关系分析、中小型水库特点及防洪作用分析等，研究说明近些年来三门峡至花园口区间中小型水库工程建设对区间洪水的影响；采用洪水地区组成分析系统、三门峡至花园口区间洪水过程平衡计算模型等工具，根据洪水总量控制、区间过程平衡的思路，考虑各区间降雨情况，进行三门峡至花园口区间实测洪水的区间洪水过程分析；对三门峡、小浪底、陆浑、故县等大型水库影响进行还原计算，得到现状工程条件下三门峡至花园口区间大型水库还原后的场次洪水系列；对花园口、三门峡至花园口区间、小浪底至花园口区间等站和区间的中小设计洪水进行研究，分析现状工程条件下中小洪水的量级；对不同量级中小洪水分析发生时间、历时、含沙量等洪水泥沙特点，总结归纳中下游中小洪水特点。第二，分析下游滩区洪水淹没特点。根据《黄河下游滩区综合治理规划》统计的滩区面积、耕地、人口等自然和社会经济情况，基于2009年汛前地形，利用黄河下游洪水演进及灾情评估模型，计算分析不同量级洪水滩区淹没损失变化情况。第三，进行中小洪水防洪调度指标研究。采用不同量级实测典型洪水计算、设计洪水计算等方法，研究不同量级中小洪水防洪库容需求和控制运用后下游洪水量级；利用水库冲淤计算模型和河道冲淤计算模型，分析场次洪水不同防洪运用方式水库和河道冲淤情况，进行长系列多年调节，分析不同防洪方案水库和下游河道的长期冲淤情况；综合分析水库和下游洪水泥沙情况，提出中小洪水防洪调度指标。

最后，研究下游防洪工程体系联合运用情况。开发三门峡、小浪底、陆浑、故县、河口村水库联合防洪调度模型；分析三门峡水库现状和设计防洪运用方式，研究控制运用时机；分析三门峡、小浪底水库和东平湖水库的联合防洪运用方式；根据洪水量级、防洪工程体系运用情况、滩区洪水淹没情况等综合分析中下游洪水等级划分，为调度方案制订提供依据。

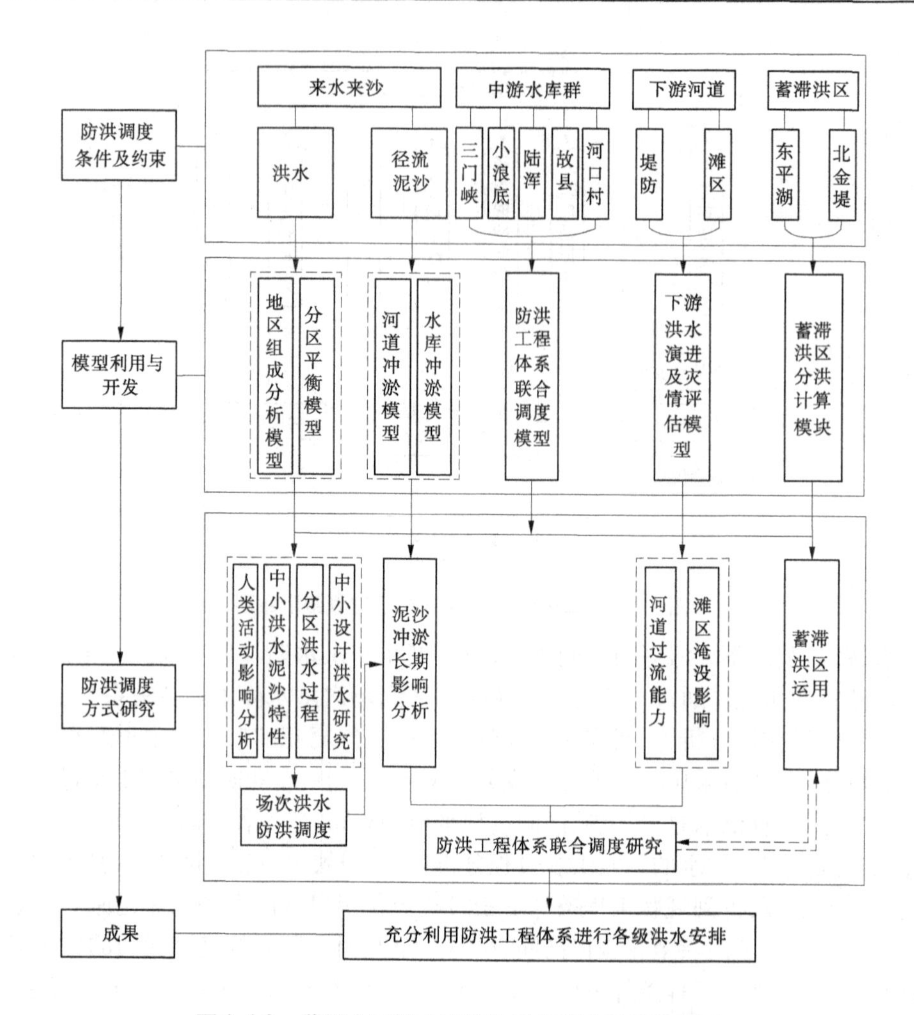

图 1.4-2　黄河中下游水库防洪调度研究思路示意图

1.5　研究特点及主要成果

1.5.1　研究特点

本研究的特点可以概括为面宽、线长、点深。

面宽是指研究空间范围广。本研究的范围包括黄河上中下游的汛期和凌汛期；研究内容包括洪水泥沙、水库河道冲淤，滩区社会经济情况和淹没损失，水库、堤防、蓄滞洪区、分凌区等防洪防凌工程；研究中需充分综合考虑多方面的相互影响。

线长是指研究的时段较长。时间范围包括现状、近期、远期，通过资料收集、调研等方式充分了解现状防洪工程情况和存在问题，以现状防洪防凌方式为基础，学习吸收《黄河流域综合规划》、《黄河流域防洪规划》等成果，考虑近远期防洪工程和防洪形势变化，开展防洪防凌调度研究工作。研究工作中注意长短结合、近远期兼顾，通过场次和典型洪水分析防洪调度指标，以长系列调节分析长期影响。

点深是指在上游龙羊峡、刘家峡水库防洪调度,中下游洪水调度和宁蒙河段防凌方面进行了深入研究。

研究首先根据黄河防洪现状分析了防御黄河洪水亟须解决的问题,从以下五个方面开展了重点研究:一是根据黄河洪水泥沙特点分别对上游和中下游洪水泥沙进行了研究,首次归纳总结了中下游中小洪水泥沙特点,提出现状工程条件下花园口中小设计洪水量级。二是针对上游实际防洪需求,研究了龙羊峡、刘家峡水库联合防洪调度问题,提出了利用龙羊峡水库设计汛限水位以下库容兼顾宁蒙河段防洪的调度方式。三是研究了小浪底水库拦沙后期防洪防御特大洪水防洪运用方式,提出三门峡水库、东平湖滞洪区控制运用时机。四是针对下游滩区防洪研究了中下游中小洪水水沙调控运用方式,将洪水风险分析的思想融入防洪控制指标分析中,创造性地提出不同保证率防洪库容的概念。五是针对宁蒙河段防凌问题研究了冰凌情势等级判别指标以及不同凌情的防御措施。

1.5.2　主要成果

主要成果包括暴雨洪水分析,泥沙冲淤分析,防洪防凌工程情况,上游龙羊峡、刘家峡水库联合防洪运用,中游水库群联合防洪运用,防御冰凌洪水研究等几个方面。

1.5.2.1　暴雨洪水分析

与以往相比,近年来三门峡至花园口区间中小型水库对中小洪水的影响未发生趋势性变化。现状工程条件下,三门峡至花园口区间大型水库还原后,花园口站中小洪水量级为4 000～10 000 m^3/s,平均1年发生2次,其中69%发生在7月、8月,主峰洪量80%左右来源于潼关以上,约62%的洪水为高含沙量洪水。

1.5.2.2　泥沙冲淤分析

根据研究结果,2008年7月至2020年6月,宁蒙河段淤积泥沙7.81亿t,黄河下游河道冲刷泥沙4.3亿t。2020年7月至2030年6月,宁蒙河段淤积泥沙7.58亿t;若不修建古贤水库,黄河下游河道淤积泥沙28.73亿t,河道回淤严重;若古贤水库2020年投入运用,黄河下游河道淤积泥沙10.29亿t,可保持较低的淤积水平。

1.5.2.3　防洪防凌工程情况

2009现状年情况下,上游宁蒙河段部分堤防未达设计标准,应急分凌工程不完善,宁蒙河段防洪防凌形势较为严峻。到2020年水平年,宁蒙河段堤防工程基本达到设计防洪标准,海勃湾水库、内蒙古河段应急分水防凌工程建成。

2009现状年情况下,黄河中下游主要水库工程包括三门峡、小浪底、陆浑、故县水库,下游标准化堤防尚未全面建设完成,东平湖滞洪区围坝、二级湖堤护坡质量差。到2020年水平年,下游标准化堤防建设进一步完善,河口村水库建成并已投入运用,下游滩区安全建设工程逐步推进,初步完成东平湖滞洪区工程加固和安全建设。2030年水平年考虑古贤水库建成。

1.5.2.4　上游龙羊峡、刘家峡水库联合防洪运用

龙羊峡、刘家峡水库联合防御上游洪水。龙羊峡为多年调节水库,库水位在汛期起调水位至年度汛限水位(2 588 m)之间按发电流量下泄;库水位在年度汛限水位至设计汛限水位(2 594 m)之间按兼顾宁蒙河段防洪运用,龙羊峡、刘家峡两库联合调度,使10年一

遇洪水刘家峡水库出库流量不超过 2 500 m^3/s；设计汛限水位以上按设计防洪方式运用。

当发生 1 000 年一遇及以下洪水时，龙羊峡水库控制下泄流量不大于 4 000 m^3/s，否则按控制下泄流量不大于 6 000 m^3/s 运用。当发生 100 年一遇及以下洪水时，刘家峡水库控制下泄流量不大于 4 290 m^3/s；当发生 100 年一遇到 1 000 年一遇洪水时，刘家峡水库控制下泄流量不大于 4 510 m^3/s；当发生 1 000 年一遇到 2 000 年一遇洪水时，刘家峡水库控制下泄流量不大于 7 260 m^3/s；当发生 2 000 年一遇以上洪水时，刘家峡水库敞泄运用。龙羊峡、刘家峡水库联合运用，控制 100 年一遇及以下洪水兰州站流量不超过 6 500 m^3/s。

1.5.2.5　中游水库群联合防洪运用

（1）下游滩区淹没。现状条件下，花园口 6 000 m^3/s 以下洪水滩区淹没损失较小，洪峰流量从 6 000 m^3/s 增大到 8 000 m^3/s，淹没损失增加很快，8 000 m^3/s 时的淹没范围达到 22 000 m^3/s 淹没范围的 89%，淹没人口达到 22 000 m^3/s 淹没人口的 83%。因此，将花园口洪峰流量控制到 6 000 m^3/s 以下，可以有效减小滩区的淹没损失。

（2）洪水量级划分。考虑下游河道主槽过流能力、下游堤防设防流量、花园口中小洪水量级、中游水库群运用情况和运用后下游洪水量级等多种因素，以花园口站洪峰流量是否达到 4 000 m^3/s、8 000 m^3/s、10 000 m^3/s、22 600 m^3/s（30 年一遇）、29 200 m^3/s（百年一遇）、41 500 m^3/s（近千年一遇）划分下游洪水量级。

（3）中小洪水调度。防御中小洪水时花园口控制流量越小（防御标准越高），所需的小浪底水库防洪库容越大，在小浪底水库拦沙后期，对中小洪水的控制流量为 4 000 ~ 6 000 m^3/s，所需小浪底水库防洪库容为 6 亿 ~ 18 亿 m^3；在小浪底水库正常运用期，对中小洪水的控制流量约 8 000 m^3/s，相应防洪库容不超过 7.9 亿 m^3。

（4）现状防洪体系联合运用。“上大洪水”，50 年一遇以下洪水，三门峡水库敞泄，超过 50 年一遇洪水，三门峡水库按照“先敞后控”方式运用；小浪底库水位达到 263 ~ 266.6 m 时可加大泄量，按敞泄或维持库水位运用，下游东平湖配合分洪。“下大洪水”，小浪底水库首先投入控制运用；三门峡水库在小浪底库水位达到 263 ~ 269.3 m 时，按照小浪底水库的出库流量泄洪；预报花园口洪峰流量达到 12 000 m^3/s，陆浑、故县水库按设计防洪方式运用；东平湖滞洪区在孙口流量大于 10 000 m^3/s 后投入运用。孙口站洪峰流量超过 17 500 m^3/s 或 10 000 m^3/s 以上洪量超过东平湖滞洪区分洪容量，北金堤滞洪区分洪。

（5）古贤水库与三门峡、小浪底联合运用。对于“上大洪水”，古贤水库应尽早控制运用，控制三门峡水库入库流量不超过 10 000 m^3/s；对于“下大洪水”，古贤水库原则上自然滞洪敞泄运用，当三门峡、小浪底水库无法满足防洪要求时相机投入控制运用。

1.5.2.6　防御冰凌洪水研究

（1）凌情等级指标。现状条件下，宁蒙河段严重凌情的定量划分基本指标为槽蓄水增量大于 15 亿 m^3、三湖河口水位大于 1 020.0 m、头道拐凌峰流量大于 2 500 m^3/s，开河期气温是凌情等级划分的辅助指标。

（2）防凌工程调度运用。上游，一般情况下，凌汛期控制刘家峡水库下泄流量来减少宁蒙河段槽蓄水增量；万家寨水库在封、开河时进行水位控制。严重凌情时，还需依靠海勃湾水库、内蒙古河段应急分凌区、沿河引黄灌溉渠系等应急分凌，相机实施冰上爆破、炮击、飞机投弹等破冰措施。中游,主要利用万家寨水库和龙口水库调节,控制下泄过程平稳。下游,一般凌情,通过小浪底水库控制运用,减少槽蓄水增量,为封、开河创造有利条件;遇严重凌情,三门峡、小浪底水库联合运用,通过三门峡、小浪底水库的实时调度,沿黄引水工程分水、破冰和抢险等综合措施,减少凌灾损失。

第2章　暴雨洪水研究

暴雨洪水研究是制订防御洪水方案的重要基础，本章分析了黄河干流各河段洪水特性，着重研究了大型水库和水利水保工程影响后潼关、花园口、三花间（三门峡至花园口区间）中小洪水特性，提出中小洪水设计值。

2.1　黄河上游洪水分析

2.1.1　洪水特性

2.1.1.1　洪水来源

黄河上游流域面积大，较大洪水的出现，必须有大尺度天气系统所形成的长历时、大面积连续降水，局部暴雨对造洪影响不大。

在黄河吉迈以上水量的来源中，地下水和冰雪融化补给所占比重较大，又有湖泊和沼泽调蓄作用，因此流量相对稳定。吉迈—玛曲区间和玛曲—唐乃亥区间南段降水量较丰，为黄河上游的主要产洪区。该区间植被较好，多沼泽和草原，滞洪作用明显。唐乃亥—循化区间为相对干旱区，汇入水量很少。循化—上诠区间的洮河、大夏河流域为黄河上游第二个暴雨区，加入水量较多。上诠洪水主要来自唐乃亥以上干流和洮河、大夏河流域。上诠—兰州，虽然有大通河、湟水汇入，但其水量占的比重不大，与玛曲—唐乃亥区间产水量相近。兰州以下至安宁渡降水量少，无大支流加入，水量增加不多。安宁渡以下，黄河进入干旱少雨地段，加上宁蒙灌区引水量大，水量沿程是递减的。

2.1.1.2　洪水发生时间

黄河上游洪水主要由降水形成，洪水的季节变化基本上与降水的季节变化一致。一般自5月下旬至6月，随着黄河上游青藏高原区进入雨季，黄河上游干流开始涨水。7月中旬至8月中旬，降水量比6月大大增加，黄河的洪水量也突增，由于这期间一般降水持续天数较短，所以发生中、小等级的洪水次数多，但也有个别年份，如1904年、1964年，因为有较长的持续性大范围降水而发生大洪水。8月下旬至9月上旬，降水量大大增加，在此时期往往出现全年最大的洪水，如1946年、1967年和1981年等。

在实测的较大洪水中，洪峰出现在9月的占40%，出现在7月的占30%。一般来说7月洪水峰型尖瘦，9月洪水峰型较胖。兰州站大洪水洪峰流量及发生时间见表2.1-1，可见1904年洪水最大，经估算兰州站最大流量为8 500 m^3/s，兰州站自1934年开始有水文观测资料，洪峰流量大于5 000 m^3/s的洪水共发生了7次，发生在9月的占57%。

表 2.1-1　兰州站大洪水洪峰流量及发生时间

年份	1904	1935	1943	1946	1964	1967	1978	1981
洪峰流量(m^3/s)	8 500	5 510	5 060	5 900	5 660	5 510	5 260	7 090
发生时间(月-日)	07-17～18	08-05	06-27	09-13	07-26	09-10	09-08	09-15

2.1.1.3　洪水基本特征

洪水特性是暴雨特性和产汇流特性的综合反映。黄河上游洪水涨落缓慢、历时较长，一次洪水过程平均约40天；洪水大多为单峰型，峰量关系较好。但降水时空分布不同，洪水峰型存在一些差异。如1964年降雨历时仅10天，其中连续5天流域平均日降雨量大于10 mm，上诠站洪水峰型相对较瘦，洪水历时也短，仅25天左右。而1967年和1981年降雨日数分别为20天和31天，时程分配也较分散，上诠站洪水峰型相对较胖，洪水历时长达40～60天。

2.1.1.4　洪水组成和遭遇

对1946年、1964年、1967年、1975年和1981年等大水年份的洪水组成分析表明，兰州洪水主要来自贵德以上，15天洪量贵德以上来水5个典型平均占兰州的66%，上诠至兰州区间来水量所占比例较小。在5个年份中，1964年和1967年是以贵德至兰州区间来水为主，1946年、1981年是以贵德来水为主，1975年是以吉迈来水为主。

根据实测资料统计，干流各河段间的大洪水基本上相遇。干、支流间，洮河与干流洪水基本相遇。湟水是上诠和兰州区间洪水的主要来源区，该区间大洪水与兰州以上大洪水不完全遭遇，但有些年份的最大流量可达2 000 m^3/s(1959年7月)，对组成兰州洪水是不可忽视的。

2.1.2　设计洪水

黄河上游与龙羊峡、刘家峡两水库防洪运用有关的站包括贵德、上诠、兰州、宁蒙河段河防工程控制站，其中贵德、上诠站设计洪水分别在龙羊峡、刘家峡水库设计时有审定成果，兰州站设计洪水成果在大侠电站初设时审定，宁蒙河段各控制站设计洪水在“黄河宁蒙河段1996年至2000年防洪工程建设可行性研究”时审定。随着资料的积累，在以后的工程设计尤其是近年黄河上游水电站设计时，对贵德、上诠、兰州站延长系列以后的设计洪水进行过多次复核计算，复核结果都是仍推荐采用原审定成果，宁蒙河段各控制站设计洪水在黄河勘测规划设计有限公司完成的“黄河宁蒙河段近期防洪工程建设可行性研究”(2008年)中也进行了复核计算，仍推荐采用“黄河宁蒙河段1996年至2000年防洪工程建设可行性研究”审定成果。2010年完成的《黄河流域水资源综合规划》中，以上各站设计洪水均采用上述已审定成果。各站设计洪水采用如下。

2.1.2.1　贵德、上诠设计洪水

龙羊峡、刘家峡水库设计洪水成果见表2.1-2。龙羊峡设计洪水为1977年8月完成

的初设补充设计成果，洪水系列为1946～1974年共29年，1904年历史洪水洪峰流量5 720 m^3/s，重现期为160年。刘家峡水库设计洪水为1977年竣工报告成果，洪水系列为1934～1972年共39年，1904年历史洪水洪峰流量7 880 m^3/s，重现期为120～160年。

表2.1-2 龙羊峡、刘家峡水库设计洪水成果表

（单位：Q_m，m^3/s；W_{15}、W_{45}，亿m^3）

站名	控制面积（km^2）	项目	均值	PMF	不同频率p(%)设计值								
					0.01	0.05	0.1	0.2	1	2	5	10	20
龙羊峡	131 420	Q_m	2 470	10 500	8 650	7 540	7 040	6 570	5 410	4 890	4 200	3 660	3 090
		W_{15}	26.2	105	86.5	75.7	71	66	55	50.1	43.4	38.1	32.5
		W_{45}	62	240	199	175	164	155	128	117	102	89.3	76.7
刘家峡	181 766	Q_m	3 270	13 300	10 800	9 450	8 860	8 270	6 860	6 280	5 430	4 740	4 060
		W_{15}	35.1	135	116	101	95.1	89	73.6	67	58.2	50.9	43.6
		W_{45}	82.8	285	238	213	201	190	162	150	132	118	103

注：PMF为可能最大洪水，Q_m为洪峰流量，W_{15}为15日洪量，W_{45}为45日洪量。

典型洪水采用1964年和1967年，典型洪水特性见表2.1-3。设计洪水的地区组成考虑两种：一种是龙羊峡、刘家峡同频，龙刘区间（龙羊峡至刘家峡区间）相应；另一种是龙羊峡、刘家峡同倍比。龙羊峡水库控制流域面积占刘家峡水库控制流域面积的72.3%，龙羊峡水库以上为刘家峡以上及兰州以上的主要洪水来源区，设计洪水地区同频组成只考虑龙羊峡、刘家峡同频而不考虑龙刘区间与刘家峡同频的情况。

表2.1-3 黄河上游典型年实测洪峰流量与洪量

（单位：Q_m，m^3/s；W_{15}、W_{45}，亿m^3）

站名	典型年	Q_m	日期（月-日）	W_{15}	日期（月-日）	W_{45}	日期（月-日）
贵德	1964	3 050	07-28	31.5	07-21～08-04	70.3	07-08～08-21
	1967	3 100	09-08	36.5	09-02～09-16	86.9	08-13～09-26
上诠	1964	5 090	07-26	50.7	07-21～08-04	110	07-09～08-22
	1967	5 350	09-01	63	09-02～09-16	140	08-22～10-05
兰州	1964	5 660	07-26	57.7	07-21～08-04	130	07-09～08-22
	1967	5 510	09-01	65.5	09-02～09-16	148	08-23～10-06
龙刘区间	1964	2 540	07-26	19.3	07-21～08-04		
	1967	2 340	09-01	23	09-01～09-15		

区间设计洪水：龙羊峡至刘家峡区间的洪水传播时间为1天，计算区间洪水时，不考虑洪水演进，龙刘同频，区间相应的洪水考虑洪水传播时间后，直接相减；同倍比放大的区间洪水，以典型洪水的区间洪水过程按放大倍比放大。

2.1.2.2　兰州站设计洪水

1. 天然设计洪水

目前,黄河上游各工程项目普遍采用的兰州站天然设计洪水仍为水电四局勘测设计研究院在《黑山峡补充初设报告》中提出并经正式审定的成果。该成果采用的实测及插补展延系列为 1934～1972 年。后在龙羊峡水库技术设计阶段以及以后各梯级电站的设计阶段多次对兰州站设计洪水成果进行复核,资料系列最长至 2000 年以后,复核结果都仍采用原审定成果。本书也采用该成果,见表 2.1-4。

表 2.1-4　兰州站天然设计洪水成果

项目	统计参数			不同频率 p(%)设计值								
	均值	C_v	C_s/C_v	0.01	0.05	0.1	0.5	1	2	5	10	20
Q_m	3 900	0.335	4	12 700	11 100	10 400	8 840	8 110	7 410	6 440	5 640	4 840
W_{15}	40.8	0.33	4	131	115	108	91	84	76.7	67.0	58.8	51.0
W_{45}	97.8	0.31	3	274	245	232	202	188	174	154	139	121

2. 水库作用后的设计洪水

上游梯级水库联合调度后,兰州洪水由上游水库调度允许下泄流量和上诠—兰州区间洪水组合而成。

根据梯级水库联合调度原则,100 年一遇以上大洪水时,水库的削平头泄流达 30 天以上,100 年一遇以下的削平头泄流历时为 15～30 天,这样就增加了水库泄量与区间洪峰遭遇的机会,改变了天然情况下的洪水遭遇特征。

兰州市防洪规划中,洪水组成采用了典型年法,设防标准 100 年一遇(6 500 m^3/s)以下的各级洪水采用 1964 年典型年组成结果,设防标准及其以上各级洪水采用 1958 年典型年组成结果。将湟水(含大通河)典型年洪峰流量过程同倍比放大至区间典型年洪峰流量过程,再加上水库泄流,做出设计洪水过程线,求得各设计标准下兰州站的设计洪峰流量。

在以后的上游电站设计中,兰州站工程后设计洪水成果均采用兰州市防洪规划中成果,本书也采用该成果,见表 2.1-5。

表 2.1-5　兰州站工程后设计洪水成果表

项目	不同频率 p(%)设计值(m^3/s)					
	0.5	1	2	5	10	20
天然洪峰	8 840	8 110	7 410	6 440	5 640	4 830
刘家峡水库下泄流量	4 510	4 290	4 290	4 290	4 290	4 060
上诠—兰州区间洪峰	2 420	2 210	2 020	1 760	1 350	770
工程后洪峰	6 930	6 500	6 310	6 050	5 640	4 830

2.1.2.3　宁蒙河段各控制站设计洪水

黄河宁蒙河段洪水主要来自兰州以上河段,由降水形成。因降水多以连绵阴雨形式出现，且强度小（一般不超过 50 mm/d）、历时长、笼罩面积大（10 万～20 万 km^2），故所产生的洪水峰低量大、过程矮胖。

进入宁蒙河段的洪水，在该河段传播过程中，蒸发渗漏损失与区间支流汇入相抵后，洪峰、洪量和峰型沿程都变化不大（见图 2.1-1）。

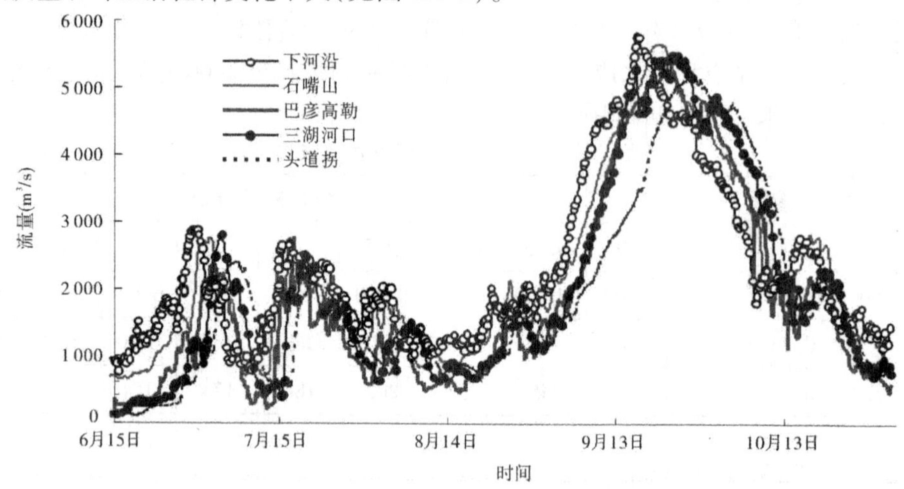

图 2.1-1　1981 年典型洪水沿程传播情况

黄河宁蒙河段设计洪水计算的参证站为安宁渡站。水利部天津水利水电勘测设计研究院于 1993 年 9 月完成的黄河大柳树水利枢纽可研报告，对安宁渡天然设计洪峰流量和经龙羊峡、刘家峡水库联合调洪后的设计洪峰流量进行了分析且通过了水利部审查。

对于安宁渡站天然设计洪水计算采用系列为 1934～1986 年、1904 年。其中 1953～1986 年为实测资料进行水库还原，1934～1952 年由兰州站插补。该成果经黄河勘测规划设计有限公司、水电四局勘测设计研究院以及中国电建集团西北勘测设计研究院有限公司多次复核后未变动。

对于安宁渡站经龙羊峡、刘家峡水库调节后的设计洪水，系根据选定的设计洪水地区组成，按 1964 年典型放大后的设计洪水过程线，经龙羊峡、刘家峡水库联合调洪后，刘家峡下泄洪水过程线与相应的上诠至安宁渡区间洪水过程线叠加而成，其经龙羊峡、刘家峡水库联合调洪后 50 年一遇设计洪峰流量为 5 940 m^3/s，20 年一遇设计洪峰流量为 5 590 m^3/s。

将各水文站（下河沿、青铜峡、石嘴山、磴口、巴彦高勒、三湖河口、昭君坟、头道拐）分别与安宁渡站建立实测洪峰流量相关关系，即可求得宁蒙河段各站相应天然设计洪峰流量和经龙羊峡、刘家峡水库联合调洪后的设计洪峰流量。黄委勘测规划设计研究院 1996 年 7 月编制的《黄河宁蒙河段 1996 年至 2000 年防洪工程建设可行性研究》报告中，利用下河沿—蒲滩拐河段各水文站同步资料系列 1965～1990 年，采用相关法求得下河沿、青铜峡、石嘴山、磴口、巴彦高勒、三湖河口、昭君坟、头道拐各站设计洪峰流量（见表 2.1-6），该成果已通过水规总院审查。2008 年完成的《黄河宁蒙河段近期防洪工程建设可行性研究》报告中又将系列延长至 2004 年，对宁蒙河段设计洪水进行了复核，结论仍采用经审定的《黄河宁蒙河段 1996 年至 2000 年防洪工程建设可行性研究》报告中的成果。

表2.1-6 黄河宁蒙河段及相关站设计洪峰流量成果

站名	不同频率 p(%)设计洪峰流量(m^3/s)			
	2	5	10	20
安宁渡	5 940	5 590	5 430	4 970
下河沿	5 960	5 595	5 420	4 950
青铜峡	6 015	5 620	5 460	4 980
石嘴山	6 000	5 630	5 470	4 960
磴口	5 970	5 590	5 420	4 950
巴彦高勒	5 550	5 190	5 030	4 580
三湖河口	5 900	5 510	5 360	4 850
昭君坟	5 830	5 450	5 280	4 760
头道拐	5 810	5 430	5 250	4 740

由于下河沿—三盛公河段工程设防标准为20年一遇,三盛公—蒲滩拐河段工程设防标准为30(右岸)~50(左岸)年一遇。本次设计洪水主要计算经龙羊峡、刘家峡水库联合调洪后各水文站20年一遇和50年一遇标准的洪水。

2.2 黄河中下游暴雨洪水分析

2.2.1 暴雨洪水特性分析

2.2.1.1 暴雨

1. 暴雨成因

黄河流域的暴雨均是大气环流运动,冷暖气团相遇所致。

黄河中游的大面积暴雨与西太平洋副热带系统的进退和强度变化最为密切,直接影响暴雨带的走向、位置、范围和强度。黄河中游大暴雨的成因,从环流形势来说分为经向型和纬向型。在经向环流形势下,西太平洋副热带高压中心位于日本海,青藏高压也较强,二者之间是一南北向低槽区,这是形成三花间大暴雨的环流形势。西太平洋副热带高压呈东西向带状分布时,其脊线在25°~30°N或更北,西伸脊点在105°~115°E时,对形成中游的东西向与西南—东北向大面积暴雨是有利的。

当黄河中游发生较强的大面积暴雨时,在天气图上可以看到一支西南—东北向的强风急流区,经云贵高原东侧北上到黄河中游地区,这是主要的水汽输送通道,将南海和孟加拉湾的暖湿空气输向本地区,在经向型暴雨时,有一支东南风急流,此时东海一带水汽对黄河中游暴雨有重要贡献。

2. 暴雨中心位置

黄河中下游主要暴雨中心地带,中游为六盘山东侧的泾河中游,陕西北部的神木—

带,三花间的垣曲、新安、嵩县、宜阳以及沁河太行山南坡的济源、五龙口等地。

3. 各区间暴雨特性

黄河流域的暴雨主要发生在6~10月。开始日期一般是南早北迟,东早西迟。中游河口镇至三门峡区间(简称龙三间),大暴雨多发生在8月,三花间较大暴雨多发生在7月、8月,其中特大暴雨多发生在7月中旬至8月中旬。黄河下游的暴雨以7月出现的机会最多,8月次之。

黄河中游河口镇至龙门区间,经常发生区域性暴雨,其特点可概括为暴雨强度大,历时短,雨区面积在4万km^2以下。龙门至三门峡区间(简称龙三间),泾河上中游的暴雨特点与河龙间(河口镇至龙门区间)相近。泾洛渭河暴雨强度略小,历时一般2~3天。在其中下游,也经常出现一些连阴雨天气,降雨持续时间一般可以维持5~10天或更长,一般降雨强度较小。

在出现有利的天气条件时,河龙间与泾洛渭中上游两地区可同时发生大面积暴雨,这种大面积暴雨还有间隔几天相继出现的现象。

三花间暴雨,发生次数频繁,强度也较大,暴雨面积可达2万~3万km^2,历时一般2~3天。

2.2.1.2 实测大洪水的一般特性

1. 洪水发生时间

黄河中下游洪水主要由中游地区的暴雨形成,上游洪水一般只形成中下游洪水的基流。由于黄河流域面积大、河道长,各河段大洪水发生的时间有所不同,上游河段为7~9月;河口镇至三门峡区间为7月、8月,并多集中在8月;三门峡至花园口区间为7月、8月,特大洪水的发生时间更为集中,一般为7月中旬至8月中旬;下游洪水的发生时间一般为7~10月。

2. 各洪水来源区特性

黄河中游洪水有三大来源区,即河龙间、龙三间、三花间。三个来源区的洪水特性分述如下。

(1)河龙间。河龙间流域面积为11万km^2,河道穿行于晋陕峡谷之间,两岸支流较多,流域面积大于1 000 km^2的支流有21条,呈羽毛状汇入黄河。流域内植被较差,大部分属黄土丘陵沟壑区,土质疏松,水土流失严重,是黄河粗泥沙的主要来源区。区间河段长724 km,落差607.3 m,平均比降8.4‱。区间暴雨强度大、历时短,常形成尖瘦的高含沙洪水过程,一次洪水历时一般为1天左右,连续洪水可达5~7天。区间发生的较大洪水洪峰流量可达11 000~15 000 m^3/s,实测区间最大洪峰流量为18 500 m^3/s(1967年),日平均最大含沙量可达800~900 kg/m^3。

(2)龙三间。龙三间流域面积19万km^2,河段长240.4 km,落差96.7 m,平均比降4‱。区间大部分属黄土塬区及黄土丘陵沟壑区,部分为石山区。区间内流域面积大于1 000 km^2的支流有5条,其中包括黄河第一大支流渭河和第二大支流汾河,黄河干流与泾河、北洛河、渭河、汾河等诸河呈辐射状汇聚于龙门至潼关河段。本区间的暴雨特性与河龙间相似,但暴雨发生的频次较多、历时较长。区间洪水多为矮胖型,大洪水发生时间以8月、9月居多,洪峰流量一般为7 000~10 000 m^3/s。本区间除马莲河外,为黄河细泥沙的主要来源区。

(3)三花间。三花间流域面积为41 615 km^2,大部分为土石山区或石山区,区间河段长240.9 km,落差186.4 m,平均比降7.7‱。流域面积大于1 000 km^2的支流有4条,其中伊洛河、沁河两大支流的流域面积分别为18 881 km^2和13 532 km^2。本区间大洪水与特大洪水都发生在7月中旬至8月中旬,与三门峡以上中游地区相比洪水发生时间趋前。区间暴雨历时较龙三间长,强度也大,加上主要产流地区河网密度大,有利于汇流,所以易形成峰高量大、含沙量小的洪水。一次洪水历时约5天,连续洪水历时可达12天,当伊洛河、沁河与三花间干流洪水遭遇时,可形成花园口的大洪水或特大洪水。实测区间最大洪峰流量为15 780 m^3/s。

3.洪水地区组成及遭遇

花园口断面控制了黄河上中游的全部洪水,花园口以下增加洪水不多。从实测资料统计分析,5天和12天洪量河口镇以上平均占花园口洪量的22.1%和29.4%,有随时段加长比重增大的趋势,但5天和12天洪量都较流域面积比52.6%小得多,说明河口镇以上流量只组成花园口洪水的基流。

河口镇至花园口区间(河花间)5天和12天洪量占花园口洪量的77.9%和70.6%,比流域面积比大得多,说明区间来水是花园口洪水的主要组成部分。

在河花间内,河口镇至三门峡内各区间洪量比例接近或稍大于流域面积比,而三花间流域面积仅占花园口以上流域面积的5.7%,其5天、12天洪量却分别占花园口洪量的29.7%和25%,说明三花间来水也是花园口洪水的主要来源,且三花间单位面积的产洪量在河花间最大。

从实测资料和历史文献资料可知,形成黄河中下游特大洪水主要有西南东北向切变线和南北向切变线两种天气系统。西南东北向切变线天气系统形成三门峡以上的河龙间和龙三间大暴雨或特大暴雨,常遭遇形成黄河中下游大洪水或特大洪水,如1933年8月洪水和1843年(道光二十三年)8月洪水。南北向切变线天气系统形成三门峡以下的三花间大暴雨或特大暴雨,造成黄河中下游大洪水或特大洪水,如1958年7月洪水和1761年(乾隆二十六年)8月洪水。来源于三门峡以上中游地区的大洪水与三门峡以下中游地区的大洪水一般是不遭遇的,故把来源于三门峡以上的洪水称为“上大洪水”,把来源于三门峡以下的洪水称为“下大洪水”。当发生“上大洪水”时,无论是洪峰和洪量,三门峡以上来水都占花园口的70%~90%,此时,三花间加水很少。当以三花间来水为主时,三门峡以上来水洪峰占花园口的20%~30%,洪量占50%~60%。

“上下较大洪水”是指以三门峡以上的龙三间和三门峡以下的三花间共同来水组成的洪水,如1957年7月洪水,花园口、三门峡洪峰流量分别为13 000 m^3/s和5 700 m^3/s。这类洪水的特点是洪峰较低,历时长,含沙量较小,对下游防洪也有相当大的威胁。

黄河中游地区较大洪水峰量组成见表2.2-1。

表 2.2-1 黄河中游地区较大洪水峰量组成

（单位：洪峰流量，m^3/s；洪量，亿 m^3）

洪水组成	洪水发生年份	花园口		三门峡			三花区间			三门峡占花园口的比例（%）	
		洪峰流量	12 天洪量	洪峰流量	相应洪水流量	12 天洪量	洪峰流量	相应洪水流量	12 天洪量	洪峰流量	12 天洪量
三门峡以上来水为主，三门峡至花园口区间为相应洪水	1843	33 000	136.0	36 000		119.0		2 200	17.0	93.3	87.5
	1933	20 400	100.5	22 000		91.90		1 900	8.60	90.7	91.4
三门峡至花园口区间来水为主，三门峡以上为相应洪水	1761	32 000	120.0		6 000	50.0	26 000		70.0	18.8	41.7
	1954	15 000	76.98		4 460	36.12	10 540		40.86	29.73	46.92
	1958	22 300	88.85		6 520	50.79	15 780		38.06	29.24	57.16
	1982	15 300	65.25		4 710	28.01	10 590		37.24	30.78	42.93

注：各站和区间的相应洪水流量是指与花园口洪峰流量对应的数值，1761 年和 1843 年流量、洪量系通过洪水调查及清代所设水尺推算。

2.2.1.3 近年黄河中下游暴雨洪水特点

黄河勘测规划设计有限公司 2009 年完成的《黄河中常洪水变化研究》中，对黄河中下游暴雨变化、洪水特性变化分年代进行了分析，通过对 1990 年以后与 1990 年以前暴雨洪水特性的比较，可知近年来黄河中下游暴雨洪水的变化有以下特点。

1. 暴雨发生量级及次数有所减少

分别统计河龙间、龙三间、三花间各年代年次过程 3 日 25 mm 雨区内降雨总量累计值，以 1952 ~ 1969 年为基准年段，将 1970 ~ 1989 年、1990 ~ 2006 年两个年段的年次过程 3 日 25 mm 雨区内降雨总量累计均值与 1952 ~ 1969 年相应均值比较，见表 2.2-2。河龙间、三花间 3 日 25 mm 雨区内降雨总量累计均值呈递减趋势，递减程度分别为 -15.2%、-22.8% 和 -17.1%、-21.3%。龙三间 1970 ~ 1989 年 3 日 25 mm 雨区内降雨总量累计均值较 1952 ~ 1969 年是增加的，增加幅度为 13.2%；而 1990 ~ 2006 年则又是减少的，减少幅度为 -7.3%。

表 2.2-2 各区间各年代年次过程 3 日 25 mm 雨区内降雨总量累计值及距平百分率

时期	河龙间		龙三间		三花间	
	均值（亿 m^3）	距平百分率（%）	均值（亿 m^3）	距平百分率（%）	均值（亿 m^3）	距平百分率（%）
1952 ~ 1969 年	140.7		167.4		60.6	
1970 ~ 1989 年	119.3	-15.2	189.5	13.2	50.3	-17.1
1990 ~ 2006 年	108.5	-22.8	155.2	-7.3	47.7	-21.3

另外,通过暴雨过程次数以及不同量级降雨日数年代间的比较,黄河中游区不论是暴雨过程的次数,还是各量级降雨日数,尤其是大雨和暴雨日数基本呈减少趋势,1970～1989年减少幅度为6%～20%,1990～2006年减少幅度为6%～25%。

2. 长历时洪水次数明显减少

统计的潼关、花园口不同时期不同历时洪水的出现次数见表2.2-3,可以看出,1950～1989年各时期洪水历时的变化并不明显,1990年以后变化较大,长历时洪水的次数急剧减少,各站1990年以后极少出现过历时大于30天的洪水。潼关站20世纪90年代只有一次历时大于30天的洪水,2000年后没有出现历时大于30天的洪水;花园口站20世纪90年代后没有出现历时大于30天的洪水。

表2.2-3 各站不同时期洪水历时统计

站名	时期	不同历时(天)洪水场次(次)					
		≤3	3～5	5～12	12～20	20～30	>30
潼关	1950～1959年		9	21	19	7	2
	1960～1969年	4	6	16	10	3	12
	1970～1979年	1	8	18	7	4	4
	1980～1989年	1	8	14	12	2	7
	1990～1999年	1	3	15	6		1
	2000～2005年			5	1	2	
花园口	1950～1959年	1	13	30	12	6	3
	1960～1969年	4	7	25	10	6	5
	1970～1979年	3	7	25	10	2	4
	1980～1989年	3	11	24	10	3	4
	1990～1999年	1	6	16	7	3	
	2000～2005年	2	2	4	3	2	

3. 较大量级洪水发生频次减少

对黄河干支流防洪作用明显的大型水库进行还原,统计各站不同时期洪水发生频次。表2.2-4为潼关、花园口站不同时期不同量级洪水发生频次统计表,从表中看出,潼关站1950～1989年6 000 m^3/s以下洪水的频次变化不大,6 000 m^3/s以上的洪水频次呈减小趋势,尤其1990年以后减小更为明显;花园口站1950～1989年各级洪水的频次变化不大,1990年以后洪水频次明显减小,洪水量级也明显偏小,多为8 000 m^3/s以下洪水,8 000 m^3/s以上洪水仅发生1次,没有发生10 000 m^3/s以上大洪水。

表 2.2-4　中游各站不同时期不同量级洪水发生频次统计

站名	时期	各级洪峰流量(m^3/s)的洪水频次(次/年)									
		>3 000	>4 000	>6 000	>8 000	>10 000	>15 000	3 000 ~ 4 000	4 000 ~ 6 000	6 000 ~ 10 000	10 000 ~ 15 000
潼关	1950 ~ 1959 年	5.6	4.4	2	1.3	0.8		1.2	2.4	1.5	0.5
	1960 ~ 1969 年	5.1	4	1.6	0.4	0.1		1.1	2.4	1.5	0.1
	1970 ~ 1979 年	4.2	2.9	1.5	0.8	0.5	0.2	1.3	1.4	1	0.3
	1980 ~ 1989 年	4.4	3.3	0.8	0.2			1.1	2.5	0.8	
	1990 ~ 1999 年	2.5	1.9	0.4	0.1			0.7	1.5	0.4	
	2000 ~ 2005 年	1.3	0.8					0.5	0.8		
	1950 ~ 2005 年	4.0	3.0	1.2	0.9	0.7	0.04	1	1.8	1	0.2
花园口	1950 ~ 1959 年	6.5	4.8	2.4	1.0	0.7	0.2	1.7	2.4	1.7	0.5
	1960 ~ 1969 年	5.7	4.2	1.9	0.5	0.2		1.5	2.3	1.7	0.2
	1970 ~ 1979 年	5.1	2.8	1.1	0.5	0.3		2.3	1.7	0.8	0.3
	1980 ~ 1989 年	5.5	3.7	1.2	0.5	0.2	0.1	1.8	2.5	1	0.1
	1990 ~ 1999 年	3.3	1.4	0.3	0.1			1.9	1.1	0.3	
	2000 ~ 2005 年	2.2	1.2	0.5				1	0.7	0.5	
	1950 ~ 2005 年	4.9	3.1	1.2	1.0	0.9	0.05	1.8	1.9	1	0.2

4. 潼关、花园口断面以上各分区来水比例无明显变化

统计潼关站及花园口站不同时期各时段洪水组成，见表2.2-5、表2.2-6。随着洪水时段加长，潼关站河口镇以上来水比例增加，由 1 日洪量的 40% 增加到 12 日洪量的 60%。随时段加长，花园口站潼关以上来水比例增加，由 1 日洪量的 72% 增加到 12 日洪量的 84%。潼关、花园口站不同年代之间各分区来水比例没有明显规律性，近年各分区来水比例与 1950 年以来长时段均值接近，无明显变化。

表 2.2-5　潼关站不同时期年均各时段洪水组成比例

项目	时期	1 日洪量		3 日洪量		5 日洪量		12 日洪量	
		河口镇	河三间	河口镇	河三间	河口镇	河三间	河口镇	河三间
比例(%)	1950 ~ 1959 年	31	69	37	63	42	58	47	53
	1960 ~ 1969 年	41	59	48	52	52	48	60	40
	1970 ~ 1979 年	41	59	49	51	54	46	73	27
	1980 ~ 1989 年	50	50	56	44	61	39	69	31
	1990 ~ 1999 年	37	63	45	55	51	49	62	38
	2000 ~ 2005 年	49	51	51	49	53	47	65	35
	1950 ~ 2005 年	40	60	47	53	51	49	60	40

表 2.2-6　花园口站不同时期年均各时段洪水组成比例

项目	时期	1 日洪量		3 日洪量		5 日洪量		12 日洪量	
		潼关	三花间	潼关	三花间	潼关	三花间	潼关	三花间
比例(%)	1950～1959 年	71	29	78	22	79	21	79	21
	1960～1969 年	72	28	80	20	82	18	84	16
	1970～1979 年	72	28	84	16	86	14	89	11
	1980～1989 年	73	27	79	21	81	19	84	16
	1990～1999 年	75	25	84	16	86	14	86	14
	2000～2005 年	70	30	77	23	80	20	77	23
	1950～2005 年	72	28	80	20	82	18	84	16

2.2.1.4　还现后潼关站洪水特性

现状条件下,潼关站洪水过程主要受上游龙羊峡、刘家峡水库和中游水利水保工程影响。对龙羊峡、刘家峡大型水库和中游水利水保工程的影响进行还现计算,得出大型水库和水利水保工程影响后的还现系列。

1. 还现方法

龙刘水库(龙羊峡、刘家峡水库)的还现计算,首先对现状龙刘水库的调度方式进行分析,总结现状水库调度规律;然后根据龙刘水库入库径流量与出库流量间的关系,预测龙刘水库作用后刘家峡水库 1950～1989 年各年的出库径流量,得出各年水库调蓄量;根据现状水库年际间的运用规律、预测的年度出库径流量、年内出库径流量的分配过程等,结合刘家峡水库天然入库过程、预测出库年径流量、两库最大蓄水能力、刘家峡以下河段不断流约束等综合确定小川站还现计算后的出库过程。在潼关站 1950～1989 年大型水库还原后的洪水过程上,扣除龙刘水库还现计算出的水库调蓄量(考虑洪水传播时间,见表 2.2-7),得到潼关站龙刘水库还现后的洪水过程。

关于龙门至潼关区间水利水保工程的影响,黄河勘测规划设计有限公司在《黄河中常洪水变化研究》中开展了大量分析工作,并已通过审查。该研究以 20 世纪 90 年代以来的下垫面条件为现状水平,通过降雨径流关系变化的研究,定性分析了潼关以上各洪水来源区不同时期水利水保措施的变化,并分轻、中、重三种方案(情景)将水利水保措施对洪水的影响进行还现计算,推荐采用的还现方案为:河吴间(河口镇至吴堡区间)1970～1989 年按 10% 还现,1970 年以前实测洪水按 20% 减小幅度还现;吴龙间(吴堡至龙门区间)1990 年以前实测洪水按 20% 的减小幅度还现;龙潼间(龙门至潼关区间)渭河 1990 年以前实测洪水按 20% 的减小幅度还现。本书直接采用该研究成果。

2. 还现后潼关洪水特性分析

1954～2008 年,潼关洪峰流量在 3 000 m^3/s 以上的洪水共 149 场。以下对潼关洪峰流量在 3 000 m^3/s 以上场次洪水基本特性进行分析。

表 2.2-7　黄河河口镇以下各断面洪水传播时间

起止断面	传播时间(h)	起止断面	传播时间(h)
河口镇—吴堡	32	长水—花园口	24
吴堡—龙门	12	白马寺—花园口	12
龙门—潼关	12	黑石关—花园口	8
潼关—三门峡	10	五龙口—花园口	12
三门峡—小浪底	8	武陟—花园口	4
小浪底—花园口	12	山路平—武陟	6
陆浑—花园口	22	龙门镇—黑石关	8
龙门镇—花园口	16	白马寺—黑石关	4
故县—花园口	26		

1)洪水发生频次

统计潼关站洪水发生频次,见表 2.2-8,还现后潼关站 4 000 ~ 10 000 m^3/s 流量级以上洪水共发生 84 场,平均一年发生 1.5 次,4 000 ~ 6 000 m^3/s 洪水平均一年发生 1.1 次,6 000 ~ 8 000 m^3/s 洪水平均一年发生 0.3 次,8 000 ~ 10 000 m^3/s 洪水平均一年发生 0.1 次。还现后各量级洪水发生频次都比天然情况有所减少。4 000 ~ 10 000 m^3/s 中小洪水减少约 44%。

表 2.2-8　潼关洪水发生频次统计

流量级(m^3/s)	潼关还现		潼关天然	
	场次(次)	频次(次/年)	场次(次)	频次(次/年)
3 000 以上	149	2.7	212	3.9
4 000 ~ 10 000	84	1.5	150	2.7
4 000 ~ 6 000	61	1.1	101	1.8
6 000 ~ 8 000	18	0.3	34	0.6
8 000 ~ 10 000	5	0.1	15	0.3

2)洪水发生时间

统计潼关站洪水发生时间,见表 2.2-9,从表中看出,潼关 3 000 m^3/s 以上流量级洪水发生时间为 5 ~ 10 月,其中主要发生在 7 月、8 月,占总发生次数的 70% 左右,其次为 9 月。洪水发生在主汛期(9 月之前)的场次占总次数的 70% 左右,发生在后汛期(9 月之后)的场次占总次数的 30% 左右。

对不同量级洪水发生时间分别进行统计可以看出,对于 4 000 ~ 10 000 m^3/s 量级的洪水,潼关站 7 月、8 月发生次数占 71.4%,基本上洪水量级越大,发生在 7 月、8 月的比例越大。

表 2.2-9　潼关洪水发生时间统计

流量级(m³/s)	不同月份统计			前后汛期统计	
	月份	次数(次)	比例(%)	次数(次)	比例(%)
3 000 以上	5	2	1.3	111	74.5
	6	3	2.0		
	7	43	28.9		
	8	63	42.3		
	9	27	18.1	38	25.5
	10	11	7.4		
	总计	149	100	149	100
4 000 ~ 10 000	5	1	1.2	64	76.2
	6	3	3.6		
	7	19	22.6		
	8	41	48.8		
	9	14	16.7	20	23.8
	10	6	7.1		
	总计	84	100	84	100
4 000 ~ 5 000	5	1	2.5	28	70.0
	6	2	5.0		
	7	8	20.0		
	8	17	42.5		
	9	7	17.5	12	30.0
	10	5	12.5		
	总计	40	100	40	100
4 000 ~ 6 000	5	1	1.6	41	67.2
	6	3	4.9		
	7	12	19.7		
	8	25	41.0		
	9	14	23.0	20	32.8
	10	6	9.8		
	总计	61	100	61	100

续表 2.2-9

流量级(m^3/s)	不同月份统计			前后汛期统计	
	月份	次数(次)	比例(%)	次数(次)	比例(%)
6 000 ~ 8 000	5	0	0	18	100
	6	0	0		
	7	5	27.8		
	8	13	72.2		
	9	0	0	0	0
	10	0	0		
	总计	18	100	18	100
8 000 ~ 10 000	5	0	0	5	100
	6	0	0		
	7	2	40		
	8	3	60		
	9	0	0	0	0
	10	0	0		
	总计	5	100	5	100
10 000 以上	5	0	0	4	80
	6	0	0		
	7	1	20		
	8	3	60		
	9	1	20	1	20
	10	0	0		
	总计	5	100	5	100

3)含沙量

统计潼关站不同时期中小洪水中含沙量大于 200 kg/m^3 的高含沙洪水次数,见表 2.2-10。可见 1960 ~ 2008 年潼关实测洪峰流量为 4 000 ~ 10 000 m^3/s 的中小洪水共 96 次,其中 40 次洪水含沙量大于 200 kg/m^3,属于高含沙洪水,高含沙比例为 42%。三门峡水库按照蓄清排浑运用后的 1974 ~ 1999 年潼关站 4 000 ~ 10 000 m^3/s 中小洪水共 51 次,其中 20 次洪水含沙量大于 200 kg/m^3,高含沙比例为 39%。龙羊峡水库运用后,拦蓄黄河上游汛期来水,减小中下游汛期洪水流量,高含沙洪水比例较以往增大,1987 ~ 2008 年潼关共发生 4 000 ~ 10 000 m^3/s 洪水 21 次,其中 13 次为高含沙洪水,高含沙比例为 62%;发生 5 000 ~ 10 000 m^3/s 洪水 7 次,其中 6 次为高含沙洪水,高含沙比例为 86%;发生6 000～10 000 m^3/s 洪水共5次，全部都是高含沙洪水。

表2.2-10　潼关站不同时期高含沙中小洪水次数统计

时期	流量级(m^3/s)	总次数(次)	高含沙次数(次)	高含沙比例(%)
1960～2008年	4 000～10 000	96	40	42
	6 000～10 000	29	16	55
1974～1999年	4 000～10 000	51	20	39
	6 000～10 000	14	7	50
1987～2008年	4 000～10 000	21	13	62
	5 000～10 000	7	6	86
	6 000～10 000	5	5	100
	4 000～6 000	16	8	50

可见，龙羊峡水库运用后潼关站中小洪水中高含沙量洪水的比例较以往增大较多，小浪底水库拦沙后期，上游龙羊峡、刘家峡等大型水库对汛期洪水流量的拦蓄作用依然较大，根据1987～2008年潼关实测高含沙量洪水的比例判断，今后潼关4 000～10 000 m^3/s 洪水中高含沙洪水的比例基本应达到50%以上，即潼关有一半以上的中小洪水都是高含沙洪水；特别是洪峰流量较大的中小洪水，比如6 000～10 000 m^3/s 洪水中高含沙洪水的比例更高，绝大部分是高含沙洪水。

2.2.1.5　三花间、小花间、无控制区洪水特性

1. 区间天然洪水过程计算

三花间、小花间等区间洪水，没有直接的实测资料，需要通过间接方法计算求得。本书分别采用相加法和相减法计算区间洪水过程。采用的各站洪水过程时段均为1 h。

2. 三花间、小花间、无控制区洪水特性

1）洪水发生频次

统计1954～2008年小花间、小陆故花间（小浪底、陆浑、故县、花园口区间）、小陆故河花间（小浪底、陆浑、故县、河口镇、花园口区间）洪水发生频次，见表2.2-11，1954～2008年，小花间500～1 000 m^3/s 洪水共发生81次，平均一年发生1.5次；1 000～2 000 m^3/s 洪水平均一年发生1.1次，往上量级越大，发生次数越少；3 000 m^3/s 以上的洪水平均一年发生0.3次。500～1 000 m^3/s 洪水，小陆故花间平均一年发生1.1次，小陆故河花间平均一年发生0.9次。

同量级洪水小陆故花间、小陆故河花间较小花间发生次数略有减少，其中2 000 m^3/s 以上流量级小陆故花间、小陆故河花间发生次数少于小花间，分别减少了64%、68%。

表 2.2-11 1954～2008 年小花间、小陆故花间、小陆故河花间洪水发生次数统计

流量级(m^3/s)	小花间		流量级(m^3/s)	小陆故花间		小陆故河花间	
	场次(次)	频次(次/年)		场次(次)	频次(次/年)	场次(次)	频次(次/年)
500～1 000	81	1.5	100～500	68	1.2	85	1.5
1 000～2 000	59	1.1	500～1 000	60	1.1	48	0.9
2 000～3 000	25	0.5	1 000～2 000	35	0.6	32	0.6
3 000 以上	19	0.3	2 000 以上	16	0.3	14	0.3

2)洪水发生时间

统计小花间、小陆故花间、小陆故河花间洪水发生时间,见表 2.2-12。从表中看出,小花间、小陆故花间、小陆故河花间洪水发生时间为 5～10 月,其中主要发生在 7 月、8 月,占总发生次数的 60%左右,其次为 9 月。洪水发生在主汛期(9 月之前)的场次占总次数的 80%左右,发生在后汛期(9 月之后)的场次占总次数的 15%左右。

对不同量级洪水发生时间分别进行统计可以看出,对于各量级的洪水,小花间、小陆故花间、小陆故河花间洪水发生时间无明显差异。

3)洪水历时

对小花间、小陆故花间、小陆故河花间 500 m^3/s 以上流量级洪水的过程历时进行统计,见表 2.2-13。可以看出,各场次洪水平均历时为 8 天,最大历时为 30 天,最小历时为 2 天。其中大部分场次洪水历时小于 10 天,占总数的 70%左右。

表 2.2-12 小花间、小陆故花间、小陆故河花间不同月份洪水发生次数统计

流量级(m^3/s)	月份	小陆故花间		小陆故河花间		流量级(m^3/s)	月份	小花间	
		场次(次)	比例(%)	场次(次)	比例(%)			场次(次)	比例(%)
100～500	5	1	1.47	1	1.18	500～1 000	5	2	2.47
	6	3	4.41	3	3.53		6	5	6.17
	7	24	35.29	29	34.12		7	28	34.57
	8	16	23.53	23	27.06		8	27	33.33
	9	12	17.65	16	18.82		9	10	12.35
	10	9	13.24	10	11.76		10	7	8.64
	11	3	4.41	3	3.53		11	2	2.47

续表 2.2-12

流量级(m^3/s)	月份	小陆故花间 场次(次)	小陆故花间 比例(%)	小陆故河花间 场次(次)	小陆故河花间 比例(%)
500~1 000	5	2	3.33	2	4.17
	6	2	3.33	5	10.42
	7	19	31.67	10	20.83
	8	20	33.33	18	37.50
	9	10	16.67	7	14.58
	10	7	11.67	6	12.50
1 000~2 000	5	2	5.71	3	9.38
	6	1	2.86		
	7	6	17.14	10	31.25
	8	13	37.14	8	25.00
	9	9	25.71	8	25.00
	10	4	11.43	3	9.38
≥2 000	5	1	6.25		
	7	6	37.5	6	42.86
	8	8	50.00	7	50.00
	9	1	6.25	1	7.14

流量级(m^3/s)	月份	小花间 场次(次)	小花间 比例(%)
1 000~2 000	5	1	1.69
	6	4	6.78
	7	18	30.51
	8	14	23.73
	9	14	23.73
	10	7	11.86
	11	1	1.69
2 000~3 000	5	1	4.00
	7	4	16.00
	8	8	32.00
	9	8	32.00
	10	4	16.00
≥3 000	5	2	10.53
	7	7	36.84
	8	6	31.58
	9	3	15.79
	10	1	5.26

表 2.2-13　小花间、小陆故花间、小陆故河花间场次洪水历时统计

洪水历时(天)				小花间		小陆故花间		小陆故河花间	
平均	最大	最小	分级	场次(次)	占总次数比例(%)	场次(次)	占总次数比例(%)	场次(次)	占总次数比例(%)
8	30	2	≤5	49	26.6	44	24.6	45	25.1
			5~10	75	40.8	75	41.9	75	41.9
			10~20	50	27.2	50	27.4	49	27.4
			>20	10	5.4	10	5.6	10	5.6

4)无控制区洪水来水比例

表2.2-14为小花间不同量级洪水小陆故花间、小陆故河花间来水所占比例。总体来

看,小花间各流量级洪水,小陆故花间来水比例基本在45% ~60%,小于其所占面积比75%。小陆故河花间来水比例基本在35% ~50%,也小于所占面积比50%。从小花间各流量级洪水看,对于1 000 ~2 000 m^3/s 流量级以及5 000 m^3/s 以上流量级的洪水,无控制区小陆故花间及小陆故河花间所占比例相对偏大,其他量级相对偏小。

表 2.2-14 小陆故花间、小陆故河花间来水比例

项目	小花间流量级(m^3/s)	1日洪量			3日洪量		
		小花间	小陆故花间	小陆故河花间	小花间	小陆故花间	小陆故河花间
各流量级洪水洪量均值(亿 m^3)	1 000 ~2 000	1.06	0.66	0.51	2.37	1.45	1.07
	2 000 ~3 000	1.77	0.98	0.76	4.00	2.22	1.70
	3 000 ~5 000	3.04	1.41	1.08	6.50	3.07	2.24
	>5 000	5.28	3.07	2.42	9.67	5.74	4.38
比例(%)	1 000 ~2 000	100	62.4	48.4	100	61.5	45.1
	2 000 ~3 000	100	55.3	42.8	100	55.5	42.3
	3 000 ~5 000	100	46.5	35.3	100	47.2	34.5
	>5 000	100	58.2	45.8	100	59.3	45.3

3. 三花间中小型水库、水保工程影响分析

三花间面积4.16万 km^2。该区域地形地貌可分为3种类型,即石山区、丘陵区和平原区。其中,石山区和丘陵区约占区域面积的90.9%。石山区地势陡峻,土层较薄,植被较好,有利于产流,径流系数一般较大;丘陵区产流条件较石山区差些。三花间洪水主要来源于伊洛河、沁河以及三小间,三小间基本上属于无人类活动影响地区,而伊洛河、沁河的水保工程近50年来变化并不明显,且又不是流域治理的主要措施,小花间伊洛河、沁河流域人类活动影响主要为兴修中小型水库工程对洪水的拦蓄影响。

(1)从中小型水库本身的拦蓄洪水能力来看,拦蓄作用较为有限。

小花间的中小型水库工程主要是在1950年以后建成的,20世纪60、70年代是水库建设的高峰期,截至1998年,小花间已建中型水库18座,伊洛河有10座,沁河有5座,开发目标一般以灌溉为主,兼顾养殖、供水、发电;小(1)型水库148座,主要是发展当地灌溉。小花间中小型水库总库容8.2亿 m^3,兴利库容3.61亿 m^3。

①中小型水库设计拦洪库容有限。据调查,伊洛河流域中小型水库溢洪道底坎高程以下库容为1.99亿 m^3,其中中型水库预留的蓄洪库容为0.25亿 m^3,这0.25亿 m^3 库容对洪水具有拦洪作用。沁河流域中小型水库溢洪道底坎高程以下库容为1.62亿 m^3,蓄洪库容为0.42亿 m^3。伊洛沁河中小型水库用于蓄洪的库容较为有限,可能对当年前一两场洪水有一定影响。

②库区淤积严重,拦洪库容更小。从各中型水库1987 ~1991年期间淤积观测来看,伊洛河中型水库死库容已基本淤满。沁河流域淤积更为严重,大部分水库除死库容淤满外,还淤积部分兴利库容。小型水库淤积也较为严重,经过40余年运行,小(2)型水库报

废率已达50%左右。因此,随着水库运行,溢洪道底坎高程以下库容及蓄洪库容要小于设计值。

③溢洪道泄洪能力大,当洪水位高于溢洪道底坎高程后,水库对洪水的滞蓄作用不大,对小花间洪水基本无影响。

(2)从暴雨与洪水关系的分析来看,自20世纪50、60年代以来降雨径流关系无明显趋势性变化,中小型水利水保工程对洪水的影响不显著。

通过降雨径流关系的分析,来判断下垫面条件的变化即兴修水利水保工程对洪水是否产生影响。将伊洛沁河流域分别按卢氏以上、陆浑以上、陆故黑间(陆浑—故县—黑石关区间)、五龙口以上、山路平以上小流域进行分析。采用典型年法即主要通过选取不同年代的相似降雨条件或相似洪水量级的典型洪水场次进行降雨径流关系比较,以及长系列比较法即对径流系数影响较大的因素(降雨量、前期雨量等),选符合比选条件的所有场次进行年代间的比较。

以卢氏以上区间为例,典型年选取入汛首场大洪水,且场次降雨量、前期降雨量、洪水历时、洪峰流量等大致相当的洪水场次:1961年6月、1965年7月、1974年9月、1984年7月、1998年5月、2004年9月,降雨径流系数分别为0.25、0.23、0.20、0.24、0.27、0.23。长系列比较法认为年度首场洪水的前期降雨条件相似,对历年相似降雨量级的首场洪水径流系数进行分析,20世纪60~90年代均值分别为0.24、0.20、0.22、0.20。对卢氏以上降雨径流系数不同时间段进行比较,其无明显趋势性变化。对其他区间进行分析后,径流系数在不同年代间的趋势变化也不明显。

另外,三花间的中小型水库主要是在1950年以后开始建设的,绝大多数水利工程是在1958年以后建成的,本次三花间中小设计洪水分析采用系列自1954年开始,不包括1950年以前无水利工程影响的水文资料,也就是说,对于中小型水库来说1954年以后的资料系列基础基本一致。

2.2.1.6　还现后花园口站洪水特性

对于花园口来说,现状条件是指花园口断面以上无三门峡、小浪底、陆浑、故县水库,有龙羊峡、刘家峡水库以及花园口以上现状水利水保工程的状态。花园口还现洪水即对实测洪水进行三小陆故四水库调蓄影响还原,对龙刘水库及中下游水利水保工程影响进行还现后的洪水。通过2.2.1.5节分析,三花间水利水保工程影响不明显不予考虑,潼关以上水利水保影响按2.2.1.4节结果。

1.花园口还现洪水过程计算

对花园口按两种方法还现的过程进行洪水特征值统计,见表2.2-15。两系列特征值基本一致,采用方法2过程进行花园口还现洪水特性分析及设计值计算。

表2.2-15　1950~2008年共274场洪水系列统计(前59位)

系列	Q(m^3/s)			W_5(亿m^3)			W_{12}(亿m^3)		
	均值	最大	最小	均值	最大	最小	均值	最大	最小
花还现1	7 594	20 477	5 581	22.55	45.94	16.14	41.11	65.74	28.04
花还现2	7 687	20 458	5 574	22.68	45.91	16.29	41.21	65.90	28.03

2. 花园口还现洪水特性分析

1954～2008年，花园口洪峰流量在3 000 m³/s以上的洪水共171次，对花园口洪峰流量在3 000 m³/s以上的场次洪水特性进行分析。

1）洪水发生频次

表2.2-16为统计的花园口1954～2008年洪水发生频次，花园口4 000～10 000 m³/s流量级洪水共发生99次，平均一年发生1.8次，其中4 000～6 000 m³/s场次最多，共62次，平均一年发生1.1次，往上流量级越大，发生次数越少，10 000 m³/s以上流量级共发生5次。

表2.2-16 花园口洪水发生次数统计

流量级(m³/s)	花园口	
	场次(次)	频次(次/年)
3 000以上	171	3.1
4 000～10 000	99	1.8
4 000～5 000	40	0.7
4 000～6 000	62	1.1
6 000～8 000	26	0.5
8 000～10 000	11	0.2
10 000以上	5	0.1

2）洪水发生时间

统计花园口站洪水发生时间见表2.2-17，从表中看出，花园口、潼关3 000 m³/s以上流量级洪水发生时间为5～10月，其中主要发生在7月、8月，占总发生次数的70%左右，其次为9月。洪水发生在主汛期(9月之前)的场次占总次数的70%左右，发生在后汛期(9月之后)的场次占总次数的30%左右。

对不同流量级洪水发生时间分别进行统计可以看出(见表2.2-18)，对于4 000～10 000 m³/s量级的洪水，花园口站7月、8月发生次数占67%，基本上洪水流量级越大，发生在7月、8月的比例越大，但6 000～8 000 m³/s流量级的洪水花园口7月、8月发生次数仅占总次数的54%，发生在9月的占23%，发生在7月的占20%。

3）洪水历时

对花园口3 000 m³/s以上流量级洪水的过程历时进行统计，见表2.2-19。各场次洪水平均历时为15天，最大历时为53天，最小历时为3天。历时小于等于5天和大于45天的场次占总场次的14%左右。绝大多数洪水场次历时在5～30天(占总数的约80%)，其中又以5～12天的过程出现次数最多，其次为12～20天的洪水过程。这说明花园口站的洪水过程一般不超过30天。

4）洪水地区组成

花园口不同流量级各时段洪水总量组成及比例见表2.2-20。在不同流量级洪水地区组成分析中着重对主峰段进行研究，不分析次洪量的地区组成而主要对场次最大3日、最大 5 日洪量的洪水来源进行分析。随洪量时段加长,潼关来水比例增加,三花间来水比例减少。总体来看,最大 3 日、最大 5 日洪量的组成比例差别不大,以 3 日洪量的地区组成说明花园口站不同流量级洪水来源区的来水比例情况。花园口 3 000 m^3/s 流量级洪水中,潼关以上平均来水比例为78%,三花间平均来水比例为22%。花园口 10 000 m^3/s 流量级洪水中,潼关以上平均来水比例为 47%,三花间平均来水比例为 53%。在花园口 4 000 ~ 10 000 m^3/s 流量级的洪水中,随着花园口流量级的增加,潼关平均来水比例基本上逐渐减小,三花间来水比例逐渐增加。6 000 ~ 8 000 m^3/s 流量级的洪水,潼关来水比例最小,三花间来水比例最大。

表 2.2-17　花园口洪水发生时间统计

流量级 (m^3/s)	不同月份统计					前后汛期统计				
	月份	花园口		潼关		分期	花园口		潼关	
		次数(次)	比例(%)	次数(次)	比例(%)		次数(次)	比例(%)	次数(次)	比例(%)
3 000 以上	5	3	1.8	2	1.3	前	123	71.9	111	74.5
	6	3	1.8	3	2.0					
	7	50	29.2	43	28.9					
	8	67	39.2	63	42.3					
	9	31	18.1	27	18.1	后	48	28.1	38	25.5
	10	17	9.9	11	7.4					
	总计	171	100	149	100	总计	171	100	149	100
4 000 ~ 10 000	5	3	3.0	1	1.2	前	71	71.7	64	76.2
	6	2	2.0	3	3.5					
	7	25	25.3	19	22.1					
	8	41	41.4	41	47.7					
	9	20	20.2	14	16.3	后	28	28.3	20	23.8
	10	8	8.1	6	7.0					
	总计	99	100	84	98	总计	99	100	84	100
4 000 ~ 5 000	5	2	4.9	1	2.5	前	31	75.6	28	70.0
	6	1	2.4	2	5.0					
	7	14	34.1	8	20.0					
	8	14	34.1	17	42.5					
	9	8	19.5	7	17.5	后	10	24.4	12	30.0
	10	2	4.9	5	12.5					
	总计	41	100	40	100	总计	41	100	40	100

续表 2.2-17

流量级（m^3/s）	不同月份统计					前后汛期统计				
	月份	花园口		潼关		分期	花园口		潼关	
		次数（次）	比例（%）	次数（次）	比例（%）		次数（次）	比例（%）	次数（次）	比例（%）
4 000～6 000	5	2	3.2	1	1.6	前	46	73.0	41	67.2
	6	1	1.6	3	4.9					
	7	18	28.6	12	19.7					
	8	25	39.7	25	41.0					
	9	13	20.6	14	23.0	后	17	27.0	20	32.8
	10	4	6.3	6	9.8					
	总计	63	100	61	100	总计	63	100	61	100
6 000～8 000	5	1	3.8	0	0	前	16	61.5	18	100
	6	1	3.8	0	0					
	7	5	19.2	5	27.8					
	8	9	34.6	13	72.2					
	9	6	23.1	0	0	后	10	38.5	0	0
	10	4	15.4	0	0					
	总计	26	100	18	100	总计	26	100	18	100
8 000～10 000	5	0	0	0	0	前	9	90	5	100
	6	0	0	0	0					
	7	2	20	2	40					
	8	7	70	3	60					
	9	1	10	0	0	后	1	10	0	
	10	0	0	0	0					
	总计	10	100	5	100	总计	10	100	5	100
10 000 以上	5	0	0	0	0	前	5	100	4	80
	6	0	0	0	0					
	7	2	40	1	25					
	8	3	60	3	75					
	9	0	0	1	0	后	0	0	1	20
	10	0	0	0	0					
	总计	5	100	5	100	总计	5	100	5	100

表 2.2-18 花园口不同流量级洪水发生时间统计

流量级(m^3/s)	场次(次)	各月场次(次)				占总次数比例(%)			
		5~6月	7~8月	9月	10月	5~6月	7~8月	9月	10月
4 000~6 000	62	3	43	13	4	3	43.4	13	4
6 000~8 000	26	2	14	6	4	2	14.1	6	4
8 000~10 000	11		9	1			9.1	1	
4 000~10 000	99	5	66	20	8	5	67	20	8

表 2.2-19 花园口场次洪水历时统计

洪水历时(天)				场次(次)	占总次数比例(%)
平均	最大	最小	分级		
15	53	3	≤5	19	11
			5~12	73	43
			12~20	38	22
			20~30	21	12
			30~45	15	9
			>45	5	3

表 2.2-20 花园口不同流量级洪水各时段洪水总量组成及比例

项目	花园口流量级(m^3/s)	多年平均3日洪量			多年平均5日洪量			多年平均场次洪量		
		花园口	潼关	三花间	花园口	潼关	三花间	花园口	潼关	三花间
洪量(亿m^3)	3 000以上	10.16	7.93	2.24	14.54	11.34	3.20	36.46	29.50	6.96
	4 000~10 000	11.48	9.01	2.47	16.47	12.93	3.53	45.34	36.94	8.40
	4 000~5 000	8.77	7.53	1.25	12.14	10.43	1.71	31.22	26.48	4.97
	4 000~6 000	9.54	8.06	1.48	13.57	11.42	2.15	32.81	27.42	5.40
	6 000~8 000	14.01	9.80	4.21	20.20	14.23	5.97	63.00	48.90	14.10
	8 000~10 000	16.52	12.16	4.37	24.08	17.89	6.19	75.47	62.58	12.89
	10 000以上	24.13	11.28	12.85	33.20	16.10	17.10	62.38	33.04	29.34
比例(%)	3 000以上	100	78	22	100	78	22	100	81	19
	4 000~10 000	100	78	22	100	79	21	100	81	19
	4 000~5 000	100	86	14	100	86	14	100	85	15
	4 000~6 000	100	84	16	100	84	16	100	84	16
	6 000~8 000	100	70	30	100	70	30	100	78	22
	8 000~10 000	100	74	26	100	74	26	100	83	17
	10 000以上	100	47	53	100	49	51	100	53	47

另外,对花园口站不同量级洪水各来源区为主的洪水次数进行统计,见表2.2-21。花园口3 000 m^3/s以上流量级的共171次洪水中,以潼关以上来水为主的场次有149次,占总场次的87%,三花间来水为主的场次占3%,潼关、三花间均匀来水的场次占9%。花园口10 000 m^3/s以上流量级洪水共发生5次,以潼关以上来水为主的只有1次,占20%,上下区间均匀来水的场次有2次,占40%。在花园口4 000~10 000 m^3/s流量级的洪水中,随着花园口流量级的增加,以潼关来水为主的场次占总场次的比例基本上逐渐减小,但是6 000~8 000 m^3/s流量级的洪水,以潼关来水为主的场次比例明显减小,花园口该量级洪水一共有26次,潼关、三花间均匀来水的场次有7次,占总次数的27%,相对较大。

表2.2-21 花园口不同量级洪水不同来源区洪水次数

花园口流量级(m^3/s)	不同来源区为主的洪水次数						
	总次数(次)	潼关来水为主		三花间来水为主次数		上下均匀来水	
		场次(次)	比例(%)	场次(次)	比例(%)	场次(次)	比例(%)
3 000以上	171	149	87	5	3	15	9
4 000以上	104	86	83	5	5	13	13
4 000~10 000	99	85	86	3	3	11	11
4 000~5 000	40	37	90	0	0	3	7
4 000~6 000	62	58	92	1	2	3	5
6 000~8 000	26	18	69	1	4	7	25
8 000~10 000	11	9	90	1	10	1	10
10 000以上	5	1	20	2	40	2	40

注:以某区间来水为主是指该区间来水比例占总来水量的60%以上。

5)洪水地区遭遇

花园口断面洪水组成遭遇与洪水量级有较大的关系。从现有的实测和历史洪水资料看,还未出现过三门峡以上和三花间同时是大洪水或特大洪水,组成花园口断面大洪水或特大洪水的情况。潼关以上和三花间洪水遭遇,主要发生在一般较大洪水中,且机会也不多。对于还现后花园口4 000 m^3/s以上的洪水,从各来源区3日洪量占花园口3日洪量的比例看,出现潼关以上和三花间遭遇的洪水次数为13次,占总发生次数的12%。表2.2-22为洪峰、3日洪量均遭遇的各场洪水特征值统计表。

表2.2-22 潼关、三花间洪水遭遇场次洪水特征值统计

时间(年-月-日)	洪峰流量(m^3/s)			3日洪量(亿m^3)			洪峰流量占花园口(%)		3日洪量占花园口(%)	
	三花间	花园口	潼关	三花间	花园口	潼关	三花间	潼关	三花间	潼关
1954-08-05	14 085	5 948	10 106	20.4	11.03	9.37	42	58	54	46
1955-08-22	4 523	3 079	2 849	10.05	6.01	4.04	68	32	60	40
1957-07-19	11 766	5 239	5 517	22.74	11.88	10.86	45	55	52	48
1958-07-18	20 458	7 187	11 163	34.57	13.97	20.6	35	65	40	60
1964-09-24	7 903	4 582	4 305	17.75	10.35	7.4	58	42	58	42
1965-07-22	6 740	4 183	4 376	12.69	7.59	5.1	62	38	60	40
1982-08-15	6 643	2 396	3 075	11.39	5.27	6.12	36	64	46	54
1984-09-26	6 241	3 783	4 023	15.46	8.49	6.97	61	39	55	45
1996-08-05	8 708	4 220	4 772	16.69	7.16	9.53	48	52	43	57
2003-09-07	6 308	3 264	5 099	13.1	7.67	5.43	52	48	59	41
2007-07-31	4 363	2 073.2	3 425.8	8.92	4.49	4.43	48	52	50	50

2.2.1.7 对中小洪水特点的认识

(1)花园口4 000~10 000 m^3/s的中小洪水的发生概率约为1年2次。4 000~10 000 m^3/s的洪水中,4 000~6 000 m^3/s的洪水占62%,6 000~8 000 m^3/s的洪水占28%,8 000~10 000 m^3/s的洪水占10%。

(2)花园口中小洪水发生在5~10月,5月、6月洪水次数占总次数的5%,7月、8月洪水占67%,9月洪水占20%,10月洪水占8%。9月、10月洪水流量级一般不超过8 000 m^3/s;8 000~10 000 m^3/s洪水基本发生在7月、8月。

花园口中小洪水历时平均约为18天,68%的洪水历时小于20天,51%的洪水洪峰流量低于6 000 m^3/s、历时小于20天;6 000~8 000 m^3/s流量级洪水中有一半的历时大于20天,发生在8~10月;8 000~10 000 m^3/s洪水大部分历时大于20天。

(3)花园口4 000~10 000 m^3/s的中小洪水主峰洪量80%左右来源于潼关以上,洪水流量级越小潼关以上来水的比例越高,4 000~6 000 m^3/s洪水84%的主峰洪量来源于潼关以上,6 000~8 000 m^3/s洪水71%的主峰洪量来源于潼关以上,8 000~10 000 m^3/s洪水74%的主峰洪量来源于潼关以上。

花园口6 000~10 000 m^3/s历时大于20天的洪水,基本来源于潼关以上,洪水主要来源区是上游和龙潼间,一般都是上游或龙潼间与其他区间共同来水组合而成的洪水。历时小于20天的洪水基本上是河龙间、三花间来水为主的洪水,一般都是某一个区间来水为主的洪水。

(4)花园口6 000~10 000 m^3/s的洪水中,以三花间来水为主的洪水,小花间洪峰流量一般大于4 000 m^3/s。

(5)上游大型水库对汛期洪水径流的调节、工农业用水增加等多种因素影响后,进入中游的汛期径流量减小较多,这直接导致潼关洪水流量级减小、高含沙洪水比例增多(与龙羊峡水库建库前相比)。根据潼关站近期(1987～2005年)实测中小洪水分析,4 000～10 000 m^3/s洪水中高含沙洪水的比例约为62%,其中4 000～6 000 m^3/s洪水中约有50%的洪水为高含沙洪水,6 000～100 000 m^3/s洪水绝大部分是高含沙洪水,前汛期较大流量级中小洪水几乎全部为高含沙洪水。

2.2.1.8　黄河中下游暴雨洪水变化趋势

1.降雨变化趋势预测

《气候变化国家评估报告》中对21世纪中国降水量的预估指出:“模式预估21世纪中国年降水量将可能明显增加,增加幅度可能达到11%～17%。但不同地区降水量变化的差异较大,其中西北、东北和华南可能增加更多,而环渤海沿岸和长江口可能变干。当然,对未来降水变化趋势的预估还存在很大的不确定性,未来自然因素引起的降水变化可能更重要。对自然气候变化趋势预估,未来20年中国夏季降水存在着南涝北旱向南旱北涝型转变的可能性。”在这份报告中,提供了全球气候模式模拟的21世纪中国水文分区年平均降水相对于1961～1990年均值的变化预测成果,具体见表2.2-23。

表2.2-23　全球气候模式模拟的21世纪黄河流域年平均降水变化

模式情景	降水变化率(%)		
	2011～2040年	2041～2070年	2071～2100年
A2	0	5	11
B2	3	6	10

虽然,正如该报告指出,其预测结果有很大的不确定性,但是结合对黄河中上游近270年来径流、洪水、暴雨变化规律的基本认识,可以肯定的一点就是,黄河上中游目前正经历一个持续降水偏少,暴雨偏少、偏小,水量偏枯,洪水偏少、偏小的阶段,完全可能在继续持续一段时间后,转入降水偏丰,暴雨偏多、偏大,水量偏多,洪水偏多、偏大的情况。如参照上述有关降水预测成果和水旱变化趋势外延情况,2020～2030年前后有可能出现明显转折。

2.实测中小洪水的变化趋势

实测洪水除受降水等自然因素的影响外,还受大型水库、水利水保工程等人为因素的影响。大型水库对中小洪水的趋势性影响是明显的,能减小洪水的频次和量级,特别是龙刘水库对以龙羊峡以上来水为主的中小洪水就能全部拦蓄,只下泄发电流量;对以上游和中游区间为主的洪水能削减洪峰和洪量;对中游区间为主的洪水影响不大。三门峡、小浪底水库运用方式对下游中小洪水的量级影响较大,调水调沙期间增大下游洪水的量级;对中小洪水的不同控制标准直接影响下游中小洪水的量级;主汛期明显削减下游洪水的量级;对大洪水的控制运用能明显减小10 000 m^3/s以上洪水的出现次数(可能将天然10 000 m^3/s以上的洪水削减到10 000 m^3/s)。根据1990年以来大型水库对各代表站中小洪水的还原量分析,石嘴山站龙刘两库作用后,洪峰减小了33%;潼关站龙刘两库作用后，峰量减小约20%；小浪底水库建成后的2000～2005年，花园口洪峰减小了约55%，实测仅占还原的45%。大型水库的作用已将过半的洪水调蓄。

水利水保工程对中小洪水的影响一般主要体现为对小量级洪水的影响，可能会把形成的小量级洪水削减掉，即减小中小洪水的频次和总量。这种影响的趋势主要和水利水保工程的建设规模、运用年限等因素有关。

2.2.2 天然设计洪水采用

对三门峡、花园口、三花间等站及区间的天然设计洪水曾进行过多次分析。在1975年，对三门峡、花园口、三花间等站及区间的洪水进行了比较全面的分析(采用洪水系列截至1969年)，其中主要站及区间的成果1976年经水电部审查核定。在小浪底水利枢纽初步设计、西霞院水利枢纽可行性研究、黄河下游防洪规划、黄河下游长远防洪形势和对策研究中，分别于1980年、1985年、1994年、1999年、2005年多次对以上各站及区间的设计洪水进行了分析计算，洪水系列分别延长至1976年、1982年、1991年、1997年，并对1843年和1761年洪水的重现期进行了调整，计算了小花间、三花间、花园口无库不决堤设计洪水。复核的设计洪水成果与1976年审定成果相比减小5%～10%，水利部规划设计总院审查认为分析成果与1976年成果差别不大，仍采用1976年审定成果。各有关站及区间各级设计洪水洪峰流量、洪量见表2.2-24。

以上成果考虑了干支流龙羊峡、刘家峡、三门峡、小浪底、陆浑、故县等大型水库的影响，未考虑面上水利水保工程的影响。对龙羊峡、刘家峡水库只考虑了还原，认为上游洪水只形成中下游洪水的基流，对大洪水影响不大，因此没有考虑还现。对于中小量级设计洪水，由于受水利水保工程影响较大，需进行复核，因此本书着重对20年一遇以下的中小设计洪水进行分析计算，详见2.2.1节。

表2.2-24 花园口、三门峡、三花间等站区天然设计洪水成果

(单位：Q_m，m^3/s；W_5、W_{12}、W_{45}，亿m^3)

站名	控制流域面积(km^2)	项目	统计参数			不同频率p(%)的设计值						
			均值	C_v	C_s/C_v	0.01	0.1	1	2	5	10	20
三门峡	688 401	Q_m	8 880	0.56	4.0	52 300	40 000	27 500	23 700	18 900	15 200	11 700
		W_5	21.6	0.50	3.5	104	81.8	59.1	52.2	43.0	35.9	28.6
		W_{12}	43.5	0.43	3.0	168	136	104	93.3	79.5	68.6	57.0
		W_{45}	126	0.35	2.0	360	308	251	232	207	185	161
花园口	730 036	Q_m	9 780	0.54	4.0	55 000	42 300	29 200	25 400	20 400	16 600	12 800
		W_5	26.5	0.49	3.5	125	98.4	71.3	63.1	52.1	43.7	35.0
		W_{12}	53.5	0.42	3.0	201	164	125	113	96.6	83.6	69.8
		W_{45}	153	0.33	2.0	417	358	294	274	245	220	193

续表 2.2-24

站名	控制流域面积(km^2)	项目	统计参数			不同频率 p(%)的设计值						
			均值	C_v	C_s/C_v	0.01	0.1	1	2	5	10	20
三花间	41 635	Q_m	5 100	0.92	2.5	45 000	34 600	22 700	19 200	14 500	11 100	7 710
		W_5	9.8	0.90	2.5	87.0	64.7	42.8	36.1	27.5	21.1	14.8
		W_{12}	15.0	0.84	2.5	122	91.0	61.0	52.1	40.3	31.4	22.5
小花间	35 881	Q_m	4 230	0.86	2.5	35 300	26 500	17 600	15 000	11 500	8 920	6 350
		W_5	8.65	0.84	2.5	70	52.5	35.2	30.0	23.2	18.1	13.0
		W_{12}	13.2	0.80	2.5	99.5	75.4	51.0	44.0	34.1	26.9	19.6
小陆故花间	27 019	Q_m	2 910	0.88	3.0	27 500	20 100	12 900	10 800	8 060	6 060	4 170
		W_5	5.06	1.04	2.5	55.1	40.2	25.5	21.2	15.7	11.6	7.7
		W_{12}	7.14	0.96	2.5	69.4	51.2	33.2	27.9	20.9	15.8	10.8

2.2.3 中小设计洪水研究

为了研究中游水库群对中小洪水的调度方式，为黄河下游防洪和下游滩区建设等提供更切合实际的常遇洪水量级指标，本节计算了受上游大型水库和中游水利水保工程影响后的潼关、花园口等站和区间的中小设计洪水。

2.2.3.1 计算方法

目前设计洪水的计算一般采用年最大值选样频率分析法，一年只选最大值一个样本，称年最大值法。对于该地区，与年最大值独立的次大值（甚至第三大值）可能大于其他年份的最大值。这种次大值既然已经出现过，就有可能出现在其他年份。用一年多次取样法中的超定量法来取样，即规定一个门槛值，凡大于此值的均选取，然后截取前 n 位作为计算系列，这个方法就称为超大值法。超大值法与年最大值法在计算较低频率（10 年一遇以上）设计值时非常接近，对于较高频率（10 年一遇以下），超大值法的计算值会大于年最大值法的结果，且洪水量级越小，差值相对越大（《水文水资源计算务实》，金光炎著）。本次中小设计洪水计算的范围为 20 年一遇以下频率的洪水，实际发生的概率较高，超大值法选样的样本中包含了超某个量级指标的所有洪水，设计洪水成果偏于安全，因此本次中小设计洪水采用超大值法计算。选取超大值系列个数遵照以下原则：如需计算一年一遇以上的洪水，则按平均一年选取一个，有 n 年则选前 n 个；如需计算一年两遇的洪水，则按平均一年选取两个，有 n 年则选前 $2n$ 个；以此类推。本书按平均一年选取一个。

2.2.3.2 中小设计洪水计算

根据洪水特性及水库调洪运用分析需要，各站区除计算设计洪峰流量外，潼关、花园口站计算的设计时段洪量有 5 日、12 日、45 日洪量。三花间、小花间等区间计算的设计时段洪量为 5 日、12 日洪量。

1. 各站及区间峰、量系列

1）潼关、花园口站

对潼关、花园口站还现洪水过程进行统计。潼关站在1950～2008年共59年的时间里，共发生了近百次（99次）洪峰流量大于4 000 m^3/s的洪水，花园口在1954～2008年共55年里，也发生了99次洪峰流量大于4 000 m^3/s的洪水。统计各场洪水的峰、量系列。因场次洪水过程历时不同，统计的洪峰流量以及各时段洪量系列的样本个数也就不同。时段越长，样本越少，尤其对于45日洪量来说，每年历时能长达45日的过程基本上也就有一次或者不足一次，样本数甚至比按年最大值法选取的样本数还少，因此45日洪量的系列按年最大值法来选取。潼关站洪峰流量、时段洪量均取前59位作为计算系列，花园口站洪峰流量、时段洪量均取前55位作为计算系列。

2）三花间、小花间、小陆故花间、小陆故河花间

自1954年至2008年，三花间等区间的洪水分别划分了200余次。

（1）洪峰流量系列的选用。

三花间和小花间相加法洪水，采用黑石关洪水加武陟洪水和三花干流区间或小花干流区间洪水进行计算。由于三花干流或小花干流区间所占面积较小，以往处理方法为：统计三花干流区间（或小花干流区间）同期3天降雨量，如果3天降雨量小于50 mm（三花间支沟洪水分析中采用的产流初损值），认为三花干流区间或小花干流区间不产流；如果3天降雨量大于50 mm，则干流区间产流，相加法按黑石关加武陟的洪峰流量乘以面积比（三花间或小花间与黑石关加武陟的面积比）的0.5次方。由于洪水场次较多，平均一年三至五次，因前期降雨及下垫面影响不同，三花干（或小花干）每场降雨的产流初损值也不尽一致，考虑三花干区间（或小花干区间）面积所占比例较小，为工作简化起见，三花间和小花间相加法中各场洪水洪峰流量都按黑石关加武陟再乘以面积比的0.5次方计算。

对于各区间的洪峰流量系列，对比相加法和相减法结果，进行分析选用。一般选取原则为：如果相加法计算结果大于相减法，则采用相加法结果，否则采用相减法成果。在各区间276次洪水中，绝大多数洪水场次洪峰流量选用的为相减法结果，各区间选用相减法的场次数分别为三花间187次，占68%；小花间198次，占72%；小陆故花间217次，占79%；小陆故河花间219次，占79%。

（2）洪量系列的选用。

由于黄河干流站花园口、小浪底、三门峡站集水面积大，用这几个站的洪水资料相减所求得的区间洪水误差较大，而相加法主要采用黑石关和武陟站的资料进行计算，这两个站测验断面较花园口站窄且稳定，测流条件也较花园口好，测验精度相对较高。因此，相加法计算的洪量精度比相减法高。洪量选取以相加法为主，再用相减法进行核对。

经对比分析，各区间除1982年8月洪水外，其余场次洪水洪量采用相加法结果。

分别选取各区间所有场次洪水洪峰流量、时段洪量系列的前55位，作为计算样本，其中，12日洪量样本系列按年最大值法来选取。

2. 设计值计算

因为各站区分析的设计洪水频率为20年一遇以上，实测资料长度已达50年以上，计算系列都不再加入历史洪水。

依据《水利水电工程设计洪水计算规范》(SL 44—2006),频率曲线的线型采用皮尔逊Ⅲ型,统计参数采用矩法进行初步估计,并采用目估适线法进行调整,确定设计洪水成果。

根据参数估计方法和适线原则,对各站、区间超大值法洪峰流量、洪量系列进行频率分析,各站、区间现状工程条件下设计成果见表2.2-25。将按年最大值法计算的设计成果列于表2.2-26中,以便比对。

3. 成果合理性分析

1)各站区参数符合统计规律

各站区洪峰流量、时段洪量均值符合三花间、小花间等区间洪峰流量和时段洪量的变差系数 C_v 值分别大于相应的潼关、三门峡站洪峰流量和相同时段洪量的 C_v 值。各区间时段洪量随统计时段的加长,均值增加,变差系数 C_v 值减小,各站区同一时段洪量均值以及洪峰流量均值随集水面积减小而减小,参数的变化符合一般统计规律。

表2.2-25　潼关、花园口、三花间等站区还现设计洪水成果(超定量法)

(单位:Q_m,m^3/s;W_5、W_{12}、W_{45},亿 m^3)

站、区间	集水面积(km^2)	项目	n	不同频率p(%)设计值				
				5	10	20	33.3	50
潼关	682 141	Q_m	59	11 700	10 200	8 590	7 370	6 330
		W_5	59	24.1	22.1	19.8	18.0	16.3
		W_{12}	59	49.8	44.8	39.3	34.8	30.5
		W_{45}	59	151.7	130.0	106.9	88.4	71.7
花园口	730 036	Q_m	59	14 400	12 100	9 760	8 040	6 660
		W_5	59	35.7	31.8	27.7	24.3	21.4
		W_{12}	59	65.9	58.9	51.3	45.0	39.1
		W_{45}	59	184.2	157.5	129.0	106.2	85.8
三花间	41 635	Q_m	55	9 870	7 570	5 390	3 900	2 840
		W_5	55	19.6	15.8	12.0	9.1	6.9
		W_{12}	55	30.1	22.9	15.9	11.3	8.7
小花间	35 881	Q_m	55	8 890	6 840	4 890	3 560	2 600
		W_5	55	16.0	13.1	10.1	7.8	6.0
		W_{12}	55	25.7	19.6	13.6	9.8	7.6
小陆故花间	27 019	Q_m	55	6 040	4 590	3 220	2 300	1 660
		W_5	55	10.4	8.2	6.0	4.5	3.3
		W_{12}	55	16.2	11.8	7.7	5.2	3.9
小陆故河花间	17 774	Q_m	55	5 110	3 860	2 680	1 990	1 360
		W_5	55	8.8	6.6	4.5	3.1	2.1
		W_{12}	55	13.0	8.9	5.3	3.5	2.5

表2.2-26 潼关、花园口、三花间等站区还现设计洪水成果(年最大值法)

(单位:Q_m,m^3/s;W_5、W_{12}、W_{45},亿 m^3)

站、区间	项目	n	不同频率 p(%)设计值				
			5	10	20	33.3	50
潼关	Q_m	59	11 220	9 343	7 454	6 052	4 920
	W_5	59	24.49	21.40	18.09	15.41	13.01
	W_{12}	59	49.07	43.06	36.52	31.14	26.19
	W_{45}	59	151.65	130.03	106.94	88.36	71.71
花园口	Q_m	59	14 100	11 229	8 447	6 497	5 045
	W_5	59	36.88	31.02	24.93	20.21	16.17
	W_{12}	59	65.86	56.95	47.38	39.62	32.59
	W_{45}	59	184.22	157.5	129.04	106.2	85.8
三花间	Q_m	55	10 778	7 749	4 924	3 063	1 802
	W_5	55	22.17	15.94	10.13	6.3	3.71
	W_{12}	55	30.1	22.9	15.9	10.68	6.83
小花间	Q_m	55	9 211	6 707	4 349	2 768	1 669
	W_5	55	18.26	13.26	8.56	5.52	3.26
	W_{12}	55	25.7	19.6	13.6	9.25	6.00
小陆故花间	Q_m	55	5 839	4 296	2 830	1 834	1 128
	W_5	55	11.18	7.9	4.88	2.94	1.67
	W_{12}	55	16.15	11.82	7.73	4.86	3.02
小陆故河花间	Q_m	55	5 041	3 727	2 475	1 619	1 005
	W_5	55	8.91	6.00	3.44	1.90	1.00
	W_{12}	55	13.0	8.9	5.3	3.07	1.69

2)峰、量设计值符合洪水过程的一般规律

各站区洪峰流量、时段洪量设计值符合随集水面积减小而减小的流域洪水特性。表2.2-27为各站及区间洪峰流量及相应1日的平均流量,各站相应时段内平均流量$W_{12-5}/7$(12日设计洪量与5日设计洪量的差,除以相应时段7日,再换算到流量。下同)随频率的增大而减小,同频率洪水洪峰流量及相应W_5、W_{12-5}、W_{45-12}时段的平均流量依次减小,符合洪水过程的一般规律,说明各时段设计值是合理的。

表 2.2-27　潼关、花园口、三花间等站区洪峰流量及相应 1 日平均流量

站、区间	项目	不同频率 p(%)设计值(m^3/s)				
		5	10	20	33.3	50
潼关	Q_m	11 699	10 171	8 590	7 369	6 331
	$W_5/5$	5 574	5 104	4 590	4 164	3 766
	$W_{12-5}/7$	4 244	3 757	3 221	2 773	2 356
	$W_{45-12}/33$	3 574	2 990	2 372	1 880	1 445
花园口	Q_m	14 433	12 098	9 760	8 036	6 657
	$W_5/5$	8 259	7 361	6 403	5 634	4 942
	$W_{12-5}/7$	4 992	4 478	3 902	3 409	2 940
	$W_{45-12}/33$	4 151	3 459	2 728	2 148	1 637
三花间	Q_m	9 868	7 573	5 389	3 901	2 840
	$W_5/5$	4 537	3 655	2 771	2 116	1 590
	$W_{12-5}/7$	1 731	1 171	642	357	294
小花间	Q_m	8 889	6 845	4 894	3 558	2 599
	$W_5/5$	3 704	3 021	2 329	1 810	1 384
	$W_{12-5}/7$	1 610	1 078	580	329	271
小陆故花间	Q_m	6 041	4 590	3 220	2 300	1 657
	$W_5/5$	2 398	1 891	1 391	1 032	752
	$W_{12-5}/7$	957	604	284	119	107
小陆故河花间	Q_m	5 109	3 856	2 680	1 897	1 358
	$W_5/5$	2 028	1 525	1 049	722	493
	$W_{12-5}/7$	706	389	124	66	60

3)各站区设计洪水成果符合地区洪水特性

表 2.2-28 为由本次计算的站区设计洪水值同频率相减而得到的潼关、小浪底等站区的相应设计值(花园口减三花间为潼关相应,花园口减潼关为三花间相应,以此类推),从该表中可以看出,各相应站区的洪峰流量及相应时段的平均流量都随频率的增大而减小,同频率洪水洪峰流量及相应 W_5、W_{12-5}、W_{45-12} 时段的平均流量依次减小。另外,潼关相应、三花间相应值都小于表 2.2-25 中同频率的设计值。陆故相应大于河口村相应,符合小花间流域内各分区洪水组成及洪水特性。

从以上几方面分析可知,本次计算的各站区还现设计洪水成果是合理的。

表2.2-28 潼关、小浪底、三小间等站区相应洪水洪峰流量及1日平均流量

站、区间	项目	不同频率 p(%)设计值(m^3/s)				
		5	10	20	33.3	50
潼关相应(花园口－三花间)	Q_m	4 565	4 525	4 371	4 135	3 818
	$W_5/5$	3 722	3 706	3 632	3 519	3 352
	$W_{12-5}/7$	3 261	3 307	3 261	3 052	2 646
小浪底相应(花园口－小花间)	Q_m	5 544	5 254	4 866	4 478	4 058
	$W_5/5$	4 556	4 340	4 074	3 824	3 558
	$W_{12-5}/7$	3 381	3 399	3 322	3 080	2 669
三花间相应(花园口－潼关)	Q_m	2 734	1 928	1 171	667	327
	$W_5/5$	2 685	2 257	1 813	1 470	1 176
	$W_{12-5}/7$	747	721	681	637	584
	$W_{45-12}/33$	577	469	356	268	192
三小间相应(三花间－小花间)	Q_m	979	728	495	343	240
	$W_5/5$	833	634	442	306	206
	$W_{12-5}/7$	121	93	61	28	23
陆故河相应(小花间－小陆故河花间)	Q_m	3 780	2 989	2 214	1 661	1 241
	$W_5/5$	1 676	1 495	1 280	1 088	891
	$W_{12-5}/7$	904	689	456	263	212
陆故相应(小花间－小陆故花间)	Q_m	2 848	2 255	1 674	1 258	942
	$W_5/5$	1 306	1 130	938	778	632
	$W_{12-5}/7$	653	475	296	210	164
河口村相应(小陆故花间－小陆故河花间)	Q_m	932	734	541	403	299
	$W_5/5$	370	366	343	310	259
	$W_{12-5}/7$	251	215	160	53	48

2.2.3.3 与以往成果比较

1. 本次潼关站设计值与《黄河流域综合规划》成果比较

在2008年完成的《黄河流域综合规划》之专题报告《黄河中常洪水变化研究》中，对潼关现状工程条件下的设计洪峰流量及5日洪量进行了计算，两成果计算方法基本一致，只是采用资料年限原成果为1950～2005年，本次为1950～2008年，成果与本次比较见表2.2-29。可见，两次成果差别不大，因本次又增加了12日和45日洪量设计值的计算，考虑成果完整性及与其他站区采用资料的一致性，潼关站现状工程条件下设计洪水采用本次计算成果。

表 2.2-29　潼关站还现设计洪水计算成果比较表

（单位：Q_m，m^3/s；W_5，亿 m^3）

项目	计算时间	资料年限	不同频率 p(%)设计值				
			5	10	20	33.3	50
Q_m	黄流规	1950～2005	11 900	10 300	8 730	7 580	6 680
	本次	1950～2008	11 700	10 200	8 590	7 370	6 330
W_5	黄流规	1950～2005	24.8	22.3	19.8	17.9	16.3
	本次	1950～2008	24.1	22.1	19.8	18.0	16.3

2. 潼关、花园口还现设计值与天然设计值比较

将本次计算的潼关、花园口还现设计洪水值与天然设计值进行比较，见表 2.2-30。天然设计值是指在没有受到水库影响、天然状态下的洪水，还现设计洪水是指在天然状态的基础上加上龙刘水库及水保影响后的洪水。从表 2.2-30 中可见，潼关、花园口洪水还现后即考虑龙刘水库及水保影响后，均比天然状态下洪水减小，与 2002 年黄河下游长远防洪形势和对策研究项目中天然成果相比，5 年一遇潼关洪峰流量由 10 600 m^3/s 减小为 8 590 m^3/s，减小幅度为 19%，花园口洪峰流量由 11 300 m^3/s 减小为 9 760 m^3/s，减小幅度为 14%。两站洪峰流量及 5 日、12 日洪量设计值，频率越高，变化幅度越小。而对于 45 日洪量，则是频率越高，变化幅度越大。这是因为还现设计值计算时洪峰流量及 5 日、12 日洪量采用的是超大值法，该法在计算高频率洪水时会比年最大值法成果大，原天然设计洪水计算都是采用的年最大值法，所以在频率越高的时候，还现设计值与天然设计值相比，减小幅度会越小。

3. 三花间等各区间设计值与以往成果比较

三花间、小花间无库天然（现状堤）设计洪水成果在 1976 年进行过计算，系列至 1969 年。后小花间和三花间设计洪水又分别在 2000 年完成的黄河小花区间频率洪水分析报告中和 2002 年黄河下游长远防洪形势和对策研究项目中进行过计算，系列都至 1997 年。前两次设计洪水计算中，均加入了历史洪水，实测系列按年最大值选样。本次是只采用了实测系列，按超大值选样。成果比较见表 2.2-31，可以看出，本次计算成果与 2002 年成果比较，基本上是 5 年一遇以上本次较小，5 年一遇以下本次较大。这是因为以往主要计算百年及以上设计洪水值，样本中加入了历史洪水且适线时着重考虑的是大水点据，而本次计算的是中小设计洪水，是 20 年一遇以下尤其是 10 年一遇以下的设计值，未加入历史洪水且适线时主要考虑的是中小洪水点据，所以 20 年一遇、10 年一遇的相对低频率时本次计算值较以往成果要小。而由于在选样时，本次考虑的是超大值法，样本中包含了所有超过某流量级的洪水，以往成果采用的是年最大值法，超大值系列均值会大于年最大值系列，计算的高频率设计值也大于年最大值法成果。

表 2.2-30　潼关、花园口还现设计值与天然设计值比较表

（单位：Q_m，m^3/s；W_5、W_{12}、W_{45}，亿 m^3）

站名	成果		项目	资料系列			不同频率 p(%)设计值				
				重现期 N	系列长度 n	历史洪水个数 a	5	10	20	33	50
潼关	天然	1976 年 a	Q_m	210	47	1	18 900	15 200	11 700	9 160	7 220
			W_5		54		43.0	35.9	28.6	23.2	18.6
			W_{12}		47		79.5	68.6	57.0	47.7	39.6
			W_{45}		47		206.2	184.8	160.8	140.4	120.9
		2002 年 b	Q_m	1 000	79	1	16 800	13 700	10 600	8 390	6 660
			W_5		75		40.6	34	27.3	22.2	17.9
			W_{12}		75		74.2	64.4	54.0	45.6	38.2
			W_{45}		75		199.1	177.9	154.3	134.2	115.1
	还现	本次 c	Q_m		59		11 700	10 200	8 590	7 370	6 330
			W_5		59		24.1	22.1	19.8	18.0	16.3
			W_{12}		59		49.8	44.8	39.3	34.8	30.5
			W_{45}		59		151.7	130.0	106.9	88.4	71.7
	比较	(b - c)/b ×100	Q_m				30.4	25.5	19.0	12.2	5.0
			W_5				40.7	35.1	27.4	19.0	9.1
			W_{12}				33.0	30.5	27.2	23.8	20.1
			W_{45}				23.8	26.9	30.7	34.2	37.7
花园口	天然	1976 年 d	Q_m	215	39	2	20 400	16 600	12 800	10 150	8 060
			W_5		51		52.1	43.7	35	28.5	23
			W_{12}		44		97.0	83.9	70.0	58.9	49.1
			W_{45}		44		244.4	220.2	193.1	169.8	147.5
		2002 年 e	Q_m	1 000	65	2	17 800	14 500	11 300	8 980	7 160
			W_5		61		48.5	41	33.3	27.6	22.8
			W_{12}		61		92.6	80.3	67.3	56.9	47.6
			W_{45}		61		233.9	209.6	182.4	159.2	137.1
	还现	本次 f	Q_m		55		14 400	12 100	9 760	8 040	6 660
			W_5		55		35.7	31.8	27.7	24.3	21.4
			W_{12}		55		65.9	58.9	51.3	45.0	39.1
			W_{45}		55		184.2	157.5	129.0	106.2	85.8
	比较	(e - f)/e ×100	Q_m				19.1	16.6	13.6	10.5	7.0
			W_5				26.4	22.4	16.9	11.8	6.4
			W_{12}				28.8	26.7	23.9	21.0	17.8
			W_{45}				21.2	24.8	29.3	33.3	37.4

表 2.2-31　三花间、小花间无库现状堤设计洪水成果比较

（单位：Q_m，m^3/s；W_5、W_{12}，亿 m^3）

站名	成果	项目	资料系列			不同频率 p(%)设计值				
			重现期 N	系列长度 n	历史洪水个数 a	5	10	20	33	50
三花间	1976 年 a	Q_m	215	34	1	14 526	11 076	7 706	5 310	3 502
		W_5		34		27.5	21.1	14.8	10.3	6.8
		W_{12}		34		79.5	68.6	57.0	47.7	39.6
	2002 年 b	Q_m	445	62	1	12 001	8 942	6 008	3 979	2 510
		W_5		62		24.0	17.9	12.1	8.0	5.1
		W_{12}		62		35.2	26.8	18.5	12.7	8.4
	本次 c	Q_m		56		9 870	7 570	5 390	3 900	2 840
		W_5		56		19.6	15.8	12.0	9.1	6.9
		W_{12}		56		30.1	22.9	15.9	11.3	8.7
	(c－b)/b ×100	Q_m				－17.8	－15.3	－10.3	－2.0	13.1
		W_5				－18.2	－11.7	－0.8	13.8	35.0
		W_{12}				－14.5	－14.5	－14.5	－11.2	3.6
小花间	1976 年 a	Q_m	215	34	1	11 524	8 924	6 353	4 493	3 051
		W_5		34		23.2	18.1	13.0	9.2	6.3
		W_{12}		34		34.2	26.9	19.6	14.2	9.9
	1999 年 b	Q_m	445	62	1	9 365	7 104	4 905	3 351	2 188
		W_5		62		20.6	15.5	10.5	7.1	4.5
		W_{12}		62		29.8	22.8	16.0	11.1	7.4
	本次 c	Q_m		56		8 890	6 840	4 890	3 560	2 600
		W_5		56		16.0	13.1	10.1	7.8	6.0
		W_{12}		56		25.7	19.6	13.6	9.8	7.6
	(c－b)/b ×100	Q_m				－5.1	－3.7	－0.3	6.2	18.8
		W_5				－22.3	－15.6	－4.3	10.8	32.3
		W_{12}				－13.5	－14.2	－15.1	－11.7	3.0

2.2.4　典型洪水过程分析

2.2.4.1　中小洪水类型

中小洪水类型从不同角度可进行不同方式的划分，本次研究的 99 次洪水，在流量级

上跨度为 4 000 ~ 10 000 m^3/s;在历时上跨度为 3 ~ 53 天;从空间上可分为潼关以上来水为主、三花间来水为主和潼关上下共同来水等;从时间上可分为前汛期洪水和后汛期洪水两类;从含沙量上可分为大于 200 kg/m^3(潼关站,下同)的高含沙洪水和低于 200 kg/m^3 的一般含沙洪水等。中小洪水典型的选取就是要尽量包含上述各类型的洪水。

首先根据花园口站洪水来源将所有场次洪水划分为潼关以上来水为主、三花间来水为主和潼关上下共同来水三类。通过分析三类洪水的特点,综合考虑其他指标,最终选取用于计算的典型洪水。

划分的标准为各来源区 3 日洪量占花园口站的比例,潼关以上来水为主是指潼关来水比例超过 60%,三花间来水为主是指三花间来水比例超过 60%,潼关上下共同来水是指潼关或三花间来水占花园口的 40% ~60%。

划分的标准为各来源区 5 日洪量占花园口站的比例,潼关以上来水为主是指潼关来水比例超过 70%(小花间洪峰流量不大于 4 000 m^3/s),三花间来水为主是指三花间来水比例超过 50%(潼关洪峰流量不大于 4 220 m^3/s),潼关上下共同来水是指潼关比例小于 70%、三花间来水比例小于 50%。

通过分析可初步总结上述三类洪水的特点为:

潼关以上来水为主:此类洪水是花园口洪水的常见类型,发生概率较大,流量级多在 4 000 ~6 000 m^3/s;主汛期一般含沙量较高,9 月以后历时较长、含沙量低。进一步划分来源区可分为上游(河口镇以上)来水、河龙间来水和龙潼间来水等,河口镇以上和龙潼间来水为主的洪水一般持续时间较长,河龙间来水为主的洪水持续时间较短。

三花间来水为主:发生时间集中在 7 月、8 月,持续时间相对较短,含沙量低。

潼关上下共同来水:流量级多在 4 000 ~8 000 m^3/s,持续时间较长,含沙量不大。

根据各类洪水特点选择 1976 年 8 月、1977 年 7 月、1988 年 8 月洪水作为潼关以上来水为主典型;选择 1964 年 7 月、1975 年 8 月洪水作为三花间来水为主典型;选择 1965 年 7 月、1996 年 8 月洪水作为共同来水典型;选择 2003 年 9 月、2005 年 10 月洪水作为后汛期洪水典型。各典型洪水情况见表 2.2-32。

1976 年 8 月洪水是黄河下游成灾较为严重的一场洪水,洪水过程为多峰型,历时长达 46 天。该洪水系由河口镇以上和渭河同时发生较大洪水相遇所组成的,渭河华县站洪峰流量 4 900 m^3/s,花园口站洪峰流量 8 440 m^3/s。

1977 年 7 月洪水主要来自于河龙间,其中延水甘谷驿站洪峰流量 9 050 m^3/s,为 1800 年以来的特大洪水,潼关站洪峰流量 12 400 m^3/s,花园口站洪峰流量 8 760 m^3/s。由于该场洪水的暴雨区属于严重的黄土丘陵区,洪水含沙量较大,潼关站最大含沙量 590 kg/m^3,花园口站最大含沙量 546 kg/m^3。

1988 年 8 月洪水主要来自河龙间和龙潼间,花园口站连续出现了 4 次流量在 6 000 m^3/s 以上的洪水过程,龙门站洪峰流量 10 200 m^3/s,花园口站洪峰流量 6 950 m^3/s。

1964 年 7 月洪水主要来自于三花间,洪水过程为单峰,伊洛河黑石关站洪峰流量 4 350 m^3/s,沁河武陟站洪峰流量 1 600 m^3/s,花园口站洪峰流量 9 200 m^3/s。

1975 年 7 月洪水主要来自于三花间的伊洛河,潼关以上来水不大,洪水过程为单峰,黑石关站洪峰流量 5 660 m^3/s,花园口站洪峰流量 6 570 m^3/s。

表 2.2-32　各典型洪水情况

典型洪水（年-月）	主要来源区	洪水历时（天）	峰型	潼关沙峰（kg/m^3）	洪峰流量（m^3/s）		3 日洪量比例（%）	
					潼关	花园口	潼关	三花间
1976-08	上游、龙潼间	46		102	7 490	8 440	88	12
1977-07	河龙间	16	单峰	590	12 400	8 760	83	17
1988-08	龙潼间、河龙间、三花间	23	多峰	363	7 010	6 950	68	32
1964-07	三花间	13	单峰	462	2 820	9 200	40	60
1975-08	三花间	8	单峰	53.7	1 490	6 570	29	71
1965-07	龙潼间、三花间、上游	8	单峰	201	4 180	6 740	60	40
1996-08	三花间、河龙间	11	双峰	280	4 220	8 710	43	57
2003-09	龙潼间、三花间	23	多峰	148	3 260	6 310	59	41
2005-10	龙潼间	14	多峰	36.8	4 480	6 180	70	30

注：表中所列洪峰流量为龙刘水库还现、三花间水库还原后值。

1965 年 7 月洪水为河口镇以上、龙潼间、三花间洪水遭遇而形成，花园口站洪峰流量 6 740 m^3/s。

1996 年 8 月洪水为黄河中游晋陕区间和三门峡至花园口区间暴雨形成。干流小浪底站，支流黑石关、武陟站均在 8 月 2～7 日出现洪水，并形成花园口 8 月 3～10 日的洪水，花园口洪峰流量 8 710 m^3/s。8 月 8～9 日晋陕区间又降暴雨，黄河中游吴堡、龙门、潼关站相继出现 9 600 m^3/s、11 200 m^3/s、7 500 m^3/s 的尖瘦洪峰，传播至花园口形成 5 500 m^3/s 的洪峰。本场洪水河口镇至潼关区间来水较大，洪水含沙量大，潼关站最大含沙量为 280 kg/m^3。

2003 年 9 月洪水为近年来少见的秋汛洪水，受"华西秋雨"影响，黄河及其支流渭河相继出现 10 余次较大洪水，来水量为小浪底水库运用以来的最大值。潼关站洪峰流量 3 260 m^3/s，伊洛河黑石关站洪峰流量 3 660 m^3/s，花园口站洪峰流量 6 310 m^3/s。

2005 年 10 月洪水主要来自于渭河，华县站洪峰流量 4 880 m^3/s，潼关站洪峰流量 4 480m^3/s，花园口站洪峰流量 6 180 m^3/s。

2.2.4.2　大洪水典型

选取 1933 年洪水作为"上大洪水"典型，选取 1954 年、1958 年、1982 年洪水作为"下大洪水"典型。各典型洪水具体特征如表 2.2-33 所示。

1933 年 8 月洪水是陕县实测最大洪水，洪水过程为多峰型，历时达 45 天。洪峰流量三门峡为 22 000 m^3/s，考虑洪水削减并沿程加水相抵后，花园口为 20 400 m^3/s。该洪水系由河龙间与泾河、渭河、北洛河同时发生较大洪水相遇所组成。

表2.2-33 各典型洪水具体特征

类型	典型洪水	洪水历时（天）	峰型	洪峰流量(m^3/s)		潼关洪量比例(%)	
				花园口	潼关	5日	12日
“上大洪水”	1933年	45	多峰	20 400	22 000	90.8	91.3
“下大洪水”	1954年	12	多峰	15 000	4 460	36.6	46.9
	1958年	5	单峰	22 300	6 520	45.1	57.2
	1982年	6	单峰	15 300	4 710	26.6	37.3

1954年8月洪水是花园口和三花间实测的较大洪水，洪峰流量花园口为15 000 m^3/s，其中三门峡和三花间相应洪峰流量分别为4 460 m^3/s和10 540 m^3/s。花园口洪水历时12天，为连续多峰型洪水。三花间洪峰主要来自伊洛河的上中游和沁河，三小间的洪峰发生时间在花园口洪峰之前。

1958年7月洪水是花园口、三花间实测最大洪水，洪水过程为单峰型，历时5天。洪峰流量花园口为22 300 m^3/s，其中三花间为15 780 m^3/s，三门峡为6 520 m^3/s。三花间的洪峰流量主要由伊洛河中下游和三小间的洪峰遭遇所组成，沁河来水不大，暴雨中心位于三小间的垣曲。

1982年8月洪水是三花间实测第二大洪水，洪水历时6天。花园口实测洪峰流量15 300 m^3/s，决口还原计算后的洪峰流量为19 050 m^3/s，其中三花间、三门峡分别为14 340 m^3/s和4 710 m^3/s。三花间的洪峰流量系由伊洛河中下游和沁河洪水遭遇形成，三花干(三门峡、花园口、黑石关、武陟干流区间)来水也占较大比例。沁河洪水为实测最大，武陟站洪峰流量为4 130 m^3/s。暴雨中心位于伊河石涡。

2.2.5 设计洪水过程计算

设计洪水过程采用仿典型放大方法，对于不同来源区洪水采用不同设计洪水地区组成，对于潼关以上来水为主的洪水，地区组成为潼关、花园口同频率，三花间相应；对于三花间来水为主的洪水，地区组成为三花间、花园口同频率，潼关相应；对于共同来水的洪水，地区组成为潼关、花园口同倍比，三花间按来水比分配。

2.3 本章小结

2.3.1 关于上游洪水

上游龙羊峡、刘家峡、兰州及宁蒙河段天然设计洪水及过程采用以往审定成果。

2.3.2 关于现状工程对中下游中小洪水影响

现状工程影响后，花园口站5年一遇洪水洪峰流量由11 300 m^3/s减小为9 760 m^3/s，减小幅度约14%；三花间5年一遇洪水洪峰流量由6 010 m^3/s减小为5 390

m^3/s,减小幅度约10%。花园口站4 000 ~ 10 000 m^3/s 的洪水发生频次为1.8次/年。

2.3.3 关于中小洪水特性

(1)花园口4 000 ~ 10 000 m^3/s 的中小洪水的发生概率约为1年2次。4 000 ~ 10 000 m^3/s的洪水中,4 000 ~ 6 000 m^3/s 的洪水占62%,6 000 ~ 8 000 m^3/s 的洪水占28%,8 000 ~ 10 000 m^3/s 的洪水占10%。

(2)花园口中小洪水发生在5 ~ 10月,5月、6月洪水次数占总次数的5%,7月、8月洪水占67%,9月洪水占20%,10月洪水占8%。9月、10月洪水流量级一般不超过8 000 m^3/s;8 000 ~ 10 000 m^3/s 洪水基本发生在7月、8月。

花园口中小洪水历时平均约为18天,68%的洪水历时小于20天,51%的洪水洪峰流量低于6 000 m^3/s,历时小于20天;6 000 ~ 8 000 m^3/s 流量级洪水中有一半的历时大于20天,发生在8 ~ 10月;8 000 ~ 10 000 m^3/s 洪水大部分历时大于20天。

(3)花园口4 000 ~ 10 000 m^3/s 的中小洪水主峰洪量80%左右来源于潼关以上,洪水流量级越小潼关以上来水的比例越高,4 000 ~ 6 000 m^3/s 洪水84%的主峰洪量来源于潼关以上,6 000 ~ 8 000 m^3/s 洪水71%的主峰洪量来源于潼关以上,8 000 ~ 10 000 m^3/s 洪水74%的主峰洪量来源于潼关以上。

花园口6 000 ~ 10 000 m^3/s 历时大于20天的洪水,基本来源于潼关以上,洪水主要来源区是上游和龙潼间,一般都是上游或龙潼间与其他区间共同来水组合而成的洪水。历时小于20天的洪水基本上是河龙间、三花间来水为主的洪水,一般都是某一个区间来水为主的洪水。

(4)花园口6 000 ~ 10 000 m^3/s 的洪水中,以三花间来水为主的洪水,小花间洪峰流量一般大于4 000 m^3/s。

(5)上游大型水库对汛期洪水径流的调节、工农业用水增加等多种因素影响后,进入中游的汛期径流量减小较多,这直接导致潼关洪水流量级减小、高含沙洪水比例增多(与龙羊峡建库前相比)。根据潼关站近期(1987 ~ 2005年)实测中小洪水分析,4 000 ~ 10 000 m^3/s洪水中高含沙洪水的比例约为62%,其中4 000 ~ 6 000 m^3/s 洪水中约有50%的洪水为高含沙洪水,6 000 ~ 100 000 m^3/s 洪水绝大部分是高含沙洪水,前汛期较大流量级中小洪水几乎全部为高含沙洪水。

第 3 章　水沙特性及河道冲淤

黄河是世界著名的多泥沙河流，由于其水少沙多、水沙关系不协调的特点，导致宁蒙和下游两个冲积性河段历史上淤积剧烈、摆动频繁，形成了“善淤、善徙、善决”的“地上悬河”，给两岸人民群众造成了深重的洪水灾难。黄河水沙特性及河道冲淤是防御洪水方案研究的重要基础，本章主要研究黄河水沙基本特征和近期水沙变化特点，预测未来水沙变化趋势和河道冲淤情况，为黄河防御洪水方案提供基础支撑。

3.1　黄河水沙特性及设计水沙条件

3.1.1　黄河水沙基本特征

3.1.1.1　水少沙多，水沙关系不协调

黄河以泥沙多而闻名于世。在我国的大江大河中，黄河的面积仅次于长江而居第二位，但由于大部分地区处于半干旱和干旱地带，流域水资源量极为贫乏，与流域面积相比很不相称。黄河多年平均天然径流量仅 535 亿 m^3，来沙量高达 16 亿 t，实测多年平均含沙量达 33.6 kg/m^3（1919～1960 年陕县站）。黄河的径流量不及长江的 1/20，而来沙量为长江的 3 倍。与世界多泥沙河流相比，孟加拉国的恒河年沙量 14.5 亿 t，与黄河相近，但水量达 3 710 亿 m^3，是黄河的 7 倍，而含沙量较小，只有 3.9 kg/m^3，远小于黄河；美国的科罗拉多河的含沙量为 27.5 kg/m^3，与黄河相近，而年沙量仅有 1.35 亿 t。由此可见，黄河沙量之多，含沙量之高，在世界大江大河中是绝无仅有的。水沙关系不协调主要体现在干支流含沙量高和来沙系数（含沙量和流量之比）大上，河口镇至龙门区间的来水含沙量高达 123.10 kg/m^3，来沙系数高达 0.67 $kg \cdot s/m^6$，黄河支流渭河华县的来水含沙量达 50.22 kg/m^3，来沙系数达 0.22 $kg \cdot s/m^6$。

3.1.1.2　水沙异源

黄河流经不同的自然地理单元，流域地形、地貌和气候等条件差别很大，受其影响，黄河具有水沙异源的特点（见表 3.1-1）。黄河水量主要来自上游，中游是黄河泥沙的主要来源区。

上游河口镇以上流域面积为 38 万 km^2，占全流域面积的 51%，年水量占全河水量的 55.7%，而年沙量仅占 9.4%。上游径流又集中来源于流域面积仅占全河流域面积 18% 的兰州以上，其天然径流量占全河的 75.2%，是黄河水量的主要来源区；兰州以上泥沙约占河口镇来沙的 68.8%。

中游河口镇至龙门区间流域面积 11 万 km^2，占全流域面积的 15%，该区间有祖历河、皇甫川、无定河、窟野河等众多支流汇入，年水量占全河水量的 14.1%，而年沙量却占 57.1%，是黄河泥沙的主要来源区；龙门至三门峡区间面积 19 万 km^2，该区间有渭河、泾河、汾河等支流汇入，年水量占全河水量的 22.0%，年沙量占 37.3%，该区间部分地区也

属于黄河泥沙的主要来源区。

三门峡以下的伊洛河和沁河是黄河的清水来源区之一，年水量占全河水量的9.6%，年沙量仅占1.8%。

表3.1-1　黄河主要站区水沙特征值统计表(1919～2008年)

站名	水量(亿m³)			沙量(亿t)			含沙量(kg/m³)		
	7～10月	11～6月	7～6月	7～10月	11～6月	7～6月	7～10月	11～6月	7～6月
贵德	114.44	86.43	200.88	0.12	0.05	0.16	1.02	0.53	0.81
兰州	169.54	140.09	309.63	0.66	0.14	0.81	3.92	1.02	2.61
下河沿	166.95	133.13	300.08	1.21	0.21	1.42	7.23	1.58	4.73
河口镇	129.73	99.37	229.10	0.93	0.24	1.17	7.16	2.46	5.12
龙门	160.70	126.53	287.23	7.29	1.04	8.33	45.35	8.23	29.00
河龙区间	30.97	27.16	58.13	6.36	0.80	7.16	205.32	29.35	123.10
渭洛汾河	55.90	34.60	90.49	4.27	0.40	4.67	76.38	11.58	51.60
四站	216.60	161.13	377.73	11.56	1.44	13.00	53.36	8.95	34.41
三门峡	211.77	160.56	372.33	10.56	1.74	12.30	49.87	10.84	33.04
潼关	187.76	154.99	342.75	8.81	1.82	10.63	46.94	11.72	31.01
伊洛沁河	24.88	14.44	39.31	0.20	0.02	0.22	8.13	1.55	5.72
三黑武	236.65	175.00	411.65	10.76	1.76	12.53	45.48	10.07	30.43
花园口	238.96	176.75	415.71	9.43	1.82	11.24	39.44	10.29	27.05
利津	189.83	121.05	310.88	6.40	1.16	7.56	33.70	9.62	24.32

注：1.四站指龙门、华县、河津、洑头之和；

2.利津站水沙为1950年7月至2009年6月年平均值；

3.11～6月指当年11月至翌年6月，7～6月指当年7月至翌年6月。

3.1.1.3　水沙年际变化大

受大气环流和季风的影响，黄河水沙，特别是沙量年际变化大。

以三门峡水文站为例，实测最大年径流量为659.1亿m³(1937年)，最小年径流量仅为120.3亿m³(2002年)，丰枯极值比为5.5。在1919～2008年长系列中，出现了1922～1932年、1969～1974年和1986～2008年3个枯水时段，分别持续了11年、6年和23年，花园口断面3个枯水段水量分别相当于长系列的85%、78%和62%；1981～1985年为连续5年的丰水时段，该时段水量为长系列平均水量的1.24倍。

三门峡水文站年输沙量最大为37.26亿t(1933年)，最小为1.75亿t(1961年)，丰枯极值比为21.2。由于输沙量年际变化较大，黄河泥沙主要集中在几个大沙年份，20世纪80年代以前各年代最大3年输沙量所占比例在40%左右；1980年以来黄河进入一个长时期枯水时段，潼关站年最大沙量为14.44亿t，多年平均沙量为6.95亿t，但大沙年份所占比例依然较高，潼关站年来沙量大于10亿t的1981年、1988年、1994年和1996年4年沙量占1981～2008年总沙量的27.4%。

3.1.1.4 水沙年内分配不均匀

水沙年内分配不均匀，主要集中在汛期（7～10月）。黄河汛期水量占年水量的60%左右，汛期沙量占年沙量的80%以上，集中程度更甚于水量，且主要集中在暴雨洪水期，往往5～10天的沙量可占年沙量的50%～90%，支流沙量的集中程度又甚于干流。如龙门站1961年最大5天沙量占年沙量的33%；三门峡站1933年最大5天沙量占年沙量的54%；支流窟野河1966年最大5天沙量占年沙量的75%；岔巴沟1966年最大5天沙量占年沙量的89%。

3.1.1.5 泥沙地区组成不同

黄河上下游来沙组成中，河口镇以上来沙较细，河口镇泥沙中数粒径为0.017 mm；河口镇至龙门区间是黄河多沙粗沙区，因此来沙粗，龙门站中数粒径则达0.030 mm，区间主要支流除昕水河以外，泥沙中数粒径在0.027～0.058 mm之间；龙门以下渭河来沙较细，华县站泥沙中数粒径与河口镇比较接近，为0.018 mm（见表3.1-2）。

表3.1-2 黄河上下游干支流泥沙颗粒组成统计表（1966～2005年）

站（河）名		不同粒径（mm）泥沙百分比（%）			
		<0.025	0.025～0.05	>0.05	中数粒径（mm）
干流	兰州	68.76	17.60	13.64	0.012
	河口镇	62.24	21.03	16.74	0.017
	龙门	44.82	27.13	28.05	0.030
	潼关	52.84	27.03	20.14	0.023
支流	华县	62.74	24.90	12.36	0.018
	皇甫川	35.68	14.81	49.51	0.049
	孤山川	41.40	20.95	37.66	0.035
	窟野河	34.01	14.99	51.00	0.053
	秃尾河	26.67	19.27	54.06	0.058
	三川河	53.04	26.87	20.09	0.023
	无定河	38.47	27.82	33.71	0.035
	清涧河	44.98	30.23	24.79	0.029
	昕水河	60.23	24.46	15.31	0.019
	延水河	47.47	27.32	25.21	0.027

3.1.2 近期水沙变化特性

3.1.2.1 年均径流量和输沙量大幅度减少

对黄河主要水文站实测径流量、输沙量资料的统计分析表明，20世纪70年代以来，由于降雨的影响以及人类活动的加剧，进入黄河的水沙量呈逐年代减少趋势，尤其1986年以来减少幅度更大。黄河主要干支流水文站不同时期实测径流量和输沙量变化情况见表3.1-3。

表3.1-3 黄河主要干支流水文站实测径流量和输沙量不同时段对比

（单位：水量，亿 m^3；沙量，亿 t；来沙系数，kg·s/m^6）

时段	头道拐			龙门			三门峡			花园口			利津		
	水量	沙量	来沙系数	水量	沙量	来沙系数	水量	沙量	来沙系数	水量	沙量	来沙系数	水量	沙量	来沙系数
1919～1949年	253.71	1.39	0.007	328.78	10.20	0.030	427.18	15.56	0.027	481.75	15.03	0.020			
1950～1959年	241.40	1.51	0.008	315.10	11.85	0.038	426.11	17.60	0.031	474.41	15.56	0.022	463.57	13.15	0.019
1960～1969年	274.96	1.83	0.008	340.87	11.38	0.031	460.00	11.54	0.017	515.20	11.31	0.013	512.88	11.00	0.013
1970～1979年	232.40	1.15	0.007	283.12	8.67	0.034	354.74	13.77	0.035	377.73	12.19	0.027	304.19	8.88	0.030
1980～1989年	242.10	0.99	0.005	278.69	4.69	0.019	376.16	8.64	0.019	418.52	7.79	0.014	290.66	6.46	0.024
1990～2008年	149.77	0.40	0.006	183.21	3.55	0.033	215.63	5.74	0.039	243.21	4.08	0.022	138.36	2.69	0.044
1919～2008年①	229.10	1.17	0.007	287.23	8.33	0.032	372.33	12.30	0.028	415.71	11.24	0.021	310.88	7.56	0.025
1950～1986年②	251.57	1.43	0.007	309.41	9.39	0.031	410.41	13.21	0.025	453.53	12.00	0.018	408.13	10.24	0.019
1987～1999年③	164.45	0.45	0.005	205.41	5.31	0.040	254.98	7.97	0.039	274.91	7.11	0.030	148.43	4.15	0.059
2000～2008年④	145.36	0.40	0.006	171.13	1.87	0.020	196.36	3.61	0.029	236.14	1.07	0.006	145.73	1.46	0.022
③较①少（%）	28.22	61.42	25.13	28.49	36.24	-24.66	31.52	35.23	-38.12	33.87	36.75	-44.62	52.25	45.08	-140.90
④较①少（%）	36.55	66.27	16.20	40.42	77.50	36.61	47.26	70.69	-5.39	43.20	90.50	70.55	53.12	80.69	12.13
④较②少（%）	42.22	72.35	17.19	44.69	80.05	34.78	52.16	72.70	-19.26	47.93	91.10	67.16	64.29	85.75	-11.80

续表 3.1-3

时段	华县			河津			湫头			四站		
	水量	沙量	来沙系数	水量	沙量	来沙系数	水量	沙量	来沙系数	水量	沙量	来沙系数
1919～1949年	77.99	4.23	0.219	15.28	0.48	0.647	7.03	0.81	5.177	429.08	15.72	0.027
1950～1959年	83.83	4.26	0.191	17.41	0.70	0.726	6.50	0.92	6.896	422.84	17.74	0.031
1960～1969年	97.89	4.39	0.145	18.28	0.35	0.328	8.90	1.00	3.968	465.93	17.12	0.025
1970～1979年	57.67	3.82	0.362	9.93	0.19	0.602	5.75	0.80	7.618	356.47	13.47	0.033
1980～1989年	81.01	2.77	0.133	6.74	0.04	0.311	7.11	0.47	2.966	373.54	7.98	0.018
1990～2008年	43.84	2.14	0.351	4.22	0.02	0.317	5.89	0.58	5.284	237.15	6.29	0.035
1919～2008年①	71.72	3.60	0.221	11.97	0.31	0.684	6.80	0.76	5.157	377.73	13.00	0.029
1950～1986年②	81.02	3.89	0.187	13.53	0.34	0.588	7.08	0.81	5.088	411.05	14.44	0.027
1987～1999年③	48.01	2.79	0.382	5.49	0.04	0.385	6.68	0.84	5.935	265.58	8.98	0.040
2000～2008年④	46.10	1.41	0.209	3.54	0.00	0.078	5.06	0.24	2.906	225.83	3.52	0.022
③较①少(%)	33.06	22.52	-72.92	54.16	88.19	43.80	1.88	-10.81	-15.10	29.69	30.94	-39.69
④较①少(%)	35.72	60.91	5.39	70.46	99.01	88.62	25.63	68.84	43.66	40.21	72.91	24.22
④较②少(%)	43.10	63.84	-11.70	73.85	99.09	86.75	28.57	70.86	42.89	45.06	75.61	19.20

黄河干流头道拐、龙门、三门峡、花园口和利津站多年平均实测径流量分别为229.10亿 m^3、287.23亿 m^3、372.33亿 m^3、415.71亿 m^3 和310.88亿 m^3，1987～1999年平均径流量为164.45亿 m^3、205.41亿 m^3、254.98亿 m^3、274.91亿 m^3 和148.43亿 m^3，较多年平均值偏少了28.2%、28.5%、31.5%、33.9%和52.3%，2000年以来水量减少更多，以上各站2000～2008年平均径流量仅有145.36亿 m^3、171.13亿 m^3、196.36亿 m^3、236.14亿 m^3 和145.73亿 m^3，与多年均值相比，减少幅度达36.6%～53.1%。支流入黄水量同样变化很大，渭河华县站和汾河河津站1987～1999年入黄水量较多年平均值减少33.1%和54.2%，2000年以来减少35.7%和70.5%。

黄河中游龙华河洑四站1987～1999年、2000～2008年平均径流量分别为265.58亿 m^3、225.83亿 m^3，分别较多年平均值减少了29.7%、40.2%。从历年实测径流量过程看，1990年以来四站径流量均小于多年平均值，其中2002年仅158.95亿 m^3，是1919年以来径流量最小的一年，见图3.1-1。

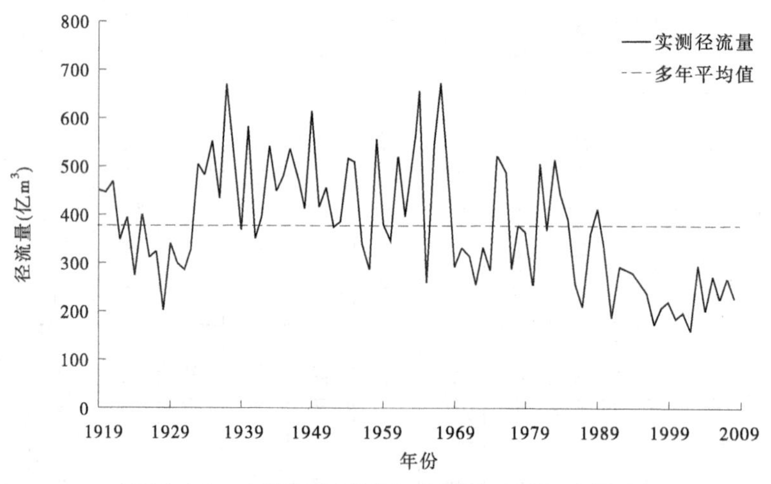

图3.1-1　中游四站(龙华河洑)历年实测径流量过程

与径流量变化趋势基本一致，实测输沙量也大幅度减少。头道拐、龙门、三门峡、花园口和利津站多年平均实测输沙量分别为1.17亿t、8.33亿t、12.30亿t、11.24亿t和7.56亿t，1987～1999年平均输沙量分别减少至0.45亿t、5.31亿t、7.97亿t、7.11亿t和4.15亿t，较多年均值偏少61.4%、36.2%、35.2%、36.8%和45.1%，2000年以来减幅更大，2000～2008年头道拐、龙门和三门峡站年均沙量仅有0.40亿t、1.87亿t和3.61亿t，与多年均值相比，减幅为66.3%～77.5%，为历史最枯沙时段。小浪底水库投入运用以来，由于水库拦沙作用，进入下游的沙量大大减少，2000～2008年花园口和利津站沙量仅有1.07亿t、1.46亿t，较多年均值减少90.5%、80.7%。渭河、汾河和北洛河等支流入黄沙量也同步减少，2000～2008年华县站、河津站、洑头站输沙量较多年均值偏少60%以上。

中游四站输沙量自20世纪70年代开始，尤其是80年代以来入黄沙量持续减少(见图3.1-2)，1987～1999年、2000～2008年多年平均输沙量仅为8.98亿t、3.52亿t，占多年均值的69.1%、27.1%，减少幅度分别达30.9%、72.9%，与1987年以前相比，减少幅度在一半以上。

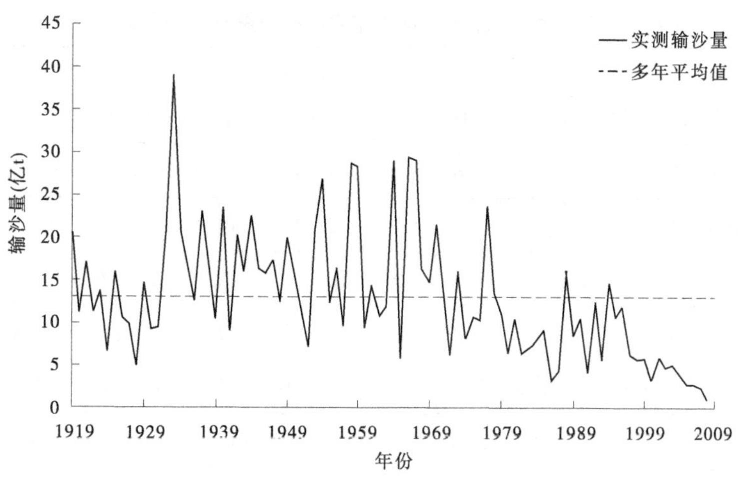

图3.1-2　中游四站(龙华河洑)历年实测输沙量过程

随着水沙量的减少,表示水沙关系的来沙系数(含沙量和流量之比)发生变化,龙华河洑四站1919~1949年、1950~1959年、1960~1969年、1970~1979年、1980~1989年、1990~2008年多年平均来沙系数分别为0.027 kg·s/m^6、0.031 kg·s/m^6、0.025 kg·s/m^6、0.033 kg·s/m^6、0.018 kg·s/m^6、0.035 kg·s/m^6,不同时期相比,以近期1990~2008年为最大,1990年以来黄河中下游水沙关系更加不协调。

3.1.2.2　径流量年内分配比例发生变化,汛期比重减少

由于刘家峡、龙羊峡、小浪底等大型水库先后投入运用,其调蓄作用和沿途引用黄河水,使黄河干流河道内实际来水年内分配发生很大的变化,表现为汛期比例下降,非汛期比例上升,年内径流量月分配趋于均匀。

表3.1-4给出了黄河干流大型水库运用前后主要水文站实测径流量年内分配不同时段对比情况。可以看出,黄河干流花园口水文站以上,1986年以前,汛期径流量一般可占年径流量60%左右,1986年以来普遍降到了47%以下,且最大月径流量与最小月径流量比值也逐步缩小。2000年小浪底水库投入运用以来,进入下游花园口断面汛期来水比例仅为37.1%。

3.1.2.3　汛期小流量历时增加、输沙比例提高

黄河不仅径流、泥沙量大大减少,而且水沙过程也发生了很大变化,汛期平枯水流量历时增加,输沙比例大大提高,从潼关水文站汛期日均流量过程的统计结果看(见表3.1-5),1987年以来,2 000 m^3/s以下流量级历时大大增加,相应水量、沙量所占比例也明显提高。1960~1968年日均流量小于2 000 m^3/s出现天数占汛期比例为36.3%,水量、沙量占汛期的比例为18.1%、14.6%(见图3.1-3);1969~1986年该流量级出现天数比例为61.5%,水量、沙量占汛期的比例分别为36.7%、29.0%,与1960~1968年相比略有提高。而1987~1999年该流量级出现天数比例增加至87.7%,水量、沙量占汛期的比例也分别增加至69.5%、47.9%,2000~2009年该流量级出现天数比例增加为95.4%,水量、沙量占汛期的比例增加为85.7%、78.4%。

表 3.1-4　黄河干流主要水文站实测径流量年内分配对比

站名	时段	年内分配(%)												
		1 月	2 月	3 月	4 月	5 月	6 月	7 月	8 月	9 月	10 月	11 月	12 月	汛期
头道拐	1919 ~ 1967 年	2.6	2.6	4.3	4.8	5.2	7.1	14.1	17.0	16.9	14.5	7.7	3.2	62.5
	1968 ~ 1986 年	5.4	5.3	7.7	7.4	4.1	4.2	10.6	14.4	15.5	14.3	6.6	4.6	54.8
	1987 ~ 2009 年	6.7	7.5	14.2	10.0	3.8	5.0	6.4	12.7	12.8	6.5	7.7	6.7	38.4
龙门	1919 ~ 1967 年	2.7	3.1	5.4	5.2	5.3	6.3	13.8	17.5	15.6	13.8	7.9	3.4	60.7
	1968 ~ 1986 年	4.9	5.4	7.9	7.5	4.9	3.9	10.8	15.2	14.4	13.5	6.9	4.8	53.8
	1987 ~ 2009 年	5.7	7.3	12.5	10.0	4.2	5.5	8.0	13.2	12.6	7.2	6.9	7.0	40.9
潼关	1950 ~ 1967 年	2.8	3.2	5.2	5.8	5.8	5.5	13.0	17.6	15.5	13.6	8.2	3.9	59.8
	1968 ~ 1986 年	4.2	4.7	7.0	6.8	5.7	3.8	10.7	14.5	17.0	14.2	7.2	4.1	56.5
	1987 ~ 2009 年	5.1	6.5	10.8	9.1	4.9	5.6	8.7	13.8	13.1	9.3	6.9	6.1	44.9
三门峡	1919 ~ 1967 年	2.8	3.1	5.1	5.3	5.6	6.4	13.6	17.6	15.6	13.5	7.7	3.7	60.2
	1968 ~ 1986 年	3.7	3.2	7.3	6.7	6.6	4.9	10.7	14.5	16.1	14.6	7.1	4.6	55.9
	1987 ~ 2009 年	4.5	6.1	10.0	8.9	6.3	6.7	8.9	13.9	13.5	8.8	6.5	6.1	45.0
花园口	1919 ~ 1967 年	2.9	3.0	4.9	5.2	5.5	6.3	13.6	17.8	15.7	13.6	7.8	3.8	60.8
	1968 ~ 1986 年	3.8	3.0	6.8	6.3	6.2	4.5	11.0	15.0	16.5	15.0	7.3	4.6	57.5
	1987 ~ 1999 年	4.8	5.1	9.1	8.7	6.9	6.2	10.2	17.4	12.9	6.8	5.7	6.2	47.3
	2000 ~ 2009 年	4.3	4.6	9.2	9.1	7.5	15.0	9.9	7.8	8.6	10.8	7.2	5.9	37.1

表 3.1-5　潼关站不同时期各流量级水沙特征值(汛期)

项目	时期	各流量级(m^3/s)特征值							
		<500	500 ~ 1 000	1 000 ~ 2 000	2 000 ~ 3 000	3 000 ~ 4 000	4 000 ~ 5 000	>5 000	汛期
年均天数(天)	1960 ~ 1968 年	2.8	8.4	33.4	33.8	25.4	11.9	7.2	123.0
	1969 ~ 1986 年	5.8	24.3	45.5	24.9	13.8	6.2	2.5	123.0
	1987 ~ 1999 年	24.8	41.7	41.5	10.7	3.2	0.8	0.4	123.0
	2000 ~ 2009 年	36.0	46.3	35.1	3.9	1.5	0.2	0.0	123.0
占总天数(%)	1960 ~ 1968 年	2.3	6.9	27.2	27.5	20.7	9.7	5.9	100.0
	1969 ~ 1986 年	4.7	19.8	37.0	20.3	11.2	5.0	2.0	100.0
	1987 ~ 1999 年	20.1	33.9	33.7	8.7	2.6	0.7	0.3	100.0
	2000 ~ 2009 年	29.3	37.6	28.5	3.2	1.2	0.2	0.0	100.0

续表3.1-5

项目	时期	各流量级(m^3/s)特征值							
		<500	500～1 000	1 000～2 000	2 000～3 000	3 000～4 000	4 000～5 000	>5 000	汛期
年均水量(亿m^3)	1960～1968年	0.74	5.80	44.14	73.04	75.55	45.48	35.79	280.55
	1969～1986年	1.93	15.87	57.56	52.31	41.25	23.42	12.88	205.22
	1987～1999年	6.78	25.89	50.27	22.36	9.03	3.22	1.87	119.42
	2000～2009年	9.66	28.9	40.39	8.14	4.35	0.70	0.00	92.14
年均沙量(亿t)	1960～1968年	0.03	0.15	1.61	2.88	3.09	2.35	2.15	12.27
	1969～1986年	0.04	0.47	2.11	2.34	1.85	1.13	1.12	9.06
	1987～1999年	0.08	0.54	2.31	1.63	0.84	0.43	0.29	6.12
	2000～2009年	0.19	0.71	1.17	0.41	0.14	0.02	0.00	2.64
含沙量(kg/m^3)	1960～1968年	43.67	26.42	36.47	39.47	40.89	51.69	60.20	43.75
	1969～1986年	19.56	29.80	36.72	44.69	44.75	48.09	87.02	44.13
	1987～1999年	12.36	20.77	45.96	73.05	92.99	132.14	154.58	51.24
	2000～2009年	19.67	24.57	28.97	50.37	32.18	28.57	0.00	28.65
水量比例(%)	1960～1968年	0.3	2.1	15.7	26.0	26.9	16.2	12.8	100.0
	1969～1986年	0.9	7.7	28.0	25.5	20.1	11.4	6.3	100.0
	1987～1999年	5.7	21.7	42.1	18.7	7.6	2.7	1.6	100.0
	2000～2009年	10.5	31.4	43.8	8.8	4.7	0.8	0.0	100.0
沙量比例(%)	1960～1968年	0.3	1.2	13.1	23.5	25.2	19.2	17.6	100.0
	1969～1986年	0.4	5.2	23.3	25.8	20.4	12.4	12.4	100.0
	1987～1999年	1.4	8.8	37.8	26.7	13.7	7.0	4.7	100.0
	2000～2009年	7.2	26.9	44.3	15.5	5.3	0.8	0.0	100.0

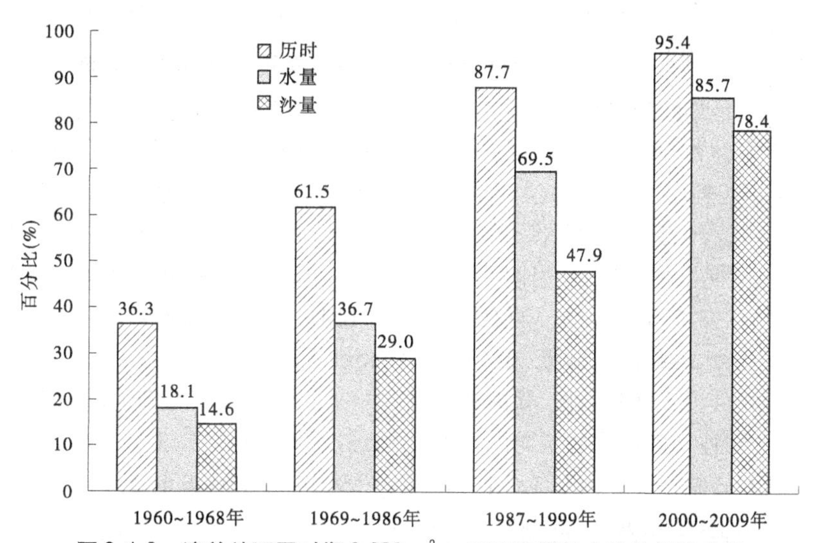

图3.1-3　潼关站不同时期2 000 m^3/s以下流量级水沙特征值分析

相反，日均流量大于2 000 m^3/s的流量级历时和相应水量、沙量比例则大大减少（见

图 3.1-4)。如2 000 ~ 4 000 m^3/s 流量级天数的比例由 1960 ~ 1968 年的 48.1% 减少至 1969 ~ 1986 年的 31.5%，1987 ~ 1999 年该流量级出现天数比例仅为 11.3%，而 2000 ~ 2009 年又减少至4.4%；该流量级水量占汛期水量的比例由 1960 ~ 1968 年的 53.5% 减少至 1969 ~ 1986 年的 45.6%，1987 ~ 1999 年为 26.3%，2000 ~ 2009 年减少为 13.4%；该流量级相应沙量占汛期的比例也由 1960 ~ 1968 年的 48.7% 减少至 1969 ~ 1986 年的 46.2%，1987 ~ 1999 年的 40.4%，2000 ~ 2009 年的 20.8%，逐时段持续减少。大于 4 000 m^3/s流量级天数的比例由 1960 ~ 1968 年的 15.5% 减少至 1969 ~ 1986 年的 7.0%，1987 ~ 1999 年该流量级天数比例仅为 1.0%，2000 ~ 2009 年又减少至 0.2%；该流量级水量占汛期水量比例 1960 ~ 1968 年为 29.0%，1969 ~ 1986 年为 17.7%，1987 ~ 1999 年为 4.3%，2000 ~ 2009 年为 0.8%；该流量级相应沙量占汛期的比例，1960 ~ 1968 年为 36.7%，1969 ~ 1986 年为 24.8%，1987 ~ 1999 年为 11.7%，2000 ~ 2009 年仅为 0.8%。

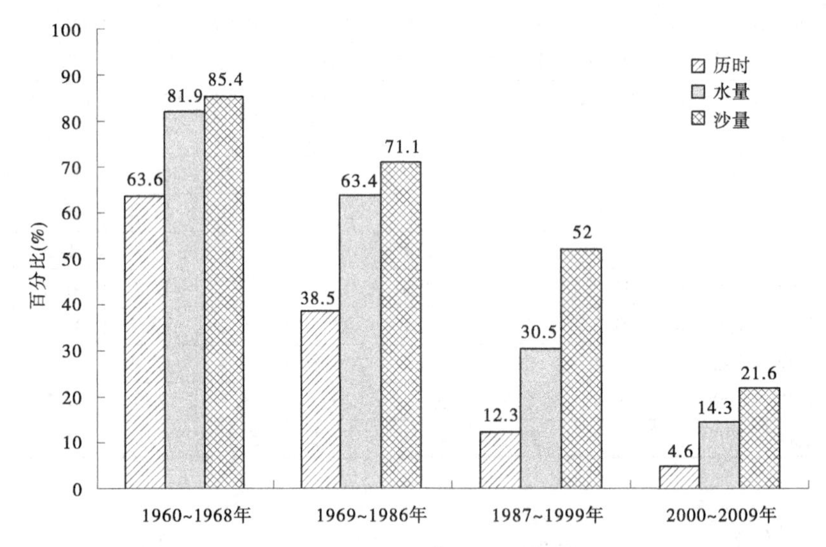

图 3.1-4　潼关站不同时期 2 000 m^3/s 以上流量级水沙特征值分析

日平均大流量连续出现的概率、持续时间及其总水量、总沙量占汛期比例自 1986 年以来也降低很多。如 1960 ~ 1968 年、1969 ~ 1986 年、1987 ~ 1999 年、2000 ~ 2009 年四个时期，日平均流量连续 3 天以上大于 3 000 m^3/s 出现的概率分别为 2.4 次/年、1.6 次/年、0.5 次/年、0.3 次/年，四个时期平均每场洪水持续时间分别为 16.7 天、12.2 天、4.7 天、4.7 天；相应占汛期水量和沙量的比例，1960 ~ 1968 年为 51.8% 和 52.6%，1969 ~ 1986 年为 33.4% 和 31.8%，1987 ~ 1999 年仅为 5.7% 和 6.1%，2000 ~ 2006 年为 4.6% 和 5.9%。

3.1.2.4　中小洪水洪峰流量降低，但仍有发生大洪水的可能

20 世纪 80 年代后期以来，黄河中下游中小洪水出现概率明显降低。统计表明(见表 3.1-6)，黄河中游潼关站年均洪水发生的场次，在 1987 年以前，3 000 m^3/s 以上和 6 000 m^3/s 以上分别是 5.5 次和 1.3 次，1987 ~ 1999 年分别减少至 2.8 次和 0.3 次，2000 年以来洪水发生场次更少，3 000 m^3/s 以上年均仅 0.4 次，且最大洪峰流量为 4 480 m^3/s(2005 年 10 月 5 日)；下游花园口站 1987 年以前年均发生 3 000 m^3/s 以上和 6 000 m^3/s 以上的洪水分别为 5.0 次和 1.4 次，1987 ~ 1999 年后分别减少至 2.6 次和 0.4

次,2000年小浪底水库运用以来,进入下游3 000 m³/s以上洪水年均仅0.9次,最大洪峰流量4 600 m³/s。同时,分析黄河干流主要水文站逐年最大洪峰流量可以发现,1987年以后洪峰流量明显降低。潼关和花园口站1987~1999年最大洪峰流量仅8 260 m³/s和7 860 m³/s("96·8"洪水),见图3.1-5。

表3.1-6　中下游主要站不同时段洪水特征值统计

站名	时期	洪水发生场次(次/年)		最大洪峰	
		>3 000 m³/s	>6 000 m³/s	流量(m³/s)	发生年份
潼关	1950~1986年	5.5	1.3	13 400	1954
	1987~1999年	2.8	0.3	8 260	1988
	2000~2009年	0.4	0	4 480	2005
花园口	1950~1986年	5.0	1.4	22 300	1958
	1987~1999年	2.6	0.4	7 860	1996
	2000~2009年	0.9	0	4 600	2008

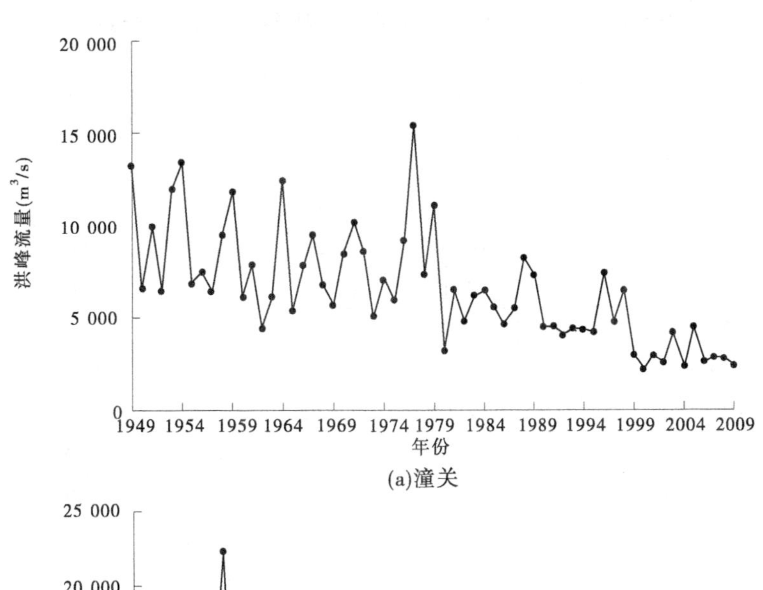

(a)潼关

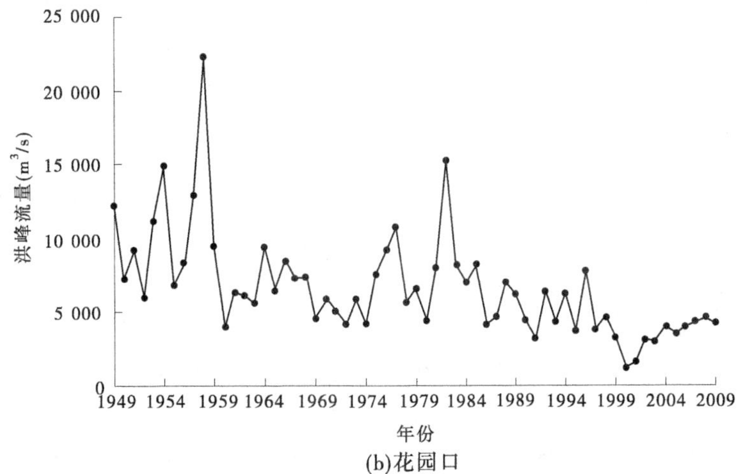

(b)花园口

图3.1-5　潼关、花园口水文站历年最大洪峰流量过程

黄河洪水主要来源于黄河中游的强降雨过程，由于中游总体治理程度还比较低，现有水利水保工程对于一般洪水过程的影响比较明显，但对于由强降雨过程所引起的大暴雨洪水的影响程度则十分微弱，因此一旦遭遇中游的强降雨，仍有发生大洪水的可能。比如，龙门水文站在1986年后的1988年、1992年、1994年、1996年都发生了10 000 m^3/s以上的大洪水，2003年府谷站又出现了13 000 m^3/s的洪水。

3.1.2.5 中游泥沙粒径组成未发生趋势性变化

统计黄河上中游主要站不同时期悬移质泥沙颗粒组成及中数粒径变化，见表3.1-7。由表可以看出，1987年以后上游来沙粒径明显变细，头道拐站1958～1968年悬移质泥沙中数粒径为0.016 3 mm，1969～1986年为0.018 4 mm，1987～1999年中数粒径减小为0.013 8 mm，2000～2005年减小更多，仅为0.010 7 mm，较1987年以前减小0.006 mm左右。从不同时期分组泥沙组成上看，2000年以前分组泥沙比例变化不大，2000年以来细颗粒泥沙比例增加，由2000年以前的59.23%～63.82%增加至71.10%，中、粗颗粒泥沙比例减小，分别由17.22%～22.17%、14.70%～19.41%减小至15.31%、13.59%。

表3.1-7 黄河上中游主要站不同时期悬移质泥沙颗粒组成

站名	时段	年均沙量（亿t）	分组泥沙百分数（%）				中数粒径 d_{50}（mm）
			细泥沙	中泥沙	粗泥沙	全沙	
头道拐	1958～1968年	2.03	63.82	21.48	14.70	100	0.016 3
	1969～1986年	1.18	59.23	22.17	18.60	100	0.018 4
	1987～1999年	0.45	63.38	17.22	19.41	100	0.013 8
	2000～2005年	0.28	71.10	15.31	13.59	100	0.010 7
	1958～2005年	1.06	62.24	21.03	16.74	100	0.016 7
龙门	1957～1968年	12.28	43.09	27.78	29.13	100	0.031 2
	1969～1986年	7.03	46.00	26.30	27.70	100	0.028 8
	1987～1999年	5.31	46.41	27.44	26.15	100	0.028 3
	2000～2005年	2.22	44.59	26.19	29.22	100	0.030 2
	1957～2005年	7.27	44.82	27.13	28.05	100	0.029 8
潼关	1961～1968年	15.10	52.28	27.92	19.80	100	0.023 4
	1969～1986年	10.88	53.22	26.48	20.30	100	0.022 8
	1987～1999年	8.06	52.71	27.06	20.22	100	0.023 1
	2000～2005年	4.38	53.12	26.79	20.10	100	0.023 0
	1961～2005年	10.21	52.84	27.03	20.14	100	0.023 1
华县	1957～1968年	4.75	64.60	24.06	11.34	100	0.017 4
	1969～1986年	3.34	63.53	25.64	10.83	100	0.017 3
	1987～1999年	2.78	59.15	25.19	15.66	100	0.019 5
	2000～2005年	1.80	60.53	24.27	15.20	100	0.018 7
	1957～2005年	3.35	62.74	24.90	12.36	100	0.017 9

注：细泥沙粒径 $d<0.025$ mm，中泥沙粒径 $d=0.025\sim0.05$ mm，粗泥沙粒径 $d>0.05$ mm。

黄河中游来沙粒径及悬移质不同粒径泥沙组成各个时段没有发生趋势性的变化。1957～1968 年、1969～1986 年、1987～1999 年、2000～2005 年四个时段龙门站悬移质泥沙中数粒径分别为 0.031 2 mm、0.028 8 mm、0.028 3 mm、0.030 2 mm，细颗粒泥沙占全沙的比例分别为 43.09%、46.00%、46.41%、44.59%，粗颗粒泥沙占全沙的比例为 29.13%、27.70%、26.15%、29.22%。潼关站各时期悬移质泥沙中数粒径均在 0.023 mm 左右，分组泥沙比例也相差不大，细沙比例为 52.28%～53.12%，粗沙比例为 19.80%～20.30%。

渭河华县站各时期泥沙中数粒径分别为 0.017 4 mm、0.017 3 mm、0.019 5 mm、0.018 7 mm，细颗粒泥沙占全沙的比例分别为 64.60%、63.53%、59.15%、60.53%，粗颗粒泥沙比例分别为 11.34%、10.83%、15.66%、15.20%，泥沙颗粒组成及中数粒径也未发生趋势性的变化。

从中游干支流主要站历年中数粒径变化过程看（见图 3.1-6），除头道拐泥沙粒径呈减小趋势外，其他各站中数粒径均无趋势性变化。

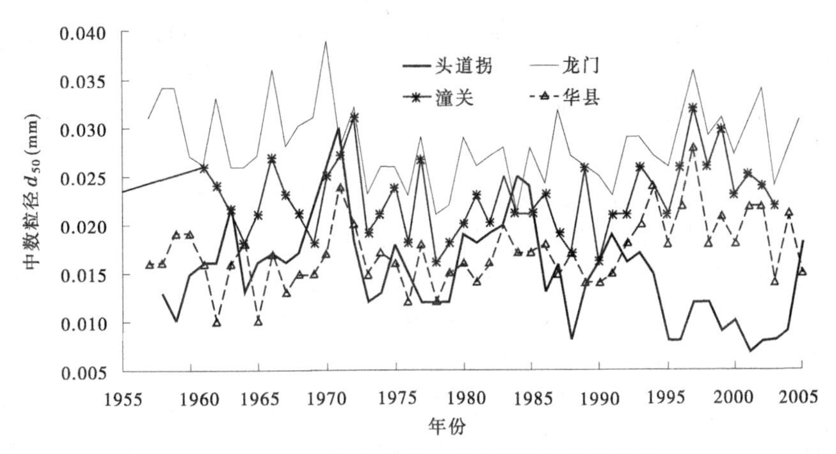

图 3.1-6　黄河中游主要站中数粒径变化过程

3.1.3　未来水沙变化趋势

3.1.3.1　未来水量变化预估

黄河流域水资源综合规划针对黄河流域 20 世纪 80 年代以来水资源开发利用和下垫面的变化情况，采用降水径流关系方法，结合水土保持建设、地下水开采对地表水影响、水利工程建设引起的水面蒸发附加损失等因素的成因分析方法，对天然径流量系列（1956～2000 年）进行了一致性处理。经一致性处理后，黄河流域现状下垫面条件下多年平均天然径流量为 534.79 亿 m^3（以利津断面统计）。

黄河中游龙华河洑四站多年平均天然来水量 487.48 亿 m^3，其中，龙门以上天然来水 379.12 亿 m^3，占四站来水量的 77.8%；渭河华县以上天然来水 80.93 亿 m^3，占 16.6%；汾河河津以上天然来水 18.47 亿 m^3，占 3.8%；北洛河洑头以上天然来水 8.96 亿 m^3，占 1.8%。1956～2000 年龙华河洑四站天然来水过程见图 3.1-7。

根据黄河流域水土保持规划治理进度估算，至 2020 年、2030 年和 2050 年水平，由于

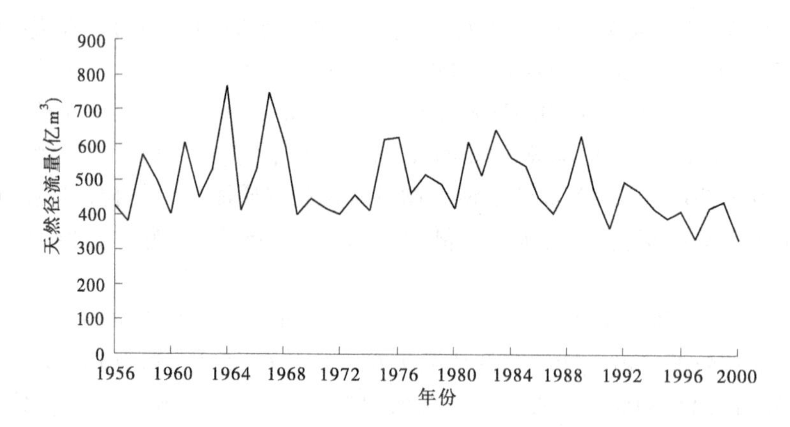

图 3.1-7　中游龙华河洑四站天然径流量过程

黄河上中游水利水保工程建设，利用黄河水资源数量将分别达到 25 亿 m^3、30 亿 m^3 和 40 亿 m^3，分别较现状利用黄河水资源量 10 亿 m^3 增加 15 亿 m^3、20 亿 m^3 和 30 亿 m^3。这样，考虑水利水保措施建设用水，至 2020 年、2030 年和 2050 年水平，黄河多年平均天然径流量由 534.79 亿 m^3 进一步减少至 519.79 亿 m^3、514.79 亿 m^3 和 504.79 亿 m^3。

相应地，考虑水利水保措施建设用水，2020 年、2030 年和 2050 年水平，中游四站（龙华河洑）多年平均天然径流量由 487.48 亿 m^3 进一步减少至 472.48 亿 m^3、467.48 亿 m^3 和 457.48 亿 m^3，预估未来 50 年中游四站年平均天然径流量约为 470 亿 m^3，考虑南水北调西线工程生效前黄河水资源配置方案，中游四站以上地区平均地表水消耗量约为 185 亿 m^3（其中干流龙门以上消耗 141 亿 m^3，渭河华县以上消耗 27 亿 m^3，汾河河津以上消耗 14 亿 m^3）左右，因此，可以预估未来 50 年龙华河洑四站平均实际来水量约 285 亿 m^3。

3.1.3.2　未来沙量变化预估

黄河天然来沙量是指黄河流域水利水保措施治理前的下垫面条件下的产沙量。未来天然来沙量的多少主要取决于流域降水情况，黄河流域降水周期性变化的规律未发生改变的认识得到多数人认同。因此，在此基础上预测黄河未来天然来沙量仍保持长系列均值 16 亿 t，尽管泥沙年际变化幅度大，但长时段年平均天然沙量不会有大的变化。

黄河未来来沙量的变化主要取决于未来水利水保措施减沙量。新一轮黄河流域综合规划修编水土保持规划提出的 2020 年水平、2030 年水平水利水保措施减沙目标分别为 5.0 亿～5.5 亿 t、6.0 亿～6.5 亿 t。因此，可以预估未来 50 年黄河年均来沙量将为 10 亿～11 亿 t。

3.1.3.3　设计水平水沙条件

水沙设计水平年按 2020 年考虑，水利水保措施减少入黄泥沙按 5.0 亿～5.5 亿 t 考虑，用水按 25 亿 m^3 考虑，水利水电工程考虑现状龙羊峡、刘家峡、三门峡、小浪底水库等工程。

小浪底水库运用方式研究的设计水沙条件涉及河口镇、河口镇至龙门区间、渭河（华县）、北洛河（洑头）、汾河（河津）、龙华河洑至潼关、三门峡库区等站和区间。现状水平河口镇、龙门、河津、华县、洑头、黑石关、武陟等站的月水量，根据天然径流资料考虑设计水平年的工农业用水及水库调节进行计算。现状水平河口镇、河津、华县、洑头、黑石关、武陟等站的月沙量，采用反映现状水库工程作用和水土保持措施影响的实测资料（1970 年以后）建立的水沙关系，按设计水量计算沙量。河口镇至龙门区间沙量根据实测资料考虑水利水保减沙作用求得。

设计水平 2020 年月径流量、输沙量是在现状水平基础上根据水土保持措施新增的减水、减沙量分别进行缩小，新增减水、减沙量的地区分配按照中游多沙粗沙区新增水土保持治理面积的比例进行。根据黄河近期重点治理规划，近期水土保持治理的重点是多沙粗沙区，年均新增治理水土流失面积 0.4 万 km^2，10 年新增 4 万 km^2，其中河龙间安排 3.02 万 km^2，占多沙粗沙区治理面积的 75.5%；北洛河安排 0.33 万 km^2，占 8.3%；渭河安排 0.65 万 km^2，占 16.2%。按照这样的治理进度及区域分配比例估计 2020 年水平径流量及输沙量。水土保持减水量主要发生在汛期，根据现状水土保持减水量的研究成果，汛期减水量约占年减水量的 80%，以此作为水平年减水量年内分配的依据。根据上述区域新增的减水、减沙量，求出多年平均 2020 年水平与现状水量、沙量的比值，2020 年水平上述各站径流、输沙过程按此比例在现状基础上同比例缩小。河口镇以上、汾河、伊洛沁河水土保持减水减沙作用较弱，因此河口镇、河津、黑石关和武陟站水沙量值以现状水平代替 2020 年水平。

设计水平年各年龙华河洑日流量过程，根据设计水平年各年各月水量与实测各年各月水量的比值，对各年各月实测日流量进行同倍比缩放求得。设计水平年各年龙门、华县、河津、洑头、黑石关、武陟日输沙率过程，根据设计水平年各年各月输沙率与实测各年各月输沙率的比值，对各年各月实测日输沙率进行同倍比缩放求得。

潼关的水沙过程，是经过龙门至潼关的黄河干流、渭河华县以下及北洛河洑头以下的河道输沙计算合计求得的。四站至潼关河段输沙计算采用水文水动力学泥沙数学模型进行。小浪底水库入库水沙过程根据潼关水沙过程经过三门峡水库调节和泥沙冲淤计算求得。

根据上述计算原则及方法，对 2020 年水平 1956～1999 年龙门、华县、河津、洑头四站水沙量进行计算，结果见表 3.1-8。

表 3.1-8　2020 年水平龙门、华县、河津、洑头四站水沙特征值表（1956～1999 年系列）

水文站	径流量（亿 m^3）			输沙量（亿 t）			含沙量（kg/m^3）		
	汛期	非汛期	全年	汛期	非汛期	全年	汛期	非汛期	全年
河口镇	99.60	111.76	211.36	0.68	0.25	0.93	6.8	2.2	4.4
龙门	106.02	118.85	224.87	5.78	0.86	6.65	54.6	7.3	29.6
华县	34.63	20.99	55.62	3.01	0.27	3.29	87.0	13.0	59.1
河津	4.36	2.93	7.29	0.10	0.02	0.11	21.8	5.8	15.4
洑头	2.71	2.26	4.97	0.57	0.04	0.61	211.8	15.7	122.7
四站	147.72	145.03	292.75	9.46	1.19	10.66	64.1	8.2	36.4
黑石关	14.15	7.09	21.25	0.08	0.01	0.10	6.0	1.6	4.5
武陟	5.98	3.11	9.09	0.04	0.00	0.04	6.7	0.8	4.7

2020 年水平龙门站年平均水量、沙量分别为 224.87 亿 m^3、6.65 亿 t，其中汛期水量为 106.02 亿 m^3，占全年平均总水量的 47.1%；汛期沙量为 5.78 亿 t，占全年总沙量的

86.9%。汛期、全年平均含沙量分别为 54.6 kg/m^{3}和 29.6 kg/m^3。

中游龙华河湫四站系列平均水量为 292.75 亿 m^3,其中汛期水量为 147.72 亿 m^3,占全年总水量的 50.5%;年平均沙量为 10.65 亿 t,汛期沙量为 9.47 亿 t,占全年总沙量的 88.9%。全年及汛期平均含沙量分别为 36.4 kg/m^3 和 64.1 kg/m^3。

下游伊洛河黑石关站年平均水量为 21.25 亿 m^3,年平均沙量为 0.10 亿 t,年平均含沙量为 4.5 kg/m^3。沁河武陟站年平均水量为 9.09 亿 m^3,年平均沙量为 0.04 亿 t,年平均含沙量为 4.7 kg/m^3。

2020 年水平龙门及四站水沙量的年际间变化仍比较大。该系列四站最大年水量为 510.65 亿 m^3,最小年水量为 159.11 亿 m^3,二者比值为 3.2。最大年沙量为 23.86 亿 t,最小沙量为 3.43 亿 t,二者比值为 7.0。2020 年水平龙华河湫四站历年径流量、输沙量过程见图 3.1-8。

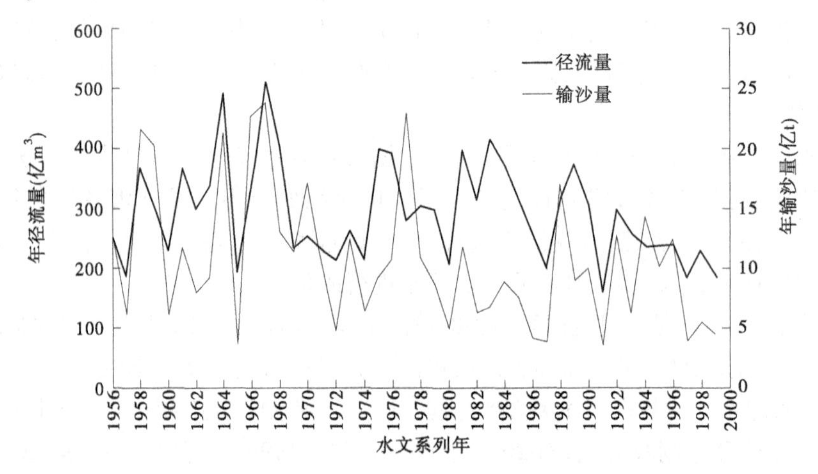

图 3.1-8　2020 年水平四站(龙华河湫)历年径流量、输沙量过程

3.1.4　设计水沙系列选取

3.1.4.1　系列长度

泥沙冲淤计算起始年按 2008 年考虑,水沙代表系列长度为 22 年,即 2008 年 7 月至 2030 年 6 月。

3.1.4.2　选取原则

以预估的 2010 ~ 2030 年黄河平均来水量 285 亿 m^3,来沙量 10 亿 t(潼关站)为基础,在设计水平年 1956 ~ 1999 年系列中选取水沙代表系列,同时还要考虑以下几种因素:

(1)选取的水沙代表系列应由尽量少的自然连续系列组合而成。

(2)选取的水沙系列应反映丰、平、枯水年的水沙情况,适当考虑一些大水、大沙年份和一些枯水、枯沙年份。

(3)充分利用以往研究成果,注意与相关项目成果的衔接。

3.1.4.3　水沙代表系列选取

根据上述分析和选择原则,在 2020 年水平 1956 ~ 1999 年设计水沙系列中进行 22 年滑动平均水沙量分析,并考虑以往设计成果,选定 1968 ~ 1979 年 + 1987 ~ 1996 年系列为水沙代表系列，作为河道泥沙冲淤演变分析的依据。

该系列下河沿多年平均水量为285.70亿m^3，沙量为0.93亿t。其中前12年水量为295.28亿m^3，沙量为0.99亿t；后10年水量为274.20亿m^3，沙量为0.87亿t。

龙华河洑四站多年平均水量为278.03亿m^3，沙量为10.77亿t，与预测水沙量值较为接近。前12年水量为290.17亿m^3，沙量为11.48亿t，为平水平沙时段；后10年水量为263.47亿m^3，沙量9.93亿t，水沙量相对偏枯。从历年水沙过程看，该系列四站最大年水量为401.45亿m^3，最小年水量为159.11亿m^3；最大年沙量为23.02亿t，最小年沙量为3.43亿t。该系列前12年包含了一些大水、大沙年份，其中年水量大于300亿m^3的年份有4年，大于400亿m^3的年份有2年，年沙量大于15亿t的年份有2年，大于20亿t的年份有1年。

龙门站水沙特点与四站基本一致，系列年平均水沙量分别为218.01亿m^3、6.56亿t。其中前12年水量为227.64亿m^3，沙量为7.51亿t，为平水偏丰沙时段；后10年水量为206.45亿m^3，沙量5.42亿t，为平水偏枯沙时段。该系列龙门站最大年水量为314.42亿m^3，最小年水量为131.63亿m^3；最大年沙量为14.12亿t，最小年沙量为2.58亿t。水沙代表系列水沙情况统计结果见表3.1-9。

表3.1-9 水沙代表系列水沙特征值

水文站	时段	水量(亿m^3)			沙量(亿t)			含沙量(kg/m^3)		
		汛期	非汛期	全年	汛期	非汛期	全年	汛期	非汛期	全年
下河沿	前12年	135.19	160.09	295.28	0.82	0.17	0.99	6.04	1.07	3.34
	后10年	118.14	156.06	274.20	0.69	0.18	0.87	5.82	1.17	3.18
	22年	127.44	158.26	285.70	0.76	0.18	0.93	5.94	1.12	3.27
龙门站	前12年	107.44	120.20	227.64	6.67	0.84	7.51	62.12	6.98	33.00
	后10年	91.77	114.68	206.45	4.49	0.94	5.42	48.92	8.16	26.28
	22年	100.32	117.69	218.01	5.68	0.88	6.56	56.63	7.50	30.11
龙华河洑四站	前12年	146.62	143.54	290.17	10.48	1.00	11.48	71.49	6.94	39.56
	后10年	124.55	138.91	263.47	8.70	1.23	9.93	69.86	8.84	37.68
	22年	136.59	141.44	278.03	9.67	1.10	10.77	70.81	7.79	38.75

3.2 宁蒙河段冲淤演变

3.2.1 河道冲淤演变特性

宁蒙河道的冲淤既受上游来水来沙的影响，又与支流的入黄水沙量有关。河道冲淤量的计算方法主要有两种：一是利用输沙率资料用沙量平衡法计算河道冲淤量，二是利用实测大断面资料用断面法计算河道冲淤量。两种方法各有利弊，互为补充。下面通过上述两种方法计算的宁蒙河段冲淤量成果分别进行河段的冲淤特性分析。

3.2.1.1　沙量平衡法冲淤量

表3.2-1为沙量平衡法宁蒙河段的冲淤量计算结果,1961年11月至2004年10月,宁蒙河段多年平均淤积量为0.402亿t。

1961年11月至1968年10月,由于盐锅峡、三盛公和青铜峡水库的先后投入运用,宁蒙河段发生冲刷,年平均冲刷量为0.268亿t。1968年刘家峡水库投入运用,1968年11月至1986年10月年平均淤积0.224亿t,淤积主要集中在三湖河口至头道拐河段。

1986年龙羊峡水库投入运用至2004年10月,该河段淤积量增大,年平均淤积量为0.840亿t,其中宁夏河段年平均淤积量为0.093亿t;内蒙古河段淤积0.747亿t,占全河段淤积量的88.9%;三湖河口—头道拐淤积量最大,为0.450亿t。

表3.2-1　宁蒙河段沙量平衡法年均冲淤量计算结果　(单位:亿t)

时段(年-月)	宁夏			内蒙古				全河段
	下河沿—青铜峡	青铜峡—石嘴山	下河沿—石嘴山	石嘴山—巴彦高勒	巴彦高勒—三湖河口	三湖河口—头道拐	石嘴山—头道拐	
1961-11~1968-10	-0.012	-0.395	-0.407	0.117	-0.210	0.232	0.139	-0.268
1968-11~1986-10	0.082	-0.075	0.007	0.103	-0.055	0.169	0.217	0.224
1986-11~2004-10	0.000	0.093	0.093	0.065	0.232	0.450	0.747	0.840
1961-11~2004-10	0.032	-0.056	-0.024	0.089	0.040	0.297	0.426	0.402

3.2.1.2　断面法冲淤量

1.宁夏河段断面法冲淤量

宁夏河段共有三次实测大断面资料,即1993年5月、1999年5月和2001年12月。断面法冲淤量的计算,没有分滩槽。冲淤量计算结果见表3.2-2。1993年5月至2001年12月,宁夏河段多年平均淤积量为0.112亿t,下河沿至青铜峡(入库处)河段多年平均冲淤平衡;青铜峡坝下至石嘴山河段,河道呈淤积状态,多年平均淤积量为0.113亿t。

表3.2-2　宁夏河段断面法年均冲淤量　(单位:亿t)

时段(年-月)	下河沿—青铜峡	青铜峡—石嘴山	下河沿—石嘴山
1993-05~1999-05	-0.006	0.108	0.102
1999-05~2001-12	0.007	0.123	0.130
1993-05~2001-12	-0.001	0.113	0.112

2.内蒙古河段断面法冲淤量

内蒙古河段巴彦高勒至蒲滩拐河段自1962年至2004年8月,共有实测大断面资料五次,本次对五次测量资料进行了系统的分析、整理,并进行了冲淤量的计算,计算结果见表3.2-3和表3.2-4。自1962年至2004年8月,该河段共淤积泥沙10.023亿t,年平均淤积泥沙0.244亿t,其中主槽淤积0.106亿t,占全断面淤积量的43.4%;滩地淤积0.138亿t,占全断面淤积量的56.6%。

表 3.2-3　内蒙古河段不同时段断面法累计冲淤量

（单位：亿 t）

河段	时段（年-月）														
	1962～1982			1982～1991-12			1991-12～2000-08			2000-08～2004-08			1962～2004-08		
	主槽	滩地	全断面	主槽	滩地	全断面	主槽	滩地	全断面	主槽	滩地	全断面	主槽	滩地	全断面
巴彦高勒—三湖河口	-1.488	0.445	-1.043	0.515	0.359	0.874	0.826	0.138	0.964	0.837	0.019	0.856	0.690	0.961	1.651
三湖河口—昭君坟	-1.684	0.238	-1.446	1.073	0.578	1.651	1.649	0.214	1.863	0.567	0.102	0.669	1.604	1.132	2.736
昭君坟—蒲滩拐	-0.458	2.757	2.299	0.327	0.563	0.890	1.309	0.183	1.492	0.889	0.065	0.954	2.068	3.568	5.636
巴彦高勒—蒲滩拐	-3.630	3.440	-0.190	1.915	1.500	3.415	3.784	0.535	4.319	2.293	0.186	2.479	4.362	5.661	10.023

表 3.2-4　内蒙古河段不同时段断面法年均冲淤量

（单位：亿 t）

河段	时段（年-月）														
	1962～1982			1982～1991-12			1991-12～2000-08			2000-08～2004-08			1962～2004-08		
	主槽	滩地	全断面	主槽	滩地	全断面	主槽	滩地	全断面	主槽	滩地	全断面	主槽	滩地	全断面
巴彦高勒—三湖河口	-0.074	0.022	-0.052	0.057	0.040	0.097	0.103	0.017	0.120	0.209	0.005	0.214	0.017	0.023	0.040
三湖河口—昭君坟	-0.084	0.012	-0.072	0.119	0.064	0.183	0.206	0.027	0.233	0.142	0.025	0.167	0.039	0.028	0.067
昭君坟—蒲滩拐	-0.023	0.138	0.115	0.036	0.063	0.099	0.164	0.023	0.187	0.222	0.017	0.239	0.050	0.087	0.137
巴彦高勒—蒲滩拐	-0.181	0.172	-0.009	0.213	0.166	0.379	0.473	0.067	0.540	0.573	0.047	0.620	0.106	0.138	0.244

黄河水利科学研究院以巴彦高勒和三湖河口断面为例分析了内蒙古河段平滩流量变化，见图 3.2-1。可以看出，20 世纪 90 年代以前，巴彦高勒断面平滩流量变化在 4 000～6 000 m^3/s 之间，三湖河口断面在 3 000～5 000 m^3/s 之间；20 世纪 90 年代以来平滩流量持续减小，到 2004 年巴彦高勒站减小到 1 350 m^3/s，三湖河口站减小到 950 m^3/s；2005 年之后，巴彦高勒站平滩流量基本维持在 1 700～2 150 m^3/s 之间，三湖河口基本维持在 1 100～1 340 m^3/s 之间。

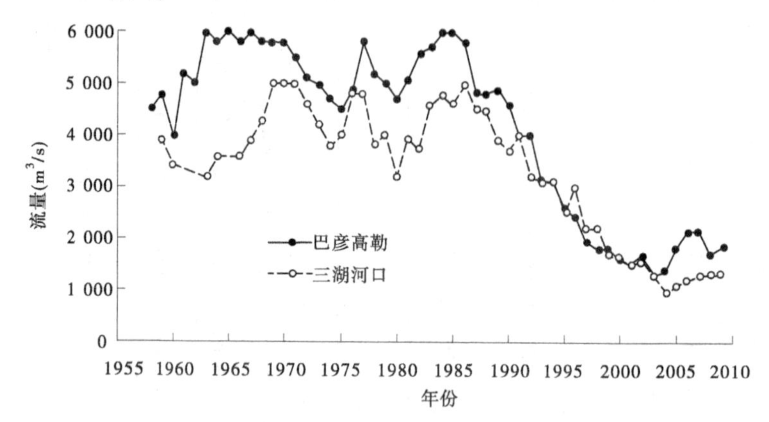

图 3.2-1　内蒙古河段水文站平滩流量变化

目前，宁蒙河段的主槽过流能力较 1986 年降低 70% 左右。

3.2.2　河道冲淤变化预测

根据选取的 22 年设计水沙系列，采用黄河勘测规划设计有限公司宁蒙河段泥沙数学模型进行了河道泥沙冲淤计算，计算结果（见表 3.2-5）表明，2008 年 7 月至 2020 年 6 月，宁蒙河段累计冲淤量为 7.81 亿 t，年平均淤积 0.651 亿 t，其中下河沿—石嘴山、石嘴山—巴彦高勒、巴彦高勒—三湖河口、三湖河口—昭君坟、昭君坟—头道拐河段年均淤积量分别为 0.065 亿 t、0.026 亿 t、0.146 亿 t、0.204 亿 t、0.210 亿 t。2020 年 7 月至 2030 年 6 月，宁蒙河段累计冲淤量为 7.58 亿 t，年均淤积量为 0.758 亿 t，上述各个河段年均淤积量分别为 0.146 亿 t、0.032 亿 t、0.130 亿 t、0.231 亿 t、0.219 亿 t。2008 年 7 月至 2030 年 6 月，宁蒙河段年均淤积量为 0.700 亿 t，各河段年均淤积量分别为 0.102 亿 t、0.029 亿 t、0.139 亿 t、0.216 亿 t、0.214 亿 t。

1980～1999 年下河沿断面实测年均水、沙量分别为 282.0 亿 m^3、0.90 亿 t，宁蒙河段年均冲淤量为 0.68 亿 t。本次设计的 22 年系列（2008～2030 年）下河沿断面年均水、沙量分别为 285.7 亿 m^3、0.93 亿 t，与 1983～1994 年实测系列相比，年均水沙量相差不大，宁蒙河段年均淤积也相差不大，从定性上看本次宁蒙河段预测结果是合理的，可以作为宁蒙河段设计洪水位推算的依据。根据各个河段平均淤积量值推算的各河段平均淤积厚度见表 3.2-6。

表 3.2-5　2008～2030 年宁蒙河段泥沙冲淤计算成果

项目	时段(年-月)	下河沿—石嘴山	石嘴山—巴彦高勒	巴彦高勒—三湖河口	三湖河口—昭君坟	昭君坟—头道拐	下河沿—头道拐
累计冲淤量(亿 t)	2008-07～2020-06	0.78	0.31	1.75	2.45	2.52	7.81
	2020-07～2030-06	1.46	0.32	1.30	2.31	2.19	7.58
	2008-07～2030-06	2.24	0.64	3.05	4.76	4.71	15.39
年均冲淤量(亿 t)	2008-07～2020-06	0.065	0.026	0.146	0.204	0.210	0.651
	2020-07～2030-06	0.146	0.032	0.130	0.231	0.219	0.758
	2008-07～2030-06	0.102	0.029	0.139	0.216	0.214	0.700

表 3.2-6　宁蒙河道各河段年平均铺沙厚度

河段	河长(km)	河宽(m)	冲淤量(亿 t)	铺沙厚度(m)
下河沿—白马	88.66	915	0.000	0.000
青铜峡—石嘴山	191.28	2 500	0.102	0.016
石嘴山—旧磴口	88.45	1 819	0.029	0.013
巴彦高勒—三湖河口	202.8	4 030	0.139	0.013
三湖河口—昭君坟	105.1	4 232	0.216	0.037
昭君坟—蒲滩拐	184.9	3 698	0.214	0.024
下河沿—蒲滩拐	861.19	—	0.700	—

注:河长按测淤断面间距统计,因青铜峡、三盛公水库已冲淤平衡,不考虑库区的冲淤变化。

3.3　黄河下游河道冲淤

3.3.1　黄河下游河道冲淤特性

黄河下游河道的冲淤变化主要取决于来水来沙条件、河床边界条件及河口侵蚀基准面。1950 年以后黄河下游建立了系统的水文观测站,1960 年以来黄河下游进行了系统的大断面统测,为分析黄河下游的冲淤特性提供了可靠的依据。黄河下游不同时段各河段冲淤量统计见表 3.3-1、表 3.3-2。

表 3.3-1 黄河下游各河段淤积量及其纵向分布

时段(年-月)	冲淤量(亿 t)					占全下游淤积量比例(%)			
	铁谢—花园口	花园口—高村	高村—艾山	艾山—利津	铁谢—利津	铁谢—花园口	花园口—高村	高村—艾山	艾山—利津
1950-07 ~ 1960-06	0.62	1.37	1.17	0.45	3.61	17.2	38.0	32.4	12.5
1960-07 ~ 1960-08	0.19	0.28	0.71	0.35	1.53	12.4	18.3	46.4	22.9
1960-09 ~ 1964-10	-1.9	-2.31	-1.25	-0.32	-5.78	32.9	40.0	21.6	5.5
1964-11 ~ 1973-10	0.95	2.02	0.74	0.68	4.39	21.6	46.0	16.9	15.5
1973-11 ~ 1980-10	-0.22	0.87	0.7	0.46	1.81	-12.2	48.1	38.7	25.4
1980-11 ~ 1985-10	-0.36	-0.83	0.45	-0.23	-0.97	37.1	85.6	-46.4	23.7
1985-11 ~ 1997-10	0.47	1.26	0.37	0.30	2.40	19.5	52.5	15.4	12.6
1997-11 ~ 1999-10	0.06	0.12	0.36	0.35	0.89	6.7	13.5	40.4	39.4
1999-11 ~ 2002-10	-0.674	-0.592	-0.014	-0.045	-1.325	50.9	44.7	1.1	3.4
1973-11 ~ 1997-10	0.08	0.69	0.49	0.23	1.49	5.4	46.3	32.9	15.4

表 3.3-2 黄河下游各河段淤积量及其横向分布

时段(年-月)	项目	冲淤量(亿 t)					占全下游淤积量比例(%)			
		铁谢—花园口	花园口—高村	高村—艾山	艾山—利津	铁谢—利津	铁谢—花园口	花园口—高村	高村—艾山	艾山—利津
1950-07 ~ 1960-06	主槽	0.32	0.3	0.19	0.01	0.82	39.0	36.6	23.2	1.2
	滩地	0.30	1.07	0.98	0.44	2.79	10.8	38.4	35.1	15.8
	全断面	0.62	1.37	1.17	0.45	3.61	17.2	38.0	32.4	12.5
1964-11 ~ 1973-10	主槽	0.47	1.25	0.58	0.64	2.94	16.0	42.5	19.7	21.8
	滩地	0.48	0.77	0.16	0.04	1.45	33.1	53.1	11.0	2.8
	全断面	0.95	2.02	0.74	0.68	4.39	21.6	46.0	16.9	15.5
1973-11 ~ 1980-10	主槽	-0.18	0.04	0.13	0.03	0.02	-900.0	200.0	650.0	150.0
	滩地	-0.04	0.83	0.57	0.43	1.79	-2.2	46.4	31.8	24.0
	全断面	-0.22	0.87	0.7	0.46	1.81	-12.2	48.1	38.7	25.4
1980-11 ~ 1985-10	主槽	-0.30	-0.64	-0.14	-0.19	-1.27	23.6	50.4	11.0	15.0
	滩地	-0.06	-0.19	0.59	-0.04	0.30	-20.0	-63.3	196.7	-13.3
	全断面	-0.36	-0.83	0.45	-0.23	-0.97	37.1	85.6	-46.4	23.7

续表 3.3-2

时段（年-月）	项目	冲淤量（亿 t）					占全下游淤积量比例（%）			
		铁谢—花园口	花园口—高村	高村—艾山	艾山—利津	铁谢—利津	铁谢—花园口	花园口—高村	高村—艾山	艾山—利津
1985-11～1997-10	主槽	0.30	0.88	0.26	0.29	1.73	17.2	50.9	15.0	16.9
	滩地	0.17	0.38	0.11	0.01	0.67	25.4	56.7	16.4	1.5
	全断面	0.47	1.26	0.37	0.30	2.40	19.5	52.5	15.4	12.6
1997-11～1999-10	主槽	0.06	0.12	0.36	0.34	0.88	6.8	13.6	40.9	38.7
	滩地	0	0	0	0.01	0.01	0	0	0	100
	全断面	0.06	0.12	0.36	0.35	0.89	6.7	13.5	40.4	39.4
1999-11～2002-10	主槽	-0.676	-0.605	-0.066	-0.045	-1.392	48.6	44.9	-0.7	2.9
	滩地	0.002	0.013	0.052	0	0.067	3.0	19.4	77.6	0
	全断面	-0.67	-0.592	-0.014	-0.045	-1.325	50.9	44.7	1.1	3.4
1973-11～1997-10	主槽	0.02	0.29	0.13	0.11	0.56	3.6	52.8	23.6	20.0
	滩地	0.06	0.39	0.35	0.13	0.93	6.4	41.9	37.6	14.1
	全断面	0.08	0.69	0.49	0.23	1.49	5.4	46.3	32.9	15.4

3.3.1.1　天然情况下河道冲淤特性

1950～1960年为三门峡水库修建前的天然情况，三黑小年均水沙量为481.8亿 m^3 和18.09亿t（见表3.3-3），平均含沙量为37.5 kg/m^3，黄河下游河道年平均淤积量为3.61亿t。随着水沙条件的变化，淤积量年际间变化大。发展趋势是淤积的，但并非是单向淤积，而是有冲有淤。总的来看，具有下列特性。

表 3.3-3　黄河下游三黑小水沙特征值及河道冲淤量

时段（年-月）	年水沙特征值			冲淤量（亿 t）	冲淤量占年来沙量（%）
	年水量（亿 m^3）	年沙量（亿 t）	含沙量（kg/m^3）		
1950-07～1960-06	481.8	18.09	37.5	3.61	20.0
1960-07～1960-08	99.9	5.46	54.7	1.53	28.0
1960-09～1964-10	572.6	5.93	10.4	-5.78	
1964-11～1973-10	425.4	16.31	38.3	4.39	26.9
1973-11～1980-10	397.0	12.43	31.3	1.81	14.6
1980-11～1985-10	488.5	9.81	20.1	-0.97	
1985-11～1997-10	293.8	8.11	27.6	2.40	29.6

1. 沿程分布不均，宽窄河段淤积差异大

从纵向淤积分布看，艾山以上宽河段淤积量明显大于艾山以下窄河段。艾山以下窄河段年均淤积量为0.45亿t，占全下游淤积量3.61亿t的12.5%；艾山以上淤积量占全下游淤积量3.61亿t的87.6%，其中又以花园口至高村淤积量为最多，占全下游淤积的38.0%。

2. 主槽淤积量小，滩地淤积量大，滩槽同步抬高

20世纪50年代发生洪水的次数较多，大漫滩机遇多，大漫滩洪水一般滩地淤高、主槽刷深，非漫滩洪水、平水和非汛期主槽淤积。受来水来沙条件的影响，滩地年平均淤积量为2.79亿t，主槽淤积量为0.82亿t。该时期滩地淤积量大于主槽淤积量，但由于滩地面积大，淤积厚度基本相等，滩槽同步抬高。

3.3.1.2　三门峡水库修建后河道冲淤特性

三门峡水库于1960年9月正式投入运用，经历了蓄水拦沙、滞洪排沙及蓄清排浑三种运用方式。不同阶段水库的运用方式差异较大，使得下游河道在不同时期具有不同的演变特性。

1. 1960年9月至1964年10月

冲刷基本遍及全下游，冲刷强度沿程逐渐减小。水库拦沙的四年内，冲刷主要发生在高村以上河段，冲刷量占全下游冲刷量的73.0%；孙口以下河段年冲刷量为0.54亿t，仅占全下游冲刷量的9.3%。冲刷过程中，床沙粗化，下游河道的输沙能力降低。下泄相对清水期间，河势多变，局部冲刷严重，下游防洪工程出险次数明显增多。

2. 1964年11月至1973年10月

该时期曾先后两次对水库进行改建，年均来水量425.4亿m^3，来沙量16.31亿t，出库水沙过程发生明显变化，主要表现为水库降低水位过程中大量排沙，下游河道回淤严重，主要淤积特点如下：

淤积量大，非汛期淤积比例加大。该时期下游河道年均淤积4.39亿t，大于三门峡水库修建前的20世纪50年代的淤积量。淤积量大，一方面与来水来沙条件有关，另一方面与黄河下游大冲之后必然大淤的演变特性有关。该时期非汛期淤积比例加大，由建库前的20%增加到26%。

从纵向淤积分布看，铁谢至高村、艾山以下两河段淤积比例增加，铁谢至高村河段的淤积量占全下游淤积量的比例由建库前的55.2%增加至67.6%；艾山至利津河段淤积量比重由建库前的12.5%增加至15.5%。

从横向淤积分布看，主槽淤积多，滩地淤积少。一方面由于水库的滞洪削峰作用，水流漫滩机遇减少；另一方面，水库汛后排沙，小水带大沙，造成主槽淤积严重，而滩地淤积少。另外，1958年后两岸修建了生产堤，使一般洪水淤积限制在生产堤内，局部河段形成“二级悬河”。河道淤积物中粗颗粒泥沙所占比重较大。由于主槽淤积严重，滩槽高差减小，河道宽浅散乱，河势变化大，主流摆动频繁。

3. 三门峡水库蓄清排浑运用后

三门峡水库1973年11月以来采用蓄清排浑的运用方式，根据水沙条件的不同，可分两个时段分析：

1973 年 11 月至 1980 年 10 月，黄河下游来水量 397.0 亿 m^3，来沙量 12.43 亿 t，该期间经历了 1975 年、1976 年水量较丰的年份和 1977 年的枯水多沙年。三门峡水库蓄清排浑运用后，下游河道非汛期由天然情况下的淤积转为冲刷。该时期下游河道年均淤积 1.81 亿 t，小于天然情况和滞洪排沙时期。在纵向分布上，花园口以上河道冲刷，以下沿程淤积，淤积集中在夹河滩至孙口河段，占全下游淤积量的 62%。从横向淤积分布看，滩地淤积量较多，占全断面淤积量的 98.9%，花园口以下河段主槽发生微淤。

1980 年 11 月至 1985 年 10 月，黄河下游来水量 488.5 亿 m^3，来沙量 9.81 亿 t，年均含沙量 20.1 kg/m^3，是含沙量较低的时期，此期间多沙粗沙来源区河口镇至龙门区间由于暴雨强度较弱，来水来沙较少，分别比多年平均值减少 46%、39%，来水来沙条件较为有利。由于水丰、沙少，下游河道连续 5 年发生冲刷，累计冲刷量 4.85 亿 t，除三门峡水库拦沙期外，该时期为历史上少有的有利时期。从淤积分布看，主槽沿程冲刷，花园口至高村河段冲刷量占下游冲刷量的 74.0%，滩地淤积主要集中在高村至孙口河段。

3.3.1.3　近期河道冲淤特性

1. 1986 ~ 1997 年

1986 年以来，由于龙羊峡水库投入运用，进入下游的水沙条件发生了较大变化，主要表现为汛期来水比例减小，非汛期来水比例增加，洪峰流量减小，枯水历时增长。下游河道的主要演变特性如下：

（1）河道淤积量占来沙量比例增大。

从各时段下游淤积量占来沙量的比例分析，天然状态下，下游河道的淤积量约占来沙量的 20%；1960 ~ 1964 年由于三门峡水库的来沙作用，水库下泄清水，下游河道整体表现为冲刷；1980 ~ 1985 年进入下游的水沙有利，河道也表现为冲刷；1964 ~ 1973 年为三门峡水库滞洪排沙期，该时段淤积量占来沙量的比重较大，为 26.9%；1986 ~ 1997 年由于水资源的开发利用，来水量明显减少，主要是汛期的减沙量与减水量不成比例，因此河道淤积量约占来沙量的 30%，比天然状态下所占来沙量的比例增大 10%。

（2）河道冲淤量年际间变化较大。

1985 年 11 月至 1997 年 10 月下游河道年均淤积量 2.40 亿 t（见表 3.3-1）。与天然情况和滞洪排沙期相比，年淤积量相对较小，该时段淤积量较大的年份有 1988 年、1992 年、1994 年和 1996 年，年淤积量分别为 5.01 亿 t、5.75 亿 t、3.91 亿 t 和 6.65 亿 t，4 年淤积量占时段总淤积量的 74.3%。1989 年来水 400 亿 m^3，沙量仅为长系列的一半，年内河道略有冲刷，河道演变仍遵循丰水少沙年河道冲刷或微淤，枯水多沙年则严重淤积的基本规律。

（3）横向分布不均，主槽淤积严重，河槽萎缩，行洪断面面积减小。

该时期由于枯水历时较长，前期河槽较大，主槽淤积严重。从滩槽淤积分布看，主槽年均淤积量 1.73 亿 t，占全断面淤积量的 72.1%。滩槽淤积分布与 20 世纪 50 年代相比发生了很大变化，该时期全断面年均淤积量为 20 世纪 50 年代下游年均淤积量的 68.1%，而主槽淤积量却是 20 世纪 50 年代年均淤积量的 2 倍。

（4）漫滩洪水期间，滩槽泥沙发生交换，主槽发生冲刷，对增加河道排洪有利。

近期下游低含沙量的中等洪水及大洪水出现概率的减小使黄河下游河道主槽严重萎

缩,河道排洪能力明显降低。1996 年 8 月花园口洪峰流量 7 860 m^3/s 的洪水过程中,下游出现了大范围的漫滩,淹没损失大,但从河道演变角度看,发生大漫滩洪水对改善下游河道河势及增加过洪能力是非常有利的。

(5)高含沙量洪水机遇增多,主槽及嫩滩严重淤积,对防洪威胁较大。

1986 年以来,黄河下游来沙更为集中,高含沙量洪水频繁发生,1988 年、1992 年、1994 年 3 年均发生了高含沙量洪水,花园口站洪峰流量分别为 7 000 m^3/s、6 260 m^3/s 及 6 310 m^3/s,三门峡出库最大含沙量分别达 344 kg/m^3、479 kg/m^3、442 kg/m^3,1996 年 7 月受降雨和三门峡水库的调节,7 月三门峡最大出库流量 2 700 m^3/s,最大含沙量达到 603 kg/m^3。高含沙量洪水具有以下演变特性:

①河道淤积严重,淤积主要集中在高村以上河段的主槽和嫩滩上。

②洪水水位涨率偏高,易出现高水位。

③洪水演进速度慢。

(6)"二级悬河"不利局面不断发展,防洪形势越来越严峻。

1985 年以后,由于社会经济发展大量挤占下游输沙等生态用水,下游径流量减少,洪水发生概率和洪峰流量显著降低,致使黄河下游主槽淤积加重,排洪、输沙能力降低。同时,由于生产堤等阻水建筑物的存在,影响了滩槽水流泥沙的横向交换,泥沙淤积主要集中在生产堤之间的主槽和嫩滩上,生产堤至大堤间的滩区淤积很少,逐渐形成了滩唇高仰、堤跟低洼,大堤附近滩面高程明显低于平滩水位,背河地面又明显低于大堤附近滩面高程的"二级悬河"的不利局面。

由于"二级悬河"程度的不断加剧,进一步增大了下游的防洪负担。特别是在河道不断淤积萎缩、主槽过流比例降低、河槽行洪能力和对主溜控制能力较低的情况下,一旦发生较大洪水,滩区过流量将会明显增加,极易在滩区串沟和堤河低洼地带形成集中过流,造成重大的河势变化,产生横河、斜河特别是滚河的可能性增大,主流顶冲堤防和堤河低洼地带顺堤行洪都将严重威胁下游堤防的安全,甚至造成黄河大堤的冲决与溃决。

(7)粒径大于 0.05 mm 的粗颗粒泥沙是黄河下游河道淤积的主体,淤积量占总淤积量的 80% 左右。

2. 小浪底水库截流期(1997 ~ 1999 年)

小浪底水库截流后,加强了黄河下游河床演变的监测,全下游的测淤断面增设 45 个(河南 27 个、山东 18 个),达到 154 个(河南 54 个、山东 100 个),为小浪底水库跟踪研究提供了丰富的实测资料。

以往分析研究表明,河道淤积量与来水来沙有密切关系。1997 年 11 月至 1999 年 10 月虽然来沙不多,但由于来水流量较小,加上沿河引水增加,输沙动力条件减弱,下游河道仍发生淤积。1997 年 11 月至 1999 年 10 月下游利津以上共淤积泥沙 0.89 亿 t(断面法)。高村以上河段淤积 0.18 亿 t,占全下游冲淤量的 20.2%,高村—利津河段淤积 0.71 亿 t,占全下游冲淤量的 79.8%,与天然河道相比,淤积部位发生了变化。从滩槽分布来看,全下游主槽淤积量为 0.88 亿 t,占全断面的 98.9%,滩地淤积量仅占 1.1%,与前几年相比,总的淤积量有所减少,主槽淤积比例明显增加,淤积更集中于主槽,高村以下河段淤积比例增加。

这两年河道冲淤特点主要表现在：

(1)汛期淤积，非汛期冲刷。

自从三门峡水库蓄清排浑控制运用以来，随水沙条件的年内变化，下游河道遵循“汛期淤积、非汛期冲刷”的演变规律。1998年汛期及1999年汛期全下游均发生淤积；1997年、1998年非汛期均发生冲刷。黄河下游河道仍然呈现出汛期淤积、非汛期冲刷，冲淤交替的特点。

(2)淤积量集中于主槽。

由于这两年来沙较枯，洪峰流量不大，除夹河滩—艾山部分河段小范围漫滩外，洪水均在主槽内传播，淤积主要集中在主槽内。1998年汛期主槽淤积1.18亿m^3，占全断面的98.2%，1999年汛期淤积全部发生在主槽内，没有上滩淤积。各河段滩槽淤积量分布也同样表现为淤积集中于主槽。断面冲淤变化主要表现为主槽断面形态的淤积调整。

(3)汛期淤积集中于孙口以上河段。

1998年和1999年汛期淤积主要集中于孙口以上。1998年汛期孙口以上淤积量为1.38亿m^3，孙口以下冲刷0.17亿m^3；1999年汛期孙口以上淤积量为1.08亿m^3，孙口以下淤积量仅为0.01亿m^3，其中艾山以下河段为微冲。孙口以下窄河道发生冲刷主要与三个方面的因素有关：一是孙口以上河段严重淤积，使得进入孙口以下河段的沙量与含沙量降低；二是由宽浅河道进入窄深河道后，过流断面减小，流速增加，水流挟沙力$S_* = f(U^3/gh\omega)$增大；三是支流汶河加水，增大了输沙流量。

(4)非汛期夹河滩以上发生冲刷。

非汛期三门峡水库下泄清水，受水量和流量大小的限制，冲刷范围主要在夹河滩以上河段，夹河滩—孙口区间部分河段也有冲刷。分析表明，流量小于400 m^3/s时，下游河道冲刷仅发展到花园口附近，只有流量大于1 500 m^3/s时冲刷才有可能发展到艾山。1997年和1998年非汛期小黑武平均流量较小，这种小流量的清水下泄，将主槽内冲起的较粗颗粒泥沙带往下游，对夹河滩以下尤其是艾山以下窄河道不利。1998年非汛期夹河滩以上冲刷0.81亿m^3，夹河滩以下淤积0.40亿m^3，其中艾山以下淤积0.31亿m^3，占夹河滩以下淤积量的76.9%。

3. 小浪底水库蓄水运用以来(1999～2008年)

(1)河道冲淤变化。

小浪底水库下闸蓄水运用以来(1999年10月至2008年4月)，黄河下游各个河段都发生了冲刷，白鹤至河口累计冲刷量为16.366亿t，白鹤至利津河段冲刷15.897亿t。下游河道各河段冲淤量见表3.3-4。

从冲刷量的沿程分布来看，高村以上河段和艾山以下河段冲刷较多，高村至艾山河段冲刷比较少。其中高村以上河段冲刷11.884亿t，占总冲刷量的72.6%；艾山以下河段冲刷2.725亿t，占总冲刷量的16.7%；而高村至艾山河段仅冲刷1.757亿t，占下游河道总冲刷量的10.7%。

表 3.3-4　小浪底水库运用以来下游各河段冲淤量统计　　（单位：亿 t）

时段(年-月)	花园口以上	花园口—夹河滩	夹河滩—高村	高村—孙口	孙口—艾山	艾山—利津	白鹤—利津	白鹤—河口
1999-10 ~ 2000-05	-0.973	-0.406	0.081	0.115	-0.024	0.280	-0.927	-0.846
2000-05 ~ 2000-10	-0.008	-0.273	-0.008	0.049	0.034	-0.094	-0.301	-0.314
2000-10 ~ 2001-05	-0.439	-0.396	-0.164	-0.045	-0.020	0.146	-0.918	-0.848
2001-05 ~ 2001-10	-0.204	-0.049	-0.007	0.130	0.000	-0.137	-0.267	-0.277
2001-10 ~ 2002-05	-0.201	-0.381	-0.036	-0.011	0.016	-0.018	-0.631	-0.675
2002-05 ~ 2002-10	-0.197	-0.112	-0.025	-0.248	-0.038	-0.311	-0.931	-1.099
2002-10 ~ 2003-05	0.021	-0.260	-0.074	0.078	0.001	-0.110	-0.344	-0.374
2003-05 ~ 2003-11	-1.365	-0.214	-0.337	-0.337	-0.146	-0.869	-3.267	-3.561
2003-11 ~ 2004-04	-0.166	-0.484	-0.185	0.029	-0.019	0.113	-0.713	-0.651
2004-04 ~ 2004-10	-0.208	-0.111	-0.208	-0.099	-0.055	-0.458	-1.139	-1.177
2004-10 ~ 2005-04	-0.109	-0.033	-0.160	-0.098	0.001	0.047	-0.353	-0.309
2005-04 ~ 2005-10	-0.220	-0.338	-0.244	-0.172	-0.159	-0.503	-1.638	-1.821
2005-10 ~ 2006-04	-0.480	-0.500	-0.045	-0.036	0.064	0.149	-0.848	-0.735
2006-04 ~ 2006-10	-0.073	-0.387	-0.062	-0.264	-0.065	-0.099	-0.950	-0.968
2006-10 ~ 2007-04	-0.126	-0.194	-0.157	-0.003	-0.008	0.020	-0.467	-0.397
2007-04 ~ 2007-10	-0.484	-0.427	-0.066	-0.350	-0.083	-0.429	-1.839	-1.960
2007-10 ~ 2008-04	-0.152	-0.192	-0.046	0.002	0.005	0.020	-0.363	-0.354
非汛期合计	-2.625	-2.846	-0.786	0.030	0.016	0.647	-5.565	-5.189
汛期合计	-2.759	-1.911	-0.957	-1.291	-0.513	-2.900	-10.332	-11.177
全年合计	-5.384	-4.757	-1.743	-1.261	-0.497	-2.253	-15.897	-16.366

从冲刷量的时间分布来看，冲刷主要发生在汛期。汛期下游河道共冲刷 11.177 亿 t，占年总冲刷量的 68.2%，冲刷量较大的为花园口以上河段和艾山至利津河段，分别冲刷 2.759 亿 t 和 2.900 亿 t，其次为花园口至夹河滩河段，冲刷量为 1.911 亿 t，其他河段冲刷量均较小；非汛期下游河道共冲刷 5.189 亿 t，占年总冲刷量的 31.7%，其中冲刷主要发生在夹河滩以上河段，冲刷量为 5.471 亿 t，冲刷向下游逐渐减弱，高村至利津河段淤积。

(2)同流量水位变化。

小浪底水库运用以来，下游河道发生了全线冲刷，下游主槽过流能力明显增加。点绘黄河下游各主要水文站断面 1999 年以来水位流量关系可知，下游各水文站同流量水位均发生不同程度的降低，高村以上河段同流量(2 000 m^3/s)水位降低幅度较大，为 1.69 ~ 2.01 m，高村以下河段同流量水位变幅较小，为 0.89 ~ 1.20 m，整个下游河道冲深 1 m 左右。1999 ~ 2008 年下游各水文站 2 000 m^3/s 流量水位变化见表 3.3-5。

表3.3-5　1999～2008年下游河道同流量(2 000 m^3/s)水位变化情况

水文站		花园口	夹河滩	高村	孙口	艾山	泺口	利津
水位(m)	1999年①	93.67	76.77	63.04	48.07	40.65	30.23	13.25
	2008年②	91.66	75.05	61.35	47.12	39.76	29.03	12.33
水位变化(m)②-①		-2.01	-1.72	-1.69	-0.95	-0.89	-1.20	-0.92

(3)断面形态变化。

黄河下游为强烈的冲积性河道,纵横断面的调整受来水来沙影响较大。小浪底水库运用以来黄河下游各主要断面冲淤情况见图3.3-1～图3.3-5,由图可以看出,下游各主要断面主槽均发生一定的冲刷。白鹤镇断面主槽冲刷下切深度约5 m,花园口断面主槽展宽幅度为1 300 m,平均河底高程下降约2 m;高村以下断面主槽平均冲刷深度为0.50～1.0 m,其中泺口、利津断面深泓点下降较为明显。

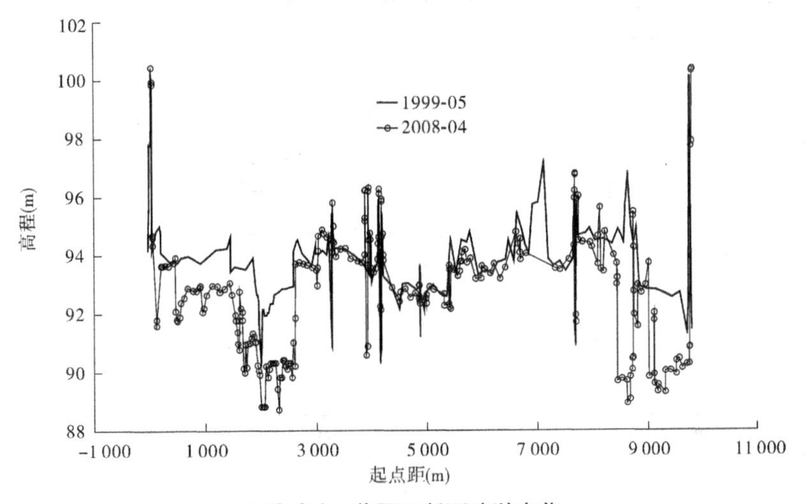

图3.3-1　花园口断面冲淤变化

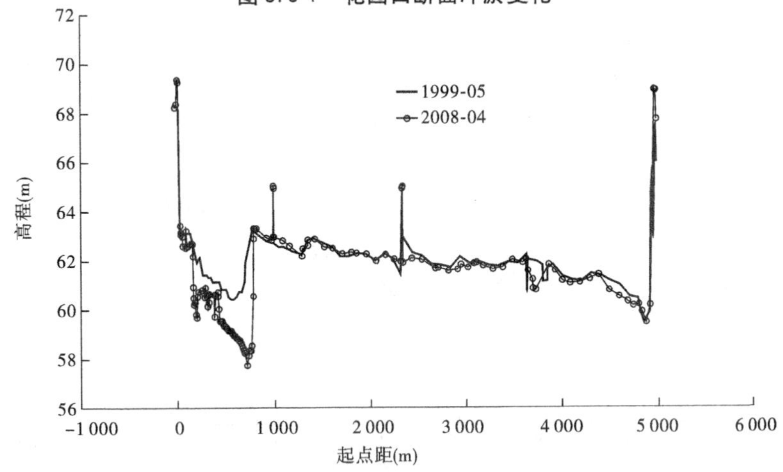

图3.3-2　高村断面冲淤变化

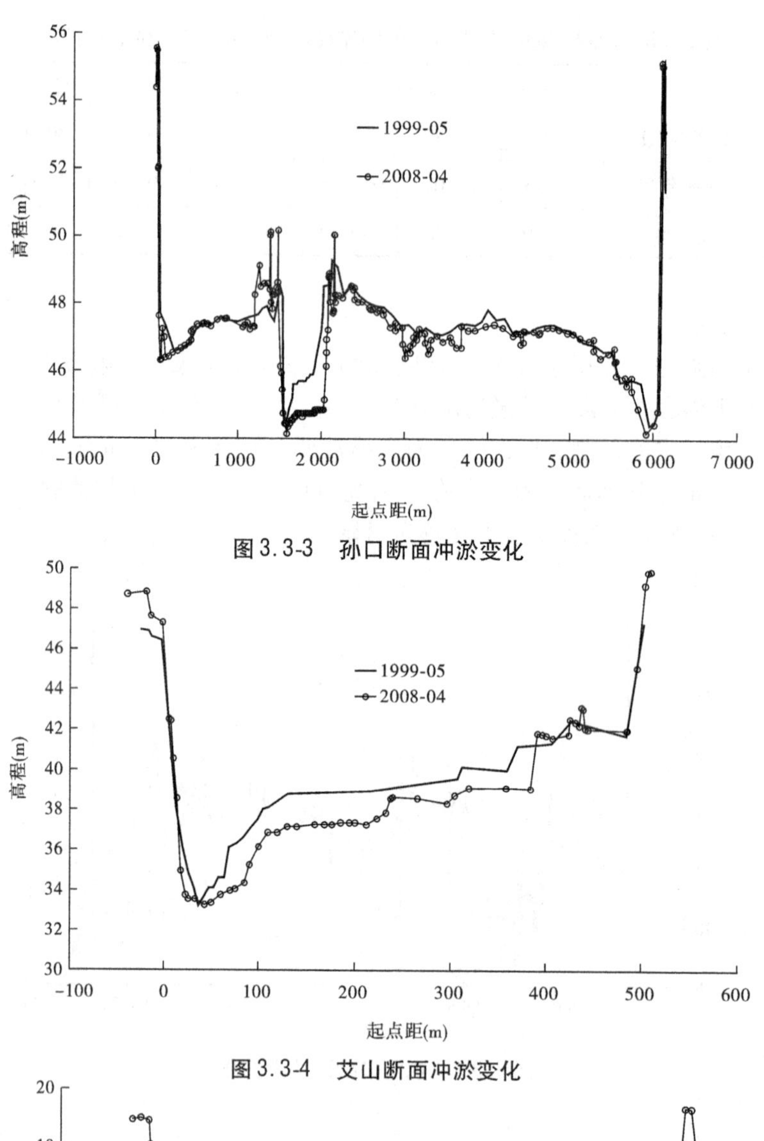

图 3.3-3 孙口断面冲淤变化

图 3.3-4 艾山断面冲淤变化

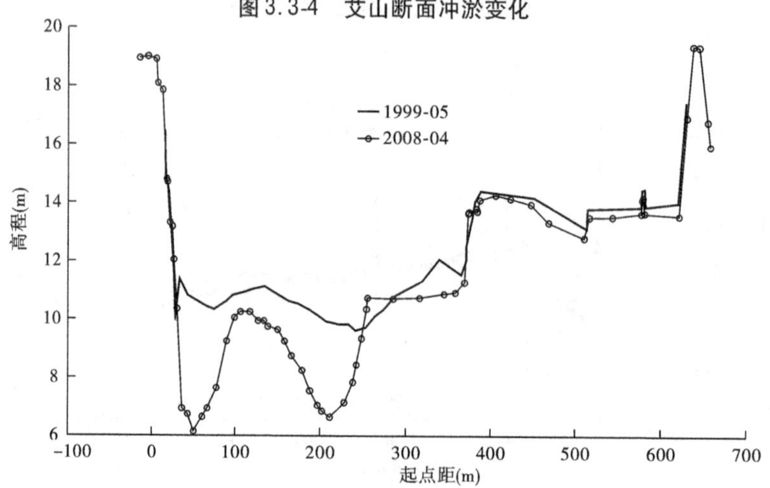

图 3.3-5 利津断面冲淤变化

(4)平滩流量变化。

平滩流量是反映河道主槽排洪能力的重要指标,在洪水不漫滩的情况下与主河槽的冲淤演变有着直接的关系。小浪底水库投入运用以来,水库蓄水拦沙,下游河道总体上发生了持续冲刷,因而河段主槽平滩流量均有不同程度的增加。

2000~2001年,黄河下游来水偏少,汛期进入下游的年水量仅50亿 m^3左右。供水灌溉期为满足下游用水需要,经常出现800~1 500 m^3/s 的不利流量级,该流量级清水在高村以上河段均为冲刷,而在高村以下河段则为淤积,导致该河段主槽过洪能力降低。到2002年汛前,高村上下部分河段平滩流量已下降至1 800 m^3/s 左右。

2002年以来黄河流域来水相对有利,加之小浪底水库先后进行了3次调水调沙试验和4次调水调沙生产运行,黄河下游河道主槽不断冲深,平滩流量不断加大。至2008年汛初,花园口以上河段平滩流量已增加至6 000 m^3/s 以上,花园口—高村河段平滩流量增加为4 500 m^3/s 左右,高村—艾山河段为3 800 m^3/s 左右,艾山以下大部分河段为4 000 m^3/s 以上。与2002年5月相比,花园口、夹河滩、高村、孙口、艾山、泺口和利津站平滩流量分别增加2 700 m^3/s、3 100 m^3/s、3 100 m^3/s、1 630 m^3/s、1 270 m^3/s、1 100 m^3/s 和11 000 m^3/s。下游河道平滩流量的不断加大对于增加河槽的行洪输沙能力、减轻防洪压力、维持河流的健康生命意义重大。小浪底运用以来黄河下游河道平滩流量变化情况见表3.3-6。

表3.3-6　2002年后下游河道平滩流量变化情况　(单位:m^3/s)

项目	花园口	夹河滩	高村	孙口	艾山	泺口	利津
2002年汛初	3 600	2 900	1 800	2 070	2 530	2 900	3 000
2003年汛初	3 800	2 900	2 420	2 080	2 710	3 100	3 150
2004年汛初	4 700	3 800	3 600	2 730	3 100	3 600	3 800
2005年汛初	5 200	4 000	4 000	3 080	3 500	3 800	4 000
2006年汛初	5 500	5 000	4 400	3 500	3 700	3 900	4 000
2007年汛初	5 800	5 400	4 700	3 650	3 800	4 000	4 000
2008年汛初	6 300	6 000	4 900	3 700	3 800	4 000	4 100
累计增加	2 700	3 100	3 100	1 630	1 270	1 100	1 100

3.3.2　下游河道冲淤变化预测

3.3.2.1　下游河道冲淤量预测

黄河下游河道冲淤量预测分为2008年7月至2020年6月和2020年7月至2030年6月两个时段进行,2020年7月至2030年6月考虑了无古贤水库和有古贤水库两个方案。采用黄河勘测规划设计有限公司的黄河下游一维水动力学数学模型对下游河道泥沙冲淤变化过程进行了分析计算,计算结果见表3.3-7。

表 3.3-7 不同方案黄河下游各河段累计冲淤量预测成果 (单位:亿 t)

方案	时段	下游各河段冲淤量(亿 t)					各河段冲淤比例(%)				
		花园口以上	花园口—高村	高村—艾山	艾山—利津	全下游	花园口以上	花园口—高村	高村—艾山	艾山—利津	全下游
2000~2007 年实测		-4.41	-6.18	-1.85	-2.53	-14.97	29.5	41.3	12.4	16.9	100.0
无古贤水库方案	2008~2019 年	-1.43	-1.76	-0.62	-0.49	-4.30	33.3	40.9	14.4	11.4	100.0
	2020~2029 年	6.17	13.29	4.83	4.44	28.73	21.5	46.3	16.8	15.5	100.0
	2008~2029 年	4.74	11.53	4.21	3.95	24.43	19.4	47.2	17.2	16.2	100.0
有古贤水库方案	2008~2019 年	-1.43	-1.76	-0.62	-0.49	-4.30	33.3	40.9	14.4	11.4	100.0
	2020~2029 年	2.18	4.78	1.77	1.56	10.29	21.2	46.5	17.2	15.2	100.0
	2008~2029 年	0.75	3.02	1.15	1.07	5.99	12.5	50.4	19.2	17.9	100.0

由表 3.3-7 可以看出,2008 年 7 月至 2020 年 6 月,由于小浪底水库继续发挥拦沙作用,下游河道持续冲刷,该时期下游河道共冲刷泥沙 4.30 亿 t,年均冲刷量为 0.36 亿 t;其中高村以上河段累计冲刷泥沙 3.19 亿 t,占下游总冲刷量的 74.2%,高村以下河段冲刷较少,累计冲刷量为 1.11 亿 t,占下游总冲刷量的 25.8%。2020 年以后,若不考虑古贤水库投入运用,下游河道开始逐步回淤,2020 年 7 月至 2030 年 6 月下游河道回淤量为 28.73 亿 t,年均淤积 2.87 亿 t;若考虑古贤水库投入运用,下游河道淤积速率变缓,2020 年 7 月至 2030 年 6 月下游仅淤积 10.29 亿 t,年均淤积 1.03 亿 t。

最近完成的《古贤水利枢纽项目建议书》以 2007 年汛前地形作为起始边界,采用 1989~1996 年+1971~1975 年+1950~1997 年+1919~1931 年系列进行了古贤水库、小浪底水库联合运用减淤作用分析。分析成果表明,小浪底水库单独运用时,2020 年以前下游河道呈持续冲刷状态,累计冲刷泥沙量为 6.14 亿 t,2020~2030 年下游河道开始逐步回淤,年均淤积量为 2.51 亿 t;若考虑古贤水库 2020 年投入,则下游河道保持较低的淤积水平,年均淤积量为 1.09 亿 t。与本次预测计算的成果相比,由于 2020 年 7 月至 2030 年 6 月时段对应设计水沙代表系列水沙量不同,因而下游河道冲淤量有些差别,但从河道冲淤趋势上看还是比较接近的,见表 3.3-8。

考虑小浪底水库投入运用以来下游河道的实测资料,对比分析小浪底水库运用后下游河道的冲淤变化过程,可以得出以下几点认识:

(1)2020 年以前(小浪底水库处于主要拦沙期)下游河道各河段呈持续冲刷状态,2000~2020 年下游河道冲刷泥沙量为 19.27 亿 t(2000~2008 年采用实测断面法冲淤量)。从冲刷量的沿程分布看,冲刷主要发生在河南河段,占全下游河道冲刷量的 70% 以上。

(2)无古贤水库方案下,2020~2030 年下游河道开始逐步回淤,年均回淤泥沙量为 2.87 亿 t,至 2027 年左右下游河道可基本淤积至小浪底建库前的水平(2000~2030 年下游河道淤积量为 9.46 亿 t)。

表3.3-8　本次计算成果与古贤项目建议书成果对比

项目	方案	时段	水量(亿 m^3)	沙量(亿 t)	累计冲淤量(亿 t)
本次成果	无古贤方案	2008～2019年	289.8	4.63	-4.30
		2020～2029年	266.8	9.71	28.73
	有古贤方案	2008～2019年	289.8	4.63	-4.30
		2020～2029年	266.4	6.47	10.29
古贤项目建议书	无古贤方案	2007～2019年	313.0	3.74	-6.14
		2020～2029年	333.7	11.14	25.05
	有古贤方案	2007～2019年	313.0	3.74	-6.14
		2020～2029年	332.9	7.93	10.08

(3)古贤水库2020年投入运用后,可使下游河道保持较低的淤积水平,年平均淤积量为1.03亿t,至2030年下游河道还处于冲刷状态(2000～2030年下游河道冲刷量为8.98亿t)。

3.3.2.2　下游河道冲淤分布

1.2008～2020年冲淤分布

2008年7月至2020年6月,黄河下游利津以上河道发生冲刷,冲刷量为4.30亿t,年均冲刷0.36亿t,冲刷主要发生在高村以上河段,冲刷量占全下游的74.2%,高村以下河段冲刷量占全下游的25.8%。由于该时段处于小浪底水库的主要拦沙期,进入下游的水流含沙量较低,有利于主河槽的冲刷,平滩流量增加,高村以上河段水沙过程基本不漫滩,冲刷主要在主槽;高村以下河段,大洪水漫滩,滩地发生淤积,河槽发生冲刷,高村至艾山、艾山至利津河段滩地淤积量分别为0.12亿t、0.08亿t,主槽冲刷量分别为0.74亿t、0.57亿t(见表3.3-9)。

1961～1964年三门峡水库蓄水拦沙运用时期,年平均水沙量分别为592.7亿 m^3 和7.79亿t,设计水沙量与其相比,水沙量均有所减少;1961～1964年全下游累计冲刷24.04亿t,冲刷主要发生在高村以上河段,占全下游冲刷量的68%,本次预测的设计成果冲刷量也主要发生在高村以上河段,与实际情况比较相符。

从纵剖面分析,花园口以上、花园口—高村、高村—艾山、艾山—利津河段,主槽的冲刷深度分别为0.52 m、0.41 m、0.38 m、0.32 m,主槽冲刷下切,且冲刷量有上大下小的特点。与三门峡蓄水拦沙期相比,1961年10月至1964年10月,花园口、夹河滩、高村、艾山和利津,主槽的冲刷深度分别为1.30 m、1.32 m、1.33 m、0.75 m和0。

2.2020～2030年冲淤分布

(1)无古贤水库有小浪底水库方案。

2020年7月至2030年6月,该方案全下游共淤积28.73亿t,年平均淤积2.87亿t。该时段河道开始发生回淤,回淤速度较快。淤积主要发生在花园口—高村河段,累计淤积量为13.29亿t,占全下游淤积量的46.3%,高村以下河段占32.3%。1964～1973年,由于三门峡水库滞洪排沙运用，下游河道回淤严重，该时期下游实测淤积量的分布为，花园口至高村河段所占比例为46.0%，高村以下河段所占比例为32.4%，与设计水平年的淤积比例比较接近。该时段主槽淤积22.10亿t，滩地淤积6.63亿t，滩地淤积主要发生在花园口—高村河段。

表3.3-9　不同水平年黄河下游冲淤量及冲淤厚度

项目			时段	花园口以上	花园口至高村	高村至艾山	艾山至利津	利津以上
无古贤水库有小浪底水库	冲淤量(亿t)	主槽	2008～2019年	-1.43	-1.76	-0.74	-0.57	-4.50
			2020～2029年	5.98	9.39	3.46	3.27	22.10
			2008～2029年	4.55	7.63	2.72	2.70	17.60
		滩地	2008～2019年	0.00	0.00	0.12	0.08	0.20
			2020～2029年	0.19	3.90	1.37	1.17	6.63
			2008～2029年	0.19	3.90	1.49	1.25	6.83
		全断面	2008～2019年	-1.43	-1.76	-0.62	-0.49	-4.30
			2020～2029年	6.17	13.29	4.83	4.44	28.73
			2008～2029年	4.74	11.53	4.21	3.95	24.43
	冲淤厚度(m)	主槽	2008～2019年	-0.52	-0.41	-0.38	-0.32	
			2020～2029年	2.16	2.20	1.77	1.82	
			2008～2029年	1.64	1.79	1.39	1.50	
		滩地	2008～2019年	0.00	0.00	0.05	0.02	
			2020～2029年	0.05	0.63	0.56	0.33	
			2008～2029年	0.05	0.63	0.61	0.35	
有古贤水库有小浪底水库	冲淤量(亿t)	主槽	2020～2029年	2.18	3.82	1.42	1.27	8.69
			2008～2029年	0.75	2.06	0.68	0.70	4.19
		滩地	2020～2029年	0.00	0.96	0.35	0.29	1.60
			2008～2029年	0.00	0.96	0.47	0.37	1.80
		全断面	2020～2029年	2.18	4.78	1.77	1.56	10.29
			2008～2029年	0.75	3.02	1.15	1.07	5.99
	冲淤厚度(m)	主槽	2020～2029年	0.79	0.90	0.72	0.71	
			2008～2029年	0.27	0.48	0.35	0.39	
		滩地	2020～2029年	0.00	0.16	0.14	0.08	
			2008～2029年	0.00	0.16	0.19	0.10	

从纵剖面分析，花园口以上河段主槽淤积厚度为2.16 m，花园口—高村、高村—艾山和艾山—利津河段，淤积厚度依次为2.20 m、1.77m和1.82 m。

(2)有古贤水库有小浪底水库方案。

古贤水库2020年投入后，下游河道保持较低的淤积水平，2020年7月至2030年6月下游河道淤积量为10.29亿t，年平均淤积量仅为1.03亿t。淤积仍然主要发生在花园口—高村河段，淤积量为4.78亿t，占全下游淤积量的46.5%，与1985~1997年实测下游各河段冲淤量分配比例基本相当。从滩槽分配看，该时段主槽淤积8.69亿t，滩地淤积1.60亿t，滩地淤积量占全断面淤积量的15.5%。

从纵剖面分析，花园口以上、花园口—高村、高村—艾山和艾山—利津河段，主槽淤积厚度依次为0.79m、0.90 m、0.72 m和0.71 m。

3.3.2.3　下游河道泥沙冲淤变化敏感性分析

为了分析2020水平年水利水保措施不同减沙量对下游河道冲淤变化的影响，在水沙条件设计时，还考虑了2020水平年减沙4亿t(以下简称系列1)和6亿t(以下简称系列3)两个水沙系列方案，对于水利水保措施减水作用，由于系列1减沙量低，未考虑水保减水作用，系列3和本次推荐系列采用同样的减水作用。采用上述两个系列以及推荐的设计水沙系列对下游河道泥沙冲淤变化进行了敏感性分析。本节主要对系列1、系列3两个方案的水沙条件及下游河道的冲淤情况进行对比分析。

1. 龙华河洑四站水沙量

水沙系列1：四站年均水量为292.15亿m^3，年均沙量为11.79亿t，年平均含沙量为40.4 kg/m^3，其中汛期水量为147.81亿m^3，占全年水量的50.6%，汛期沙量为10.60亿t，占全年沙量的90.0%，该水沙系列最大年水量为423.99亿m^3(系列第8年)，最大年沙量为25.33亿t(系列第10年)。全年水量、沙量分别较推荐的水沙系列(以下简称系列2)多14.12亿m^3、1.02亿t。

水沙系列3：四站年均水量为278.03亿m^3，年均沙量为9.75亿t，年平均含沙量为35.1 kg/m^3，其中汛期水量为136.59亿m^3，占全年水量的49.1%，汛期沙量为8.75亿t，占全年沙量的89.7%，该水沙系列最大年水量为401.45亿m^3，最大年沙量为23.01亿t。该系列水量与推荐的系列2相同，沙量较系列2少1.022亿t。

三个水沙系列四站水沙特征值见表3.3-10。

2. 潼关断面水沙量

经过龙华河洑四站至潼关河段冲淤计算及古贤库区的径流和泥沙调节计算，进入潼关断面的水沙量见表3.3-11。

水沙系列1：2008年7月至2020年6月，潼关断面的水量为285.21亿m^3、沙量为11.37亿t，水量较系列2多14.79亿m^3，沙量较系列2多0.77亿t。2020年7月至2030年6月，无古贤水库方案下潼关断面的水沙量分别为257.22亿m^3、9.79亿t，分别较系列2多13.07亿m^3、0.51亿t；有古贤水库方案下潼关断面的水沙量分别为256.48亿m^3、6.26亿t，分别较系列2多12.85亿m^3、0.30亿t。经过禹潼河段的冲淤调整及古贤水库拦沙作用，系列1与系列2潼关断面水沙量差值较四站小。2008年7月至2030年6月，无古贤水库方案下潼关断面水量为272.49亿m^3，较系列2多14.01亿m^3，沙量为10.65亿t，较系列2多0.65亿t；有古贤水库方案下潼关断面水量为272.15亿m^3，较系列2多13.91亿m^3，沙量为9.05亿t，较系列2多0.56亿t。

表 3.3-10 不同系列四站(龙华河洑)水沙特征值

系列	时段	水量(亿 m^3)			沙量(亿 t)			含沙量(kg/m^3)		
		汛期	非汛期	全年	汛期	非汛期	全年	汛期	非汛期	全年
系列 1	2008～2019 年	158.61	146.47	305.09	11.52	1.08	12.60	72.6	7.4	41.3
	2020～2029 年	134.84	141.79	276.63	9.49	1.34	10.83	70.4	9.4	39.1
	2008～2029 年	147.81	144.34	292.15	10.60	1.20	11.79	71.7	8.3	40.4
系列 2(推荐系列)	2008～2019 年	146.62	143.54	290.17	10.48	1.00	11.48	71.49	6.94	39.56
	2020～2029 年	124.55	138.91	263.47	8.70	1.23	9.93	69.86	8.84	37.68
	2008～2029 年	136.59	141.44	278.03	9.67	1.10	10.77	70.81	7.79	38.75
系列 3	2008～2019 年	146.62	143.54	290.17	9.45	0.91	10.36	64.4	6.4	35.7
	2020～2029 年	124.55	138.91	263.47	7.91	1.12	9.03	63.5	8.0	34.3
	2008～2029 年	136.59	141.44	278.03	8.75	1.01	9.75	64.1	7.1	35.1

表 3.3-11 不同系列潼关站水沙特征值

系列	方案	时段	水量(亿 m^3)			沙量(亿 t)		
			汛期	非汛期	全年	汛期	非汛期	全年
系列 1	无古贤水库	2008～2019 年	151.79	133.42	285.21	9.74	1.63	11.37
		2020～2029 年	128.61	128.62	257.22	8.11	1.68	9.79
		2008～2029 年	141.25	131.24	272.49	9.00	1.66	10.65
	有古贤水库	2008～2019 年	151.79	133.42	285.21	9.74	1.63	11.37
		2020～2029 年	126.89	129.59	256.48	5.28	0.98	6.26
		2008～2029 年	140.47	131.68	272.15	7.71	1.33	9.05
系列 2(推荐系列)	无古贤水库	2008～2019 年	139.93	130.49	270.42	9.01	1.59	10.60
		2020～2029 年	118.40	125.75	244.15	7.64	1.63	9.28
		2008～2029 年	130.14	128.34	258.48	8.39	1.61	10.00
	有古贤水库	2008～2019 年	139.93	130.49	270.42	9.01	1.59	10.60
		2020～2029 年	116.44	127.20	243.63	5.01	0.95	5.96
		2008～2029 年	129.25	128.99	258.24	7.20	1.30	8.49
系列 3	无古贤水库	2008～2019 年	139.93	130.49	270.42	7.95	1.58	9.53
		2020～2029 年	118.40	125.75	244.15	6.92	1.62	8.54
		2008～2029 年	130.14	128.34	258.48	7.48	1.60	9.08
	有古贤水库	2008～2019 年	139.93	130.49	270.42	7.95	1.58	9.53
		2020～2029 年	117.92	125.75	243.66	4.78	0.92	5.70
		2008～2029 年	129.92	128.33	258.26	6.51	1.28	7.79

水沙系列3:2008年7月至2020年6月,潼关断面的水量为270.42亿m^3、沙量为9.53亿t,水量与系列2相同,沙量较系列2偏少1.07亿t。2020年7月至2030年6月,无古贤水库方案下潼关断面的水沙量分别为244.15亿m^3、8.54亿t,沙量较系列2少0.74亿t;有古贤水库方案下潼关断面的水沙量分别为243.66亿m^3、5.70亿t,沙量较系列2少0.26亿t。2008年7月至2030年6月,无古贤水库方案下潼关断面水量为258.48亿m^3、沙量为9.08亿t,沙量较系列2多0.65亿t;有古贤水库方案下潼关断面水量为258.26亿m^3、沙量为7.79亿t,沙量较系列2少0.70亿t。

3.小浪底库区冲淤量

三个系列小浪底库区累计冲淤过程见图3.3-6。计算起始年(2008年)小浪底水库淤积泥沙量为22.83亿m^3(2000~2008年实测断面法成果),2008年以后水库逐步抬高水位运用,由于三个系列水库来沙量不同,水库淤积速度也不一样,系列1水库淤积最快,系列2次之,系列3较慢。至2018年,三个系列方案库区淤积量分别为76.23亿m^3、71.02亿m^3和66.00亿m^3,相邻两系列方案淤积量相差5.21亿m^3、5.02亿m^3。水库运用至2020年,系列1、系列2库区处于“淤滩刷槽”阶段,两个系列库区淤积量为77.66亿m^3、79.01亿m^3,系列3处于“逐步抬高运用”阶段后期,库区淤积量为75.17亿m^3。2025年以后三个系列库区均处于正常运用期,库区多年冲淤基本平衡。

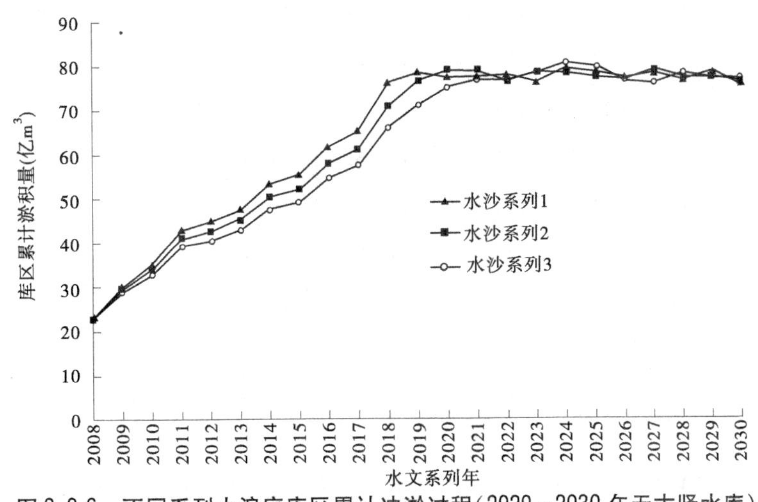

图3.3-6　不同系列小浪底库区累计冲淤过程(2020~2030年无古贤水库)

4.进入下游河道水沙条件

经小浪底库区冲淤调整后,三个系列进入下游(小黑武)的水沙条件见表3.3-12。

水沙系列1:2008年7月至2020年6月,进入下游的水量为304.51亿m^3、沙量为5.56亿t,水量较系列2多14.72亿m^3,沙量较系列2多0.93亿t。2020年7月至2030年6月,无古贤水库方案下进入下游的水沙量分别为279.73亿m^3、10.10亿t,分别较系列2多12.96亿m^3、0.39亿t;有古贤水库方案下进入下游的水沙量分别为279.54亿m^3、6.92亿t,分别较系列2多13.11亿m^3、0.45亿t。系列1与系列2进入下游水沙量差值较四站小。2008年7月至2030年6月,无古贤水库方案下潼关断面水量为293.25亿m^3,较系列2多13.92亿m^3,沙量为7.62亿t,较系列2多0.68亿t;有古贤水库方案下潼关断面水量为 293.16 亿 m^3，较系列 2 多 13.99 亿 m^3，沙量为 6.18 亿 t，较系列 2 多 0.71 亿 t。

表 3.3-12　不同系列进入下游的水沙条件

系列	方案	时段	水量(亿 m^3)			沙量(亿 t)		
			汛期	非汛期	全年	汛期	非汛期	全年
系列 1	无古贤水库	2008～2019 年	144.62	159.89	304.51	5.55	0.01	5.56
		2020～2029 年	132.09	147.64	279.73	10.03	0.07	10.10
		2008～2029 年	138.93	154.32	293.25	7.58	0.04	7.62
	有古贤水库	2008～2019 年	144.62	159.89	304.51	5.55	0.01	5.56
		2020～2029 年	143.95	135.59	279.54	6.81	0.11	6.92
		2008～2029 年	144.32	148.84	293.16	6.12	0.06	6.18
系列 2（推荐系列）	无古贤水库	2008～2019 年	134.20	155.59	289.79	4.61	0.02	4.63
		2020～2029 年	123.97	142.80	266.77	9.63	0.08	9.71
		2008～2029 年	129.55	149.78	279.33	6.90	0.04	6.94
	有古贤水库	2008～2019 年	134.20	155.59	289.79	4.61	0.02	4.63
		2020～2029 年	133.36	133.07	266.43	6.36	0.11	6.47
		2008～2029 年	133.82	145.35	279.17	5.41	0.06	5.47
系列 3	无古贤水库	2008～2019 年	134.15	155.89	290.04	3.96	0.02	3.98
		2020～2029 年	123.91	142.77	266.68	8.31	0.07	8.38
		2008～2029 年	129.49	149.93	279.42	5.94	0.04	5.98
	有古贤水库	2008～2019 年	134.15	155.89	290.04	3.96	0.02	3.98
		2020～2029 年	134.09	132.49	266.58	5.53	0.10	5.63
		2008～2029 年	134.12	145.26	279.38	4.68	0.05	4.73

水沙系列 3：2008 年 7 月至 2020 年 6 月，进入下游的水量为 290.04 亿 m^3、沙量为 3.98 亿 t，水量与系列 2 基本相同，沙量较系列 2 偏少 0.65 亿 t。2020 年 7 月至 2030 年 6 月，无古贤水库方案下潼关断面的水沙量分别为 266.68 亿 m^3、8.38 亿 t，沙量较系列 2 少 1.33 亿 t；有古贤水库方案下潼关断面的水沙量分别为 266.58 亿 m^3、5.63 亿 t，沙量较系列 2 少 0.84 亿 t。2008 年 7 月至 2030 年 6 月，无古贤水库方案下潼关断面水量为 279.42 亿 m^3、沙量为 5.98 亿 t，沙量较系列 2 多 0.96 亿 t；有古贤水库方案下潼关断面水量为 279.38 亿 m^3、沙量为 4.73 亿 t，沙量较系列 2 少 0.74 亿 t。

5. 下游河道冲淤量

通过对比不同系列黄河下游河道泥沙冲淤计算结果（见表 3.3-13），可以看出，相同方案不同系列冲淤变化趋势基本一致。2020 年以前，由于小浪底水库拦沙和调水调沙作用，进入下游河道的水沙条件相对有利。2008 年 7 月至 2020 年 6 月，下游河道发生持续冲刷，系列 1、系列 2 和系列 3 冲刷量分别为 0.96 亿 t、4.30 亿 t 和 6.43 亿 t，相邻两系列方案前者较后者少冲刷 3.34 亿 t、2.13 亿 t。2020 年以后，小浪底水库拦沙基本库容淤满，进入下游的水沙量增加，下游河道开始回淤，无古贤水库方案下，系列 1、系列 2 和系列 3 下游河道年均淤积量分别为 3.19 亿 t、2.87 亿 t、2.43 亿 t，相邻两系列方案年均回淤量相差 0.32 亿 t、0.44 亿 t，系列 1、系列 2、系列 3 下游河道分别在 2025 年、2028 年和 2030 年左右回淤至小浪底建库前(2000 年)水平；有古贤水库方案下，系列 1、系列 2 和系列 3 下游河道年均淤积为 1.37 亿 t、1.03 亿 t 和 0.93 亿 t，相邻两系列方案相差 0.34 亿 t、0.10 亿 t，至 2030 年，各个方案下游河道均处于冲刷状态。下游河道累计冲淤过程见图 3.3-7、图 3.3-8(图中 2000～2008 年采用实测断面法冲淤量成果)。

表 3.3-13　不同系列黄河下游河道累计冲淤量计算成果　(单位：亿 t)

方案	时段	系列 1	系列 2	系列 3
2000～2008 年实测		-14.97	-14.97	-14.97
无古贤水库	2008～2019 年	-0.96	-4.30	-6.43
	2020～2029 年	31.90	28.73	14.41
	2008～2029 年	30.94	24.43	9.15
	2000～2029 年	15.97	9.46	-5.82
有古贤水库	2008～2019 年	-0.96	-4.30	-5.26
	2020～2029 年	13.66	10.29	9.26
	2008～2029 年	12.70	5.99	4.00
	2000～2029 年	-2.27	-8.98	-10.97

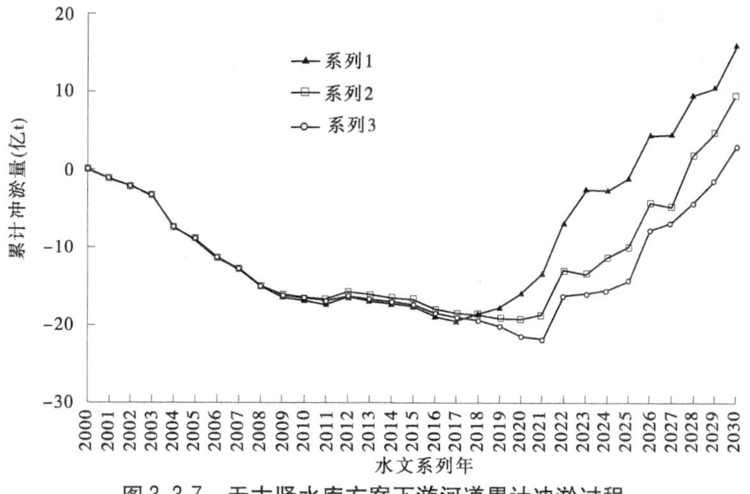

图 3.3-7　无古贤水库方案下游河道累计冲淤过程

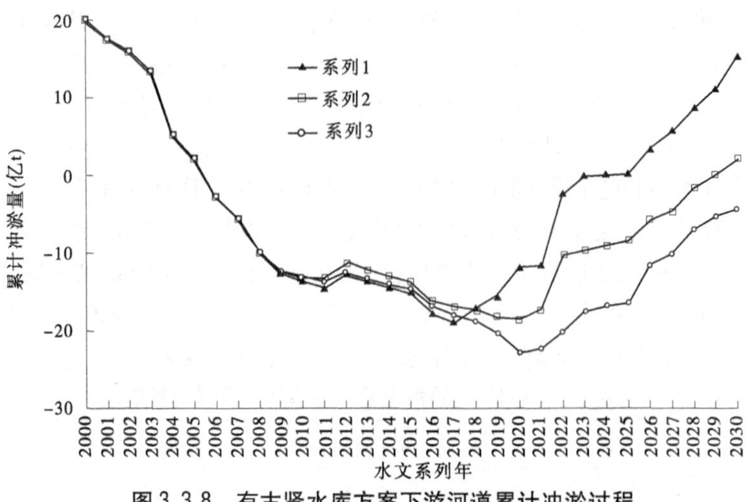

图 3.3-8　有古贤水库方案下游河道累计冲淤过程

3.4　本章小结

本章详细分析了黄河水少沙多、水沙异源、水沙年际变化大、水沙年内分配不均匀等基本特征;提出了黄河年均径流量和输沙量大幅度减少、径流量汛期比重减少、中小洪水洪峰流量降低等近期水沙变化特点;结合黄河流域水资源规划、水土保持规划和黄河流域综合规划等研究成果,考虑了设计水平年水利水保措施的减水减沙作用,提出了设计水沙条件。

根据实测资料详细研究了黄河宁蒙河段冲淤和黄河下游河段不同时期的冲淤变化特点,并采用数学模型对宁蒙河段和黄河下游河道进行了泥沙冲淤计算,得出如下结论:2008 年 7 月至 2020 年 6 月,宁蒙河段淤积泥沙 7.81 亿 t,黄河下游河道冲刷泥沙 4.3 亿 t。2020 年 7 月至 2030 年 6 月,宁蒙河段淤积泥沙 7.58 亿 t;若不修建古贤水库,黄河下游河道淤积泥沙 28.73 亿 t,河道回淤严重;若古贤水库 2020 年投入运用,黄河下游河道淤积泥沙 10.29 亿 t,可保持较低的淤积水平。

第 4 章　黄河上游防御洪水方案研究

黄河防御洪水方案是根据流域综合规划、防洪规划,结合防洪工程实际状况和国家规定的防洪标准制订的流域防御洪水的综合方案,其核心是提出对于各量级洪水的防御洪水原则及防御洪水安排。本次研究的重点是根据目前和今后的防洪形势,提出上游防洪水库和中下游防洪工程体系的联合防洪方式。

对于黄河上游,主要分析了近期上游防洪形势变化及宁蒙河段防洪需求,研究了龙羊峡、刘家峡水库防洪兼顾宁蒙河段防洪的运用方式,提出了黄河上游干流防御洪水原则、防御洪水安排。

4.1　上游干流防洪情况分析

黄河上游干流防洪工程主要包括龙羊峡、刘家峡水库和甘肃、宁夏、内蒙古河段堤防。龙羊峡以下干流需要防御洪水的河段主要有兰州城市河段和宁夏、内蒙古河段。

4.1.1　龙羊峡、刘家峡水库及上游梯级电站

4.1.1.1　龙羊峡水库

龙羊峡水库位于青海共和、贵南县交界处的黄河龙羊峡进口处,上距黄河源头 1 686 km,距青海省会西宁市 147 km。龙羊峡水库坝址以上控制流域面积 131 420 km^2,占黄河流域面积(不含内流区)的 17.5%。多年平均流量 650 m^3/s,年径流量 205 亿 m^3,多年平均输沙量 2 490 万 t,实测最大洪峰流量 5 430 m^3/s。

龙羊峡是黄河干流梯级龙羊峡—青铜峡区间开发规划中最上游的一个电站,主坝为混凝土重力拱坝,最大坝高 178 m。水库以发电为主,并配合刘家峡水库担负下游河段的防洪、灌溉和防凌任务。水库为一等工程,主要建筑物为一级建筑物,设计千年一遇洪峰流量 7 040 m^3/s,校核可能最大洪峰流量 10 500 m^3/s。水库正常蓄水位 2 600 m,相应库容 247 亿 m^3;死水位 2 530 m,死库容 53.4 亿 m^3;设计洪水位 2 602.25 m;校核洪水位 2 607 m,相应库容 274.2 亿 m^3;有效调节库容 193.5 亿 m^3,具有多年调节性能。电站总装机 1 280 MW,最大发电流量 1 240 m^3/s。设计汛限水位 2 594 m。

电站于 1976 年开工建设,1986 年 10 月下闸蓄水,1987 年 9 月首台机组投产发电,1989 年工程基本竣工,2001 年通过竣工验收。2005 年 11 月 19 日水库运用水位 2 597.62 m,相应蓄水量 237.96 亿 m^3,为历史最高。

4.1.1.2　刘家峡水库

刘家峡水库坝址位于甘肃省永靖县境内的黄河干流上,上距黄河源头 2 019 km,下距省会兰州市 100 km,控制流域面积 181 766 km^2,占黄河流域面积(不含内流区)的近 1/4。坝址在支流洮河汇入口下游 1.5 km 的红柳沟沟口,位于刘家峡峡谷出口约 2 km 处。

水库设计正常蓄水位为 1 735 m，死水位 1 694 m，防洪标准按千年一遇洪水设计，可能最大洪水保坝（校核）。设计洪水位 1 735 m，相应库容 57 亿 m^3；校核洪水位 1 738 m，相应库容 64 亿 m^3；兴利库容 41.5 亿 m^3。水库为不完全年调节水库。电站总装机 139 kW，最大发电流量 1 550 m^3/s。设计汛限水位 1 726 m。

水库以发电为主，兼有防洪、灌溉、防凌、养殖等综合任务。投入运用以来最高蓄水位 1 735.81 m（1985 年 10 月 24 日），相应蓄水量 43.16 亿 m^3。

4.1.1.3　梯级电站规划和建设情况

根据《黄河流域综合规划》，黄河上游干流龙羊峡至三盛公河段共布置 26 座梯级电站（见表 4.1-1），其中龙羊峡、刘家峡、黑山峡为控制性骨干工程，总有效库容约 286.1 亿 m^3。目前，龙羊峡至三盛公河段已建、在建水库（水电站）共 24 座，其中拉西瓦、黄丰、积石峡、大河家、海勃湾 5 座水库（水电站）为在建；规划的山坪、黑山峡 2 座水库（水电站）未建设。

表 4.1-1　黄河龙羊峡—三盛公河段干流梯级工程一览表

序号	工程名称	建设地点	控制面积（万 km^2）	正常蓄水位（m）	总库容（亿 m^3）	有效库容（亿 m^3）	最大水头（m）	装机容量（MW）	年发电量（亿 kWh）
1	龙羊峡	青海共和	13.1	2 600	247.0	193.5	148.5	1 280	59.4
2	*拉西瓦	青海贵德	13.2	2 452	10.1	1.5	220	4 200	102.2
3	尼那	青海贵德	13.2	2 235.5	0.3	0.1	18.1	160	7.6
4	●山坪	青海贵德	13.3	2 219.5	1.2	0.1	15.5	160	6.6
5	李家峡	青海尖扎	13.7	2 180	16.5	0.6	135.6	2 000	60.6
6	直岗拉卡	青海尖扎	13.7	2 050	0.2	—	17.5	192	7.6
7	康扬	青海尖扎	13.7	2 033	0.2	0.1	22.5	283.5	9.9
8	公伯峡	青海循化	14.4	2 005	5.5	0.8	106.6	1 500	51.4
9	苏只	青海循化	14.5	1 900	0.3	0.1	20.7	225	8.8
10	*黄丰	青海循化	14.5	1 880.5	0.7	0.1	19.1	225	8.7
11	*积石峡	青海循化	14.7	1 856	2.4	0.4	73	1 020	33.6
12	*大河家	青海甘肃	14.7	1 783	0.1	—	20.5	120	4.7
13	炳灵	甘肃积石山	14.8	1 748	0.5	0.1	25.7	240	9.7
14	刘家峡	甘肃永靖	18.2	1 735	57.0	35	114	1 690	60.5
15	盐锅峡	甘肃兰州	18.3	1 619	2.2	0.1	39.5	472	22.4
16	八盘峡	甘肃兰州	21.5	1 578	0.5	0.1	19.6	252	11.0
17	河口	甘肃兰州	22	1 558	0.1	—	6.8	74	3.9
18	柴家峡	甘肃兰州	22.1	1 550.5	0.2	—	10	96	4.9
19	小峡	甘肃兰州	22.5	1 499	0.4	0.1	18.6	230	9.6
20	大峡	甘肃兰州	22.8	1 480	0.9	0.6	31.4	324.5	15.9
21	乌金峡	甘肃靖远	22.9	1 436	0.2	0.1	13.4	140	6.8
22	●黑山峡	宁夏中卫	25.2	1 380	114.8	57.6	137	2 000	74.2
23	沙坡头	宁夏中卫	25.4	1 240.5	0.3	0.1	11	120.3	6.1
24	青铜峡	宁夏青铜峡	27.5	1 156	0.4	0.1	23.5	324	13.7
25	*海勃湾	内蒙古乌海	31.2	1 076	4.9	1.5	9.9	90	3.6
26	三盛公	内蒙古磴口	31.4	1 055	0.8	0.2	8.6		

注：未标注为已建工程；*为在建工程；●为规划、未建工程。

黄河上游干流水库及梯级电站布置图见图 4.1-1。

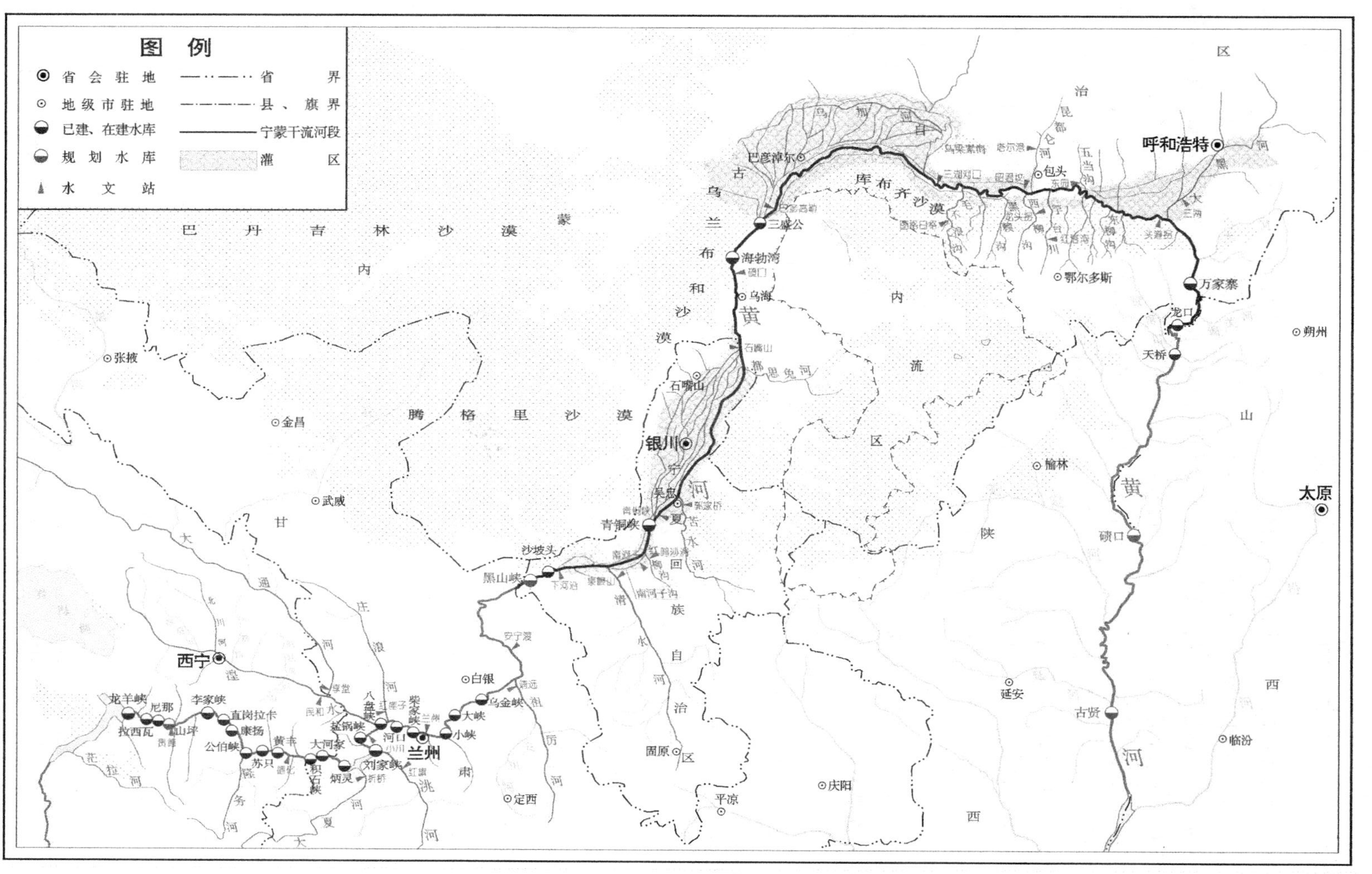

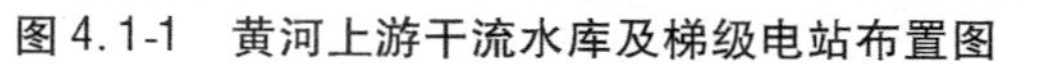
图4.1-1　黄河上游干流水库及梯级电站布置图

4.1.2　宁夏、内蒙古河段河防工程及滩区情况

黄河宁蒙河段自宁夏回族自治区中卫市南长滩至内蒙古自治区的马栅乡，全长 1 203.8 km。受两岸地形控制，形成峡谷河段与宽河段相间出现的格局，南长滩至下河沿、石嘴山至乌达公路桥及蒲滩拐至马栅乡为峡谷型河道，长度分别为 62.7 km、36 km 和 141.1 km，其余河段河面宽阔。干流堤防较连续的堤段主要分布在下河沿至青铜峡水库之间的两岸川地、青铜峡以下至石嘴山的左岸、青铜峡至头道墩的右岸、三盛公以下的平原河道两岸；其余不连续的堤段分布在头道墩至石嘴山右岸及石嘴山至三盛公库区两岸。

4.1.2.1　现状河防工程情况

黄河宁蒙河段干流堤防长 1 433.7 km（其中宁夏河段堤防长 448.1 km，内蒙古河段堤防长 985.6 km），干流堤防较连续的堤段主要分布在下河沿至青铜峡水库之间的两岸川地、青铜峡以下至石嘴山的左岸、青铜峡至头道墩的右岸、三盛公以下的平原河道两岸；其余不连续的堤段分布在头道墩至石嘴山右岸及石嘴山至三盛公库区两岸。在宁蒙河段建设有沙坡头、青铜峡、三盛公水电站及万家寨水库，枣园至青铜峡坝址为青铜峡库区段，旧磴口至三盛公为三盛公库区段，这两个库区段分别长 39.9 km 和 54.6 km。

黄河宁蒙河段（下河沿—蒲滩拐）共有河道整治工程 140 处，修建坝垛 2 194 道。工程长度 179.47 km，其中险工 54 处，坝垛 895 道，工程长度 67.20 km；控导工程 86 处，坝垛 1 299 道，工程长度 112.27 km。中水整治流量青铜峡以上 25 00 m^3/s，青铜峡至三盛公水库 2 200 m^3/s，三盛公至蒲滩拐 2 100 m^3/s。

4.1.2.2　宁蒙河段堤防设防标准及设防流量

根据《防洪标准》，黄河宁蒙河段下河沿至三盛公段的设防标准为 20 年一遇，三盛公至蒲滩拐段的设防标准为 30～50 年一遇。宁蒙河段堤防设防标准、设防流量及河道整治流量见表 4.1-2。

表 4.1-2　宁蒙各河段采用设计流量和设防标准

河段	设防标准 p(%)	代表站	设防流量(m^3/s)	整治流量(m^3/s)
下河沿—青铜峡	5	下河沿	5 620	2 500
青铜峡—石嘴山	5	青铜峡	5 620	2 200
石嘴山—三盛公	5	石嘴山	5 630	2 200
三盛公—蒲滩拐	2	三湖河口	5 900	2 100

宁蒙河段防洪工程建设存在问题较多，大部分堤段高度、宽度不足，相当一部分堤段筑堤标准低，基础需要进行加固处理；现状河道整治工程的规模远达不到总体规划要求。根据黄河宁蒙河段近期防洪工程建设可行性研究，近期防洪任务拟定为当遇设计洪水时，力保堤防不漫决，将洪灾损失减少到最小程度；整治河道，初步控制河势，力保大堤不被冲决，使防洪工程能够安全度汛；合并改建穿堤建筑物，基本消除因穿堤建筑物引起的堤防安全隐患。

4.1.2.3　滩区人口、耕地情况

在多年的冲刷和淤积下，黄河宁蒙河段河床形成了大面积滩地，后经开发利用形成耕地的共有118.8万亩，常年居住人口2.14万人。宁夏河段滩区经开发利用形成耕地的有12.5万亩，年均受淹耕地面积5.6万亩，其中常年居住人口为7 766人，当黄河发生大洪水时影响人口为16.6万人。内蒙古河段滩区经开发利用形成耕地的有106.3万亩，年均受淹耕地面积60.9万亩，其中常年居住人口为1.36万人，当黄河发生大洪水时影响人口为18.43万人。

4.2　上游干流防洪形势变化

4.2.1　近年来上游干流防洪形势变化

4.2.1.1　上游在建梯级电站多

近几年，随着西部大开发和电力体制的改革，形成了黄河上游水电开发的热潮。表4.1-1中，龙羊峡至三盛公河段已建、在建的24座梯级电站中，除龙羊峡、李家峡、刘家峡、盐锅峡、八盘峡、大侠、沙坡头、青铜峡、三盛公等9座电站为20世纪建设，其余15座均为21世纪开工建设，近年来电站建设数量多且建设时间集中，汛期施工度汛防洪任务较重。

4.2.1.2　龙羊峡水库运用后宁蒙河段平滩流量减小较多

从5.2节分析可知，与20世纪80年代比，巴彦高勒断面平滩流量由4 000～6 000 m^3/s减小到1 700～2 150 m^3/s，三湖河口断面平滩流量由3 000～5 000 m^3/s减小到1 100～1 340 m^3/s，宁蒙河段平滩流量减小幅度约70%，常遇量级洪水滩区人口淹没风险增大。

4.2.1.3　宁蒙河段堤防质量差、建设不完善

受河道主槽淤积等因素影响，宁蒙河段防洪工程主要存在如下问题：一是宁蒙河段堤防基本是在历次洪凌灾害过程中抢修而成的，缺乏系统、全面的规划，部分堤段走线不合理，洪水流路不顺，抢险交通条件差。二是堤防工程建设标准低，病险隐患多。由于宁蒙河段河道逐年淤积抬升和凌汛情况复杂，堤防设计标准本来就不高。干流堤防中，堤顶高程低于设计堤顶高程的堤段长996.84 km，占71.2%；低0.5 m以上的堤段长659.08 km，占47.1%；低1.0 m以上的堤段长292.69 km，占20.9%。而且，土方填筑质量差，建筑物数量众多，病险老化问题突出。三是河道整治工程少，布局不合理，现状已建整治工程尚不到规划规模的1/4，不能形成有效的河势控导体系。已建整治工程标准低、质量差，导致堤防出险概率较大，防洪风险高。

4.2.1.4　龙羊峡、刘家峡水库近期防洪运用

在2008年以前，龙羊峡、刘家峡水库下游在建工程施工度汛需要水库控制一定流量兼顾其安全，2008年以后，在建工程施工度汛依靠自身工程措施可以满足标准内安全。龙羊峡、刘家峡水库仅在紧急情况下控泄流量以保证其安全度汛。

目前宁蒙河段部分堤防未达设计标准，部分河段河道排洪能力低于整治流量，宁蒙河

段的防洪形势较为严峻。龙羊峡水库利用设计汛限水位以下库容，与刘家峡水库联合调度，需兼顾宁蒙河段的防洪安全。随着龙羊峡水库汛限水位的逐步抬高，水库至设计汛限水位之间的库容也逐渐减小，兼顾宁蒙河段防洪安全的能力降低，宁蒙河段的防洪任务将主要依靠自身河防工程来承担。

各种因素综合作用下，目前上游防洪形势较为严峻，需要研究兼顾宁蒙河段防洪的龙羊峡、刘家峡水库联合运用方式。

4.2.2　水平年上游干流防洪形势变化

按照《黄河宁蒙河段近期防洪工程建设可行性研究》、《黄河流域综合规划》中宁蒙河段安排的防洪工程，至 2020 年新建堤防 42.7 km，加高帮宽堤防 996.8 km，对石嘴山以下现状堤防两侧的低洼地带进行填塘固基，宁蒙河段堤防工程基本达到设计防洪标准；对滩地的居民和耕地，采用退人不退耕地方案，村庄居民全部搬迁到大堤以外背河侧，建立移民新村，以免受洪、凌灾害。

到 2020 年、2030 年，随着堤防建设的逐步完善，上游防洪形势会有所改观。

4.3　龙刘水库防洪运用方式研究

4.3.1　设计防洪运用方式

4.3.1.1　设计防洪任务

龙羊峡水库建成以前，黄河上游已建水电站工程有刘家峡、八盘峡、盐锅峡、青铜峡水电站，各工程防洪标准除刘家峡为可能最大洪水以外，其他都为千年一遇。龙羊峡水库的开发任务为："兴建龙羊峡水电站工程能更好地适应青、甘、宁、陕四省（区）工农业发展用电的需要，提高刘家峡等工程和兰州等沿河城镇的防洪标准，更好地发挥刘、盐、青等工程的效益……"

龙羊峡、刘家峡水库共同承担下游防洪对象的防洪任务，两库的设计防洪任务就是确保水库自身和下游兰州市、八盘峡、盐锅峡等电站的防洪安全。龙羊峡水库运用后提高了下游已建电站的度汛标准，刘家峡洪水校核标准由 10 000 年一遇提高至可能最大洪水标准，盐锅峡洪水校核标准由 1 000 年一遇提高至 2 000 年一遇，八盘峡防洪标准由 200 年一遇提高至 1 000 年一遇。另外，龙羊峡水库运用后，使得百年一遇洪水时刘家峡水库的下泄流量由 4 540 m^3/s 减小至 4 290 m^3/s。各防洪对象在龙羊峡水库建成前后防洪标准见表 4.3-1。

4.3.1.2　设计防洪运用方式

龙羊峡水库设计汛限水位 2 594 m，刘家峡设计汛限水位 1 726 m，龙刘两库联合防洪调度总的原则：一是不考虑洪水预报，即不考虑水库预泄；二是不人为造洪，即水库下泄量在蓄水段不超过天然日平均入库流量（为瞬时洪峰流量的 0.95 倍），以便为水库的管理运用留有余地。

在龙刘两库联合防洪调度中，刘家峡水库的下泄流量，应按照刘家峡下游防洪对象的防洪标准严格控制。而龙羊峡水库可以较灵活地控制下泄流量,使两库联合运用后,刘家峡水库不同频率洪水的最高库水位不超过设计水位。

表 4.3-1　龙羊峡水库建成前后黄河上游防洪对象　　(单位:m^3/s)

防洪对象	建成时间(年)	防洪标准		
		龙羊峡水库建成前		龙羊峡水库建成后
龙羊峡	1986	设计		1 000 年一遇
		校核		可能最大洪水
刘家峡	1974	设计	1 000 年一遇	
		校核	10 000 年一遇	可能最大洪水
盐锅峡	1961	设计	200 年一遇	
		校核	1 000 年一遇	2 000 年一遇
八盘峡	1975		200 年一遇	1 000 年一遇
兰州市		设计	100 年一遇	100 年一遇
青铜峡	1968	设计	100 年一遇	
		校核	1 000 年一遇	1 000 年一遇

1. 龙羊峡水库运用原则

(1)龙刘两库按一定的库容比同时蓄水(汛限水位以上)。

(2)下泄流量不得大于各相应频率洪水的控泄流量,不人为造峰。

(3)逐日下泄流量变幅不至太大,一般控制在 ±1 000 m^3/s 以内。

(4)正常运用期龙羊峡水库最小下泄流量为 1 500 m^3/s(其他的时间应不低于发电流量)。

2. 刘家峡水库运用原则

龙刘两库共同担负刘家峡水库下游兰州(防洪标准 N1 为 100 年一遇)、八盘峡电站(防洪标准 N2 为 1 000 年一遇)、盐锅峡电站(防洪标准 N3 为 2 000 年一遇)的防洪安全。不同标准的防洪任务,是通过刘家峡水库控泄相应的安全泄量来实现的。

(1)当刘库家峡水出现的天然洪水(龙羊峡水库入库流量加上龙刘区间汇入流量),其重现期小于等于 N1 时,就按这一重现期 N1 所允许的流量 4 290 m^3/s 下泄。

(2)如果刘家峡水库天然洪水重现期大于 N1,就可跳级按下一级防洪要求的更大的重现期 N2 允许的流量 4 510 m^3/s 下泄。

(3)如果刘家峡水库天然洪水重现期大于 N2,又可跳级按再下一级防洪要求的更大的重现期 N3 允许的流量 7 260 m^3/s 下泄。

(4)如果刘家峡水库天然洪水重现期大于 N3,就说明有可能出现 10 000 年一遇或可能最大洪水,这时刘家峡水库按敞泄运用。

两水库设计防洪运用具体调控指标为:

龙羊峡水库以入库流量判别洪水的量级,当入库洪水小于等于 1 000 年一遇时,控制出库流量不大于4 000 m^3/s；当入库洪水大于1 000年一遇时，控制出库流量不大于6 000 m^3/s。

刘家峡水库采用泄量判别图来判别洪水的量级，当入库洪水小于等于100年一遇时，控制出库流量不大于4 290 m^3/s；当入库洪水大于100年一遇小于等于1 000年一遇时，控制出库流量不大于4 510 m^3/s；当入库洪水大于1 000年一遇小于等于2 000年一遇时，控制出库流量不大于7 260 m^3/s；当入库洪水大于2 000年一遇时，水库按敞泄运用。

4.3.2　近年来防洪运用方式

4.3.2.1　近年来防洪任务

近年来，随着国民经济发展的需要，黄河上游掀起了水电开发的热潮，在龙羊峡至三盛公河段，除在龙羊峡水库设计阶段已建成的刘家峡、八盘峡等电站外，目前已建、在建的电站达20余座。龙羊峡水库建成以后，黄河上游的防洪任务都是通过龙羊峡、刘家峡两水库的联合调度实现的，因此目前龙羊峡水库除原设计的防洪任务外，还要承担其下游干流在建电站及宁蒙河段的防洪任务。

龙刘水库原设计没有考虑宁蒙河段的防洪要求，宁蒙河段的河防工程采用上游龙刘水库运用后的洪水进行设计。但目前该河段部分堤防工程尚未达到设计标准，当发生设计标准洪水时，龙刘水库若按设计防洪方式运用，不能完全保证该河段的防洪安全。因此，在近期龙刘水库防洪运用时，除考虑设计的防洪任务外，还需要兼顾宁蒙河段的防洪安全。

4.3.2.2　近年来防洪运用方式研究

由于龙羊峡水库逐步蓄水的要求，从1994年到2001年，其汛限水位由2 580 m逐步抬高至2 588 m。由于近年来黄河上游在建工程多、宁蒙河段有防洪要求，龙羊峡、刘家峡水库防洪任务繁重，从2001年至今，龙羊峡水库汛限水位一直采用2 588 m。近年汛限水位到设计汛限水位2 594 m之间的防洪库容可用来承担非设计防洪任务。龙刘水库区间的在建工程通过龙羊峡水库控制下泄流量来实现度汛防洪安全，刘家峡水库下游的在建工程通过刘家峡水库控制下泄流量来实现度汛防洪安全。

在2008年以前，刘家峡水库以下有在建梯级电站，在建工程汛期度汛需要刘家峡水库控制下泄流量（10年一遇洪水最大出库流量不超过2 600 m^3/s），龙羊峡水库利用设计汛限水位以下库容，与刘家峡水库联合调度，兼顾在建工程度汛。2008～2010年，刘家峡水库下游基本无在建工程施工度汛要求，但宁蒙河段的防洪需求仍在，因此近年来需要用龙羊峡水库汛限水位以下库容兼顾宁蒙河段的防洪安全。

4.3.3　兼顾宁蒙河段防洪的运用方式研究

如何兼顾宁蒙河段防洪安全，即龙羊峡水库在设计汛限水位以下时运用方式如何，主要从以下方面进行考虑：一是龙羊峡水库年度汛限水位至设计汛限水位之间库容的防洪能力；二是宁蒙河段当前河道过洪能力及防洪工程现状。

4.3.3.1　控泄流量分析

从近期宁蒙河段的平滩流量、保证流量（河道过洪能力）、近期实际调度流量等指标分析刘家峡水库控泄流量。宁蒙河段整治流量约2 200 m^3/s,近期实际平滩流量范围为1 100～2 200 m^3/s;汛期河道安全过洪流量为2 100～3 500 m^3/s;在2008年之前,龙羊峡、刘家峡水库兼顾在建工程施工度汛,实际调度按10年一遇洪水刘家峡水库出库流量不超过2 600 m^3/s控泄。

综合以上各因素,兼顾宁蒙河段防洪,刘家峡水库的控泄流量按2 000～2 500 m^3/s考虑。

4.3.3.2 兼顾宁蒙河段防洪的洪水量级确定

从龙羊峡、刘家峡水库的设计防洪运用方式看,对于100年一遇以下洪水,刘家峡出库流量按4 290 m^3/s控泄,对于5年一遇及以下洪水,刘家峡天然入库洪水小于4 290 m^3/s,因此水库对5年一遇以下洪水无调蓄作用。在20世纪80年代,宁蒙河段平滩流量约4 000 m^3/s,与该河段5年一遇天然洪水量级相当,发生5年一遇洪水时滩区基本无淹没影响。近期宁蒙河段平滩流量减小,龙刘水库通过减小下泄流量兼顾其安全,兼顾的洪水量级下限为5年一遇。

宁蒙河段堤防最低设计标准为20年一遇,兼顾的洪水量级上限为20年一遇。

4.3.3.3 龙羊峡水库设计汛限水位以下的防洪能力分析

龙羊峡年度汛限水位(2 588 m)至设计汛限水位(2 594 m)之间的防洪库容为21.6亿m^3。对龙羊峡、刘家峡水库进行联合调节计算,5年一遇洪水,刘家峡水库按控泄2 000 m^3/s运用,两库共需防洪库容26.1亿m^3,其中龙羊峡水库蓄水21.6亿m^3,刘家峡水库蓄水4.5亿m^3,相应龙羊峡水库最高水位为2 594 m,刘家峡水库最高水位为1 730.8 m。若10年一遇控泄2 000 m^3/s,需要的防洪库容共40.3亿m^3,其中龙羊峡蓄水32.9亿m^3,刘家峡蓄水7.4亿m^3,龙羊峡水位至2 597.1 m,刘家峡水位至1 732.8 m。不同洪水量级控泄不同流量所需防洪库容及龙羊峡、刘家峡水库蓄水位统计见表4.3-2。

表4.3-2 兼顾宁蒙河段防洪所需防洪库容及龙羊峡、刘家峡水库蓄水位

洪水量级	刘家峡水库控制流量(m^3/s)	所需防洪库容(亿m^3)	龙羊峡水库蓄水位(m)	刘家峡水库蓄水位(m)
5年一遇	2 000	26.1	2 594	1 730.8
10年一遇	2 000	40.3	2 597.1	1 732.8
	2 500	26.1	2 594	1 730.8
20年一遇	2 500	40.8	2 597.2	1 732.8

从表4.3-2可知,刘家峡水库按10年一遇控泄2 000 m^3/s运用和按20年一遇控泄2 500 m^3/s运用,龙羊峡水位都超过2 594 m,方案不可行;刘家峡水库按5年一遇控泄2 000 m^3/s运用和按10年一遇控泄2 500 m^3/s运用,所需的防洪库容一样,龙羊峡水库水位都达到2 594 m。从减小泄放大流量洪水的概率来看,若刘家峡水库控泄流量为2 000 m^3/s,则发生大于5年一遇的洪水时,龙羊峡库水位超过2 594 m,2 594 m以上按设计运用,刘家峡水库将加大泄量至4 290 m^3/s,该流量超过宁蒙河段现状河道过洪能力,风险很大;若刘家峡水库控泄流量为2 500 m^3/s,则发生大于5年一遇小于10年一遇洪

水时,龙羊峡库水位都不超过 2 594 m,刘家峡水库出库流量不超过 2 500 m^3/s,宁蒙河段风险相对较小。

鉴于以上分析,兼顾宁蒙河段防洪按 10 年一遇刘家峡出库流量不大于 2 500 m^3/s 考虑。

4.3.3.4 兼顾宁蒙河段防洪的运用方式

综合考虑龙羊峡水库设计汛限水位以下防洪能力及宁蒙河段河道现状过洪能力,在龙羊峡水库年度汛限水位 2 588 m 时,兼顾宁蒙河段防洪按 10 年一遇刘家峡水库出库流量不大于 2 500 m^3/s 考虑。若龙羊峡水库年度汛限水位提高,则需根据水库防洪能力及此时的宁蒙河段河道过洪能力来分析确定刘家峡水库出库流量及控制洪水标准。

因此,近年来龙刘水库防洪运用方式为:在年度汛限水位至设计汛限水位之间,龙羊峡、刘家峡水库按在建工程及宁蒙河段的防洪要求进行控制运用,在设计汛限水位以上,按设计方式运用。

龙羊峡、刘家峡水库联合调度的总原则是:龙刘两库联合调度,共同承担各防洪对象的防洪任务。龙羊峡水库的下泄流量需满足龙刘区间防洪对象的防洪要求,并使刘家峡水库不同频率洪水时的最高库水位不超过设计规定的水位;刘家峡水库的下泄流量应按照刘家峡水库下游防洪对象的防洪标准要求严格控制。下泄流量不大于各相应频率洪水的控泄流量,洪水退水段最大下泄流量不大于涨水段最大下泄流量。

龙羊峡水库运用原则是:

(1)以库水位和入库流量作为下泄流量的判别标准。

(2)当库水位低于汛限水位时,水库合理拦蓄洪水,满足下游防护对象的防洪要求。

(3)当库水位达到汛限水位后,龙刘两库按一定的蓄洪比同时拦洪泄流,满足下游防护对象的防洪要求。

刘家峡水库配合龙羊峡水库运用,运用原则为:

(1)以入库流量和龙刘两库总蓄洪量作为下泄流量的判别标准(入库流量为龙羊峡水库入库流量加上龙刘区间汇入流量)。

(2)龙羊峡、刘家峡水库联合调度,刘家峡水库下泄流量满足下游防护对象的防洪要求。

4.3.4 水平年龙刘水库承担兰州防洪任务的可能性分析

根据兰州市城市防洪规划,兰州市属Ⅱ等设防城市,区域设防标准为 100 年一遇。兰州站天然设计洪水 100 年一遇洪峰流量为 8 110 m^3/s,刘家峡水库 100 年一遇洪水最大出库流量按 4 290 m^3/s 进行控制,刘家峡水库出库流量加上刘兰区间来水,至兰州站为 6 500 m^3/s,黄河兰州段按 100 年一遇 6 500 m^3/s 流量设防;目前黄河兰州段堤防工程建设达到设防标准。

根据《黄河流域综合规划》,到 2020、2030 水平年,兰州市非农业人口增加至 150 万人以上,按《防洪标准》和《城市防洪工程设计规范》,兰州市将成为Ⅰ等设防城市,防洪标准需提高至 200 年一遇。

兰州站 200 年一遇天然设计洪水为 8 840 m^3/s。按照龙羊峡、刘家峡水库设计运用方式，当发生200年一遇洪水时，刘家峡水库最大出库流量为4 510 m³/s，加上刘兰区间来水2 420 m³/s，至兰州站为6 930 m³/s，超过兰州站设防流量430 m³/s。

本次分析了龙刘水库通过自身防洪能力将兰州防洪标准提高到200年一遇的可能性。即将刘家峡水库由设计的100年一遇及以下最大下泄流量4 290 m³/s、100年一遇至1 000年一遇最大下泄流量4 510 m³/s，改为200年一遇及以下最大下泄流量4 080 m³/s，200年一遇至1 000年一遇最大下泄流量4 510 m³/s。经调洪计算，按如此运用，当发生1 000年一遇洪水(设计标准)时，龙羊峡、刘家峡水库最高洪水位都超过设计水位1~2 m，水库运用存在风险，当发生可能最大洪水(校核标准)时，龙羊峡、刘家峡水库最高水位均超过校核洪水位1.5 m以上，该运用方式不可行。根据计算结果，仅靠龙刘水库提高兰州城市防洪标准的方案不可行。

因此，按照龙刘水库设计防洪运用方式，目前对于兰州市，两库只能保证按照100年一遇洪水控制刘家峡水库出库不超过4 290 m³/s来运用，即在兰州市沿河堤防设防流量达到6 500 m³/s的前提下，保证兰州市100年一遇洪水防洪安全。对于超过100年一遇的洪水，应综合考虑其他防洪措施。

在兰州市城市防洪规划中，对于超过设防流量6 500 m³/s的洪水，遵循“以防为主”的方针，紧密结合兰州的实际，制订切实有效的安全度汛预案。立足于黄河兰州段超标准洪水发生的可能及市区实际情况，按照保主、保重、有取、有舍和“防、抢、撤”结合的基本原则，在完善抗洪抢险保证体系的前提下，采取临时分滞洪、紧急加高堤顶和街道围堰、疏散和撤出淹没区内的人员和物资等三方面的措施，构成整体严谨统一的安全度汛预案，能够达到防灾减灾目的。

4.4 上游干流防御洪水方案分析

4.4.1 兰州河段防御洪水方案分析

2010~2015年，刘家峡水库下游干流在建的水电站工程有河口和海勃湾，两工程汛期施工均未对刘家峡水库提出控制流量要求，刘家峡水库按设计运用不影响其施工度汛。

刘家峡水库近期对宁蒙河段的防洪运用按10年一遇最大出库流量不超过2 500 m³/s考虑。按此流量控制的前提还有龙羊峡水库汛限水位为2 588 m。

因此，在近期龙羊峡水库汛限水位按2 588 m运用时，刘家峡水库在发生10年一遇及以下的洪水时，最大出库流量为2 500 m³/s；发生大于10年一遇小于等于100年一遇的洪水时，最大出库流量为4 290 m³/s；发生大于100年一遇小于等于1 000年一遇的洪水时，最大出库流量为4 510 m³/s。刘家峡出库流量加上刘兰区间来水即为兰州站流量，刘兰区间相应洪峰流量10年一遇为1 550 m³/s，100年一遇为2 210 m³/s，1 000年一遇为2 840 m³/s，因此兰州河段洪峰流量在10年一遇及以下为4 050 m³/s，大于10年一遇小于等于100年一遇为6 500 m³/s，大于100年一遇小于等于1 000年一遇为7 350 m³/s。兰州河段防御洪水方案计算结果见表4.4-1。

表 4.4-1 兰州河段防御洪水方案计算结果 （单位：流量，m^3/s；水位，m）

水库/控制站	起调水位	项目	洪水频率（%）	
			1	0.1
龙羊峡	2 588	最大入库流量	5 410	7 040
		最大出库流量	4 000	4 000
		最高水位	2 596.2	2 601.5
刘家峡	1 727	最大出库流量	4 290	4 510
		最高水位	1 732.2	1 734.7
兰州		最大流量	6 500	7 350

根据兰州市城市防洪规划，至 2010 年，兰州河段沿河堤防设防流量已达 6 500 m^3/s，因此兰州河段发生 100 年一遇及以下洪水时靠堤防防御，发生 100 年一遇以上洪水时，兰州站洪峰流量超过设防流量 6 500 m^3/s，兰州市防洪应考虑其他工程或非工程措施，尽量使洪灾损失降到最小。

4.4.2 宁蒙河段防御洪水方案分析

黄河宁蒙河段的设防标准为下河沿至三盛公段 20 年一遇，三盛公至蒲滩拐段 30 ~ 50 年一遇。设防流量为考虑龙刘水库设计运用方式，刘家峡水库出库加沿河区间加水，下河沿至石嘴山河段为 5 620 m^3/s，石嘴山至三盛公河段为 5 630 m^3/s，三盛公至蒲滩拐河段为 5 900 m^3/s。

现状 2010 年，宁蒙河段部分堤防未达设计标准，部分河段河道排洪能力低于整治流量，宁蒙河段的防洪形势较为严峻。在 2008 年以前，刘家峡水库以下有在建梯级电站，在建工程汛期度汛需要刘家峡水库控制下泄流量（10 年一遇洪水最大出库流量不超过 2 600 m^3/s），龙羊峡水库利用设计汛限水位以下库容，与刘家峡水库联合调度，兼顾在建工程度汛，同时也相当于兼顾了宁蒙河段的防洪安全。2008 ~ 2010 年，刘家峡水库下游无在建工程施工度汛要求，对宁蒙河段的防洪主要从以下方面进行考虑：一是龙羊峡水库设计汛限水位以下的防洪能力，二是宁蒙河段当前河道过洪能力及防洪工程现状。综合考虑在龙羊峡水库年度汛限水位至设计汛限水位之间，按 10 年一遇洪水刘家峡水库最大出库流量不超过 2 500 m^3/s 运用。对于超过 10 年一遇的洪水，刘家峡水库将按照设计运用方式运用，在宁蒙河段设防标准内，刘家峡最大出库流量将达到 4 290 m^3/s，20 年一遇洪水至下河沿—石嘴山河段（青铜峡站）洪峰流量将达 5 630 m^3/s，50 年一遇洪水至三盛公—蒲滩拐河段（三湖河口站）洪峰流量将达 5 900 m^3/s，如果河段堤防未达设防标准，应采取其他工程或非工程措施进行防护。宁蒙河段防御洪水方案计算成果见表 4.4-2。

表 4.4-2　宁蒙河段防御洪水方案计算成果　（单位：流量，m^3/s；水位，m）

水库/控制站	起调水位	项目	洪水频率(%)		
			20	10	5
龙羊峡	2 588	最大入库流量	3 090	3 660	4 200
		最大出库流量	1 500	2 000	3 460
		最高水位	2 593.2	2 594	2 594.9
刘家峡	1 727	最大出库流量	2 500	2 500	4 290
		最高水位	1 729.1	1 730.8	1 732.6
下河沿		最大流量	3 000	3 500	5 600

4.5　上游干流防御洪水原则及安排

上游干流防御洪水原则为：当发生设计标准内洪水时，运用水库适当调控，合理利用河道排泄，适时运用标准内蓄滞洪区分滞洪水，加强工程防守，确保防洪安全；当发生设计标准以上洪水时，充分运用水库拦蓄，利用河道强迫行洪，及时启用蓄滞洪区分滞洪水，充分发挥防洪工程体系的作用，采取必要措施，确保重点防洪目标安全。

4.5.1　兰州市城市河段

4.5.1.1　设计标准内洪水

兰州站发生 100 年一遇及以下洪水时，龙羊峡、刘家峡水库联合运用，龙羊峡水库最大下泄流量不大于 4 000 m^3/s，刘家峡水库最大下泄流量不大于 4 290 m^3/s，控制兰州站流量不超过 6 500 m^3/s。

4.5.1.2　设计标准以上洪水

兰州站发生 100 年一遇以上洪水时，在确保龙羊峡、刘家峡水库安全的前提下，充分运用水库拦蓄洪水，采取必要措施，保障兰州市重点防洪目标安全，尽量减轻灾害损失。

4.5.2　宁蒙河段

4.5.2.1　设计标准内洪水

宁蒙河段发生 20 年一遇（下河沿站 5 600 m^3/s，石嘴山站 5 630 m^3/s）及以下洪水时，利用河道排泄洪水，必要时运用应急分洪区、引黄设施等分滞洪水。

4.5.2.2　设计标准以上洪水

宁蒙河段发生 20 年一遇以上洪水时，运用河道强迫行洪，充分运用应急分洪区、引黄设施等分滞洪水，采取必要措施，确保重要防洪目标安全。

4.6　本章小结

（1）在近期龙刘水库防洪运用时，除考虑设计的防洪任务外，还需要兼顾宁蒙河段的防洪安全。近期年度汛限水位 2 588 m 时，兼顾宁蒙河段防洪的控制指标为 10 年一遇洪水刘家峡水库出库流量不大于 2 500 m^3/s。

（2）近年来龙刘水库防洪运用方式为：在年度汛限水位至设计汛限水位之间，龙羊峡、刘家峡水库按在建工程及宁蒙河段的防洪要求进行控制运用，在设计汛限水位以上，按设计方式运用。

（3）到 2030 水平年，按照龙刘水库设计防洪运用方式，无法将兰州市的防洪标准提高到 200 年一遇，两库只能保证按照 100 年一遇洪水控制刘家峡水库出库不超过 4 290 m^3/s，即在兰州市沿河堤防达到 6 500 m^3/s 设计流量标准的前提下，保证兰州市 100 年一遇洪水防洪安全。对于超过 100 年一遇的洪水，应综合考虑其他防洪措施。

第 5 章　黄河中下游防御洪水方案研究

以防洪工程体系运用条件分析和滩区淹没损失计算为基础，通过数学模型计算分析了下游防御洪水量级划分、小浪底水库控制中小洪水运用方式、特大洪水三门峡和小浪底水库运用方式、东平湖滞洪区分洪运用时机以及河口村、古贤水库生效后对黄河下游的防洪作用等问题，提出了黄河中下游防御洪水原则、防御洪水安排。

5.1　中下游防洪工程体系

人民治黄 70 多年以来，黄河下游初步形成了以中游干支流水库、下游堤防、河道整治、分滞洪工程为主体的"上拦下排，两岸分滞"防洪工程体系，见图 5.1-1。

5.1.1　水库工程

5.1.1.1　三门峡水库

三门峡水库位于河南省陕县(右岸)和山西省平陆县(左岸)交界处，是黄河干流上修建的第一座以防洪为主的综合利用大型水利枢纽，上距潼关约 120 km，下距花园口约 260 km，坝址以上控制流域面积 68.8 万 km^2，占黄河流域面积(不含内流区)的 91.5%，控制黄河水量的 89%，黄河沙量的 98%。该工程的任务是防洪、防凌、灌溉、供水和发电。水库大坝为混凝土重力坝，主坝长 713.2 m，坝顶高程 353 m(大沽标高)，最大坝高 106 m。防洪标准为千年一遇洪水设计、万年一遇洪水校核。现状防洪运用水位 335.0 m，相应库容约 55 亿 m^3。

三门峡水库目前投入运用的泄水建筑物有 12 个深孔、12 个底孔、2 条隧洞、1 条钢管，共 27 个孔、洞、管，库水位 315 m 时相应的泄流能力为 9 700 m^3/s。现状启闭设备条件下连续开启(关闭)一次约需 8 h。

三门峡水库控制了河龙间、龙三间两个洪水来源区的暴雨洪水，并对三花间洪水起到错峰作用。从 1960 年建库运用以来，利用水库的滞洪调节作用，曾 6 次把潼关站大于 10 000 m^3/s 的洪水削减为不足 9 000 m^3/s，减轻了下游防洪负担和漫滩洪水淹没损失。1999 年小浪底水库建成投入运用后，三门峡水库所承担的防洪任务已有一部分转移给小浪底水库。

水库防洪运用水位以下有 9.55 万居民(2010 年统计，其中陕西省 7.73 万人，山西省 0.92 万人，河南省 0.9 万人)，水库运用水位超过 319.0 m 时，将涉及人员紧急转移。

5.1.1.2　小浪底水库

小浪底水利枢纽位于河南省洛阳市以北 40 km 处的黄河干流上，上距三门峡水利枢纽 130 km，下距郑州花园口站 128 km。坝址控制流域面积 69.4 万 km^2，占黄河流域总面积的 92%。小浪底水库的开发任务是以防洪(防凌)、减淤为主，兼顾供水、灌溉、发电。

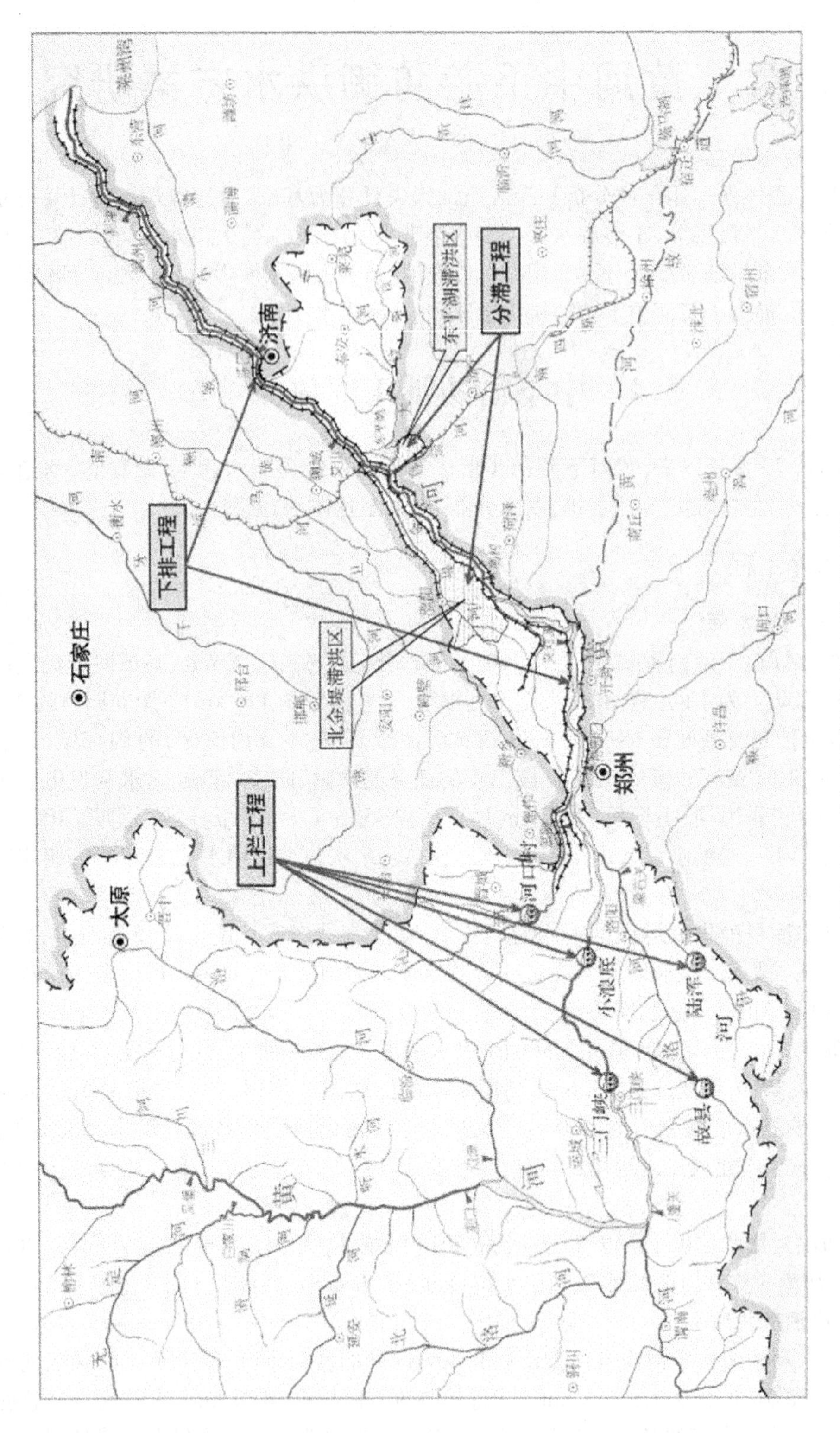

图 5.1-1 黄河中下游防洪工程体系示意图

水库设计正常蓄水位 275 m(黄海标高),万年一遇校核洪水位 275 m,千年一遇设计洪水位 274 m。设计总库容 126.5 亿 m^3,包括拦沙库容 75.5 亿 m^3,防洪库容 40.5 亿 m^3,调水调沙库容 10 亿 m^3。兴利库容可重复利用防洪库容和调水调沙库容。

水库大坝于 1997 年 10 月 28 日截流,1999 年 10 月 25 日下闸蓄水,2000 年 6 月 26 日主坝封顶(坝顶高程 281 m),水库主体工程于 2001 年 12 月全部完工,所有泄水建筑物达到设计运用条件;2002 年 12 月进行了工程竣工初步验收;2009 年 4 月通过了国家竣工验收。

按照水利部 2004 年批复的《小浪底水利枢纽拦沙初期运用调度规程》,当小浪底水库淤积量达到 21 亿～22 亿 m^3时将转入拦沙后期。小浪底库区自 1997 年 10 月(大坝截流)至 2011 年汛前已累计淤积泥沙 26.55 亿 m^3,水库运用已进入拦沙后期。

水库泄洪建筑物有 3 条明流洞、3 条排沙洞、3 条孔板洞和正常溢洪道。孔板洞进口高程 175 m,运行条件为水位超过 200 m。其中 1 号孔板洞在水位超过 250 m 时停止使用。排沙洞进口高程 175 m,运行条件为水位超过 186 m。1 号、2 号、3 号明流洞进口高程分别为 195 m、209 m、225 m。正常溢洪道堰顶高程 258 m,运行条件为水位超过 265 m。最高防洪运用水位 275 m,相应总泄流能力 15 300 m^3/s。各泄水建筑物闸门启闭设施均系一门一机,各泄洪洞闸门启闭时间不超过 30 min。

西霞院工程位于小浪底水利枢纽下游 16 km 处,控制流域面积 69.46 万 km^2,是小浪底水利枢纽的配套工程。其开发任务是以反调节为主,结合发电,兼顾灌溉和供水综合利用。水库设计总库容 1.62 亿 m^3,长期有效库容 0.45 亿 m^3。100 年一遇设计洪水位 132.56 m(黄海标高),5 000 年一遇校核洪水位 134.75 m,正常蓄水位 134 m,汛限水位 131 m。

西霞院工程于 2004 年 1 月 10 日开工,2006 年 11 月 6 日截流,2007 年 5 月下闸蓄水,6 月第一台机组并网发电,2008 年 6 月底竣工,2010 年 3 月 2 日通过竣工验收。

根据工程的开发任务,西霞院水库不承担下游的防洪任务,西霞院水库汛期的防洪运用主要是配合小浪底水库泄洪排沙。

非汛期(11 月至翌年 6 月),水库水位可以在 133～134 m 之间进行反调节运用,满足下游的工农业用水要求,并根据入库流量的大小相机承担电力系统的调峰容量。

西霞院工程大坝由混凝土坝段和左右岸砂砾石坝段组成。混凝土坝段布置有发电及泄洪排沙系统,发电系统安装有 4 台 3.5 万 kW 机组,总装机容量 14 万 kW;泄洪排沙系统由 21 孔泄洪闸、6 条排沙洞、3 条排沙底孔组成。

5.1.1.3 陆浑水库

陆浑水库位于黄河支流伊河的中游,控制流域面积 3 492 km^2,占伊河流域面积的 57.9%。该工程是以防洪为主,兼顾灌溉、发电的综合利用工程。坝型为黏土斜墙砂卵石坝,最大坝高 55 m,坝顶宽 8 m,长 710 m,坝顶高程 333 m。水库按千年一遇洪水设计、万年一遇洪水校核。设计洪水位 327.5 m,校核洪水位 331.8 m,设计总库容 13.2 亿 m^3,设计汛期限制水位 317 m(黄海标高),蓄洪限制水位 323 m。陆浑水库自 2003 年年底开始全面除险加固,于 2006 年 12 月 16 日通过了除险加固竣工验收。水库的泄洪建筑物有泄洪洞、输水洞、溢洪道、灌溉洞。

水库的防洪任务主要是:削减本流域下游的洪峰流量,减少陆浑至龙门镇滩区耕地的淹没损失;配合三门峡、小浪底水库运用,削减三花间的洪峰流量,以减轻黄河下游的防洪负担,减少滞洪区的分洪概率和分洪量。水库建成后,曾多次为花园口站削减洪峰流量。

水库正常蓄水位 319.5 m,水库移民水位 325 m,征地水位 319.5 m,设计洪水位以下居住有约 10.2 万人(2010 年统计),水库运用水位超过 318.5 m 时将涉及人员紧急转移。由于水库下游河段河道防洪标准低,水库下泄大流量时须加强下游堤防防守和组织人员紧急转移,尽量减少损失。

5.1.1.4　故县水库

故县水库位于黄河支流洛河中游的峡谷区,控制流域面积 5 370 km^2,占洛河流域面积的 44.6%。该工程是以防洪为主,兼顾灌溉、供水、发电的综合利用工程。坝型为混凝土重力坝,坝顶高程 553 m(大沽标高),坝顶长 315 m,最大坝高 125 m。水库按千年一遇洪水设计、万年一遇洪水校核。设计洪水位 548.55 m,校核洪水位 551.02 m,设计总库容 11.75 亿 m^3。小浪底水库建成后,故县水库转入正常运用,设计汛期限制水位 527.3 m,蓄洪限制水位 548 m,可拦蓄洪量 4.8 亿 m^3。水库的泄洪建筑物有 2 底孔、1 中孔、5 孔溢洪道和 3 台发电机组。设计拟定中孔近期参与泄洪,远期中孔不泄洪。通过试验,中孔在 528 m 以下泄洪对大坝安全不利。因此,近期水位在 528 m 以下不使用中孔。

水库建成后,当黄河花园口站发生不同频率洪水时,可发挥有效的调洪削峰作用,减轻洪水对下游的威胁,并将洛阳市洛河断面 20 年一遇洪水削减 2 000 ~ 5 500 m^3/s,提高洛阳市的防洪标准。

水库正常蓄水位 534.8 m,水库移民水位 544.2 m,征地水位 534.8 m,设计洪水位以下居住有约 1.66 万人(2010 年统计),水库运用水位超过 541.2 m 时将涉及人员紧急转移。洛河中下游堤防未达设计防洪标准。故县水库下泄洪水将影响洛阳市及沿河城镇安全,须加强堤防防守和组织人员紧急转移,尽量减少损失。

5.1.2　堤防工程

黄河下游除南岸邙山及东平湖至济南区间为低山丘陵外,其余全靠堤防约束洪水。现状下游临黄大堤总长 1 371.1 km,左岸大堤从孟州中曹坡起,长 747.0 km;右岸大堤从孟津县牛庄起,长 624.1 km。现有下游临黄大堤一般高 10 m,最高达 14 m,临背河地面高差 4 ~ 6 m,最高达 10 m 以上。堤防断面顶宽一般 8 ~ 12 m,堤顶设计超高沁河口至高村为 3.0 m,高村至艾山为 2.5 m,艾山以下为 2.1 m。各河段堤防的设防流量分别为花园口22 000 m^3/s、高村 20 000 m^3/s、孙口 17 500 m^3/s,艾山以下 11 000 m^3/s。由于当前黄河下游“二级悬河”形势严峻,洪水一旦漫滩临堤水深普遍达 3 ~ 5 m,因此小洪水也可能对大堤安全产生威胁。下游堤防建有 95 座引黄涵闸,加上分洪、分凌闸共有 200 多处土石结合部,是防洪的隐患。

5.1.3　河道整治工程

黄河下游的河道整治工程主要包括险工和控导护滩工程两部分。

险工是为了保护堤防安全沿堤修筑的坝垛建筑物,一般由丁坝、垛坝和护岸组成。目前,黄河下游临黄堤有险工 146 处,坝、垛和护岸 5 384 道,工程长度近 330.1 km。

控导护滩工程是为了控制河势、稳定河槽、保护滩地而修建的工程。目前，黄河下游有控导护滩工程 228 处，坝、垛、护岸 4 959 道，工程长度 461.6 km。黄河下游控导工程设计流量为 4 000 m^3/s。

目前，陶城铺以下弯曲性河道的河势已得到控制；高村至陶城铺由游荡性向弯曲性转变的过渡性河段，河势得到基本控制；高村以上游荡性河段已布设了一部分控导工程，缩小了游荡范围，河势尚未得到控制。

5.1.4　分滞洪工程

5.1.4.1　东平湖滞洪区

东平湖滞洪区位于黄河由宽河道转为窄河道过渡段的黄河与汶河下游冲积平原相接的洼地上，是保证黄河下游窄河段防洪安全的关键工程，承担分滞黄河洪水和调蓄汶河洪水的双重任务。

东平湖湖区由隔堤(称为二级湖堤)隔为新、老湖区两部分，总面积 627 km^2，其中老湖区面积 209 km^2，新湖区面积 418 km^2。老湖区调蓄汶河来水，新湖区由围坝和二级湖堤围成，只在黄河分洪时蓄水。湖区涉及山东省东平、梁山、汶上 3 县共 12 个乡镇，46.0 m高程以下有 28.7 万人，其中老湖区 7.0 万人，新湖区 21.7 万人(2009 年统计资料)，湖内有耕地 47.6 万亩。

东平湖围坝设计水位 45 m，其中老湖区调蓄汶河洪水设计水位为 46 m。分洪总量按全湖区水位 44.5 m 控制，相应容积 30.5 亿 m^3，考虑老湖区底水 4 亿 m^3，汶河来水 9 亿 m^3，允许分蓄黄河洪水 17.5 亿 m^3。东平湖滞洪区水位、库容、面积关系见表 5.1-1。

表 5.1-1　东平湖滞洪区水位、库容、面积关系

水位(m,大沽高程)	库容(亿 m^3)			面积(km^2)		
	老湖区	新湖区	全湖	老湖区	新湖区	全湖
39.0	0.1	0.83	0.93	62	177	239
40.0	0.98	3.37	4.35	115	315	430
41.0	2.37	7.00	9.37	149	403	552
42.0	3.95	11.12	15.07	182	418	600
43.0	5.78	15.32	21.10	198	418	616
44.0	7.77	19.54	27.31	205	418	623
44.5	8.82	21.60	30.42	206	418	624
45.0	9.87	23.67	33.54	207	418	625
46.0	11.94	27.85	39.79	209	418	627

湖区工程包括围坝、二级湖堤、进出湖闸等几部分，围坝长 100.1 km，二级湖堤长 26.7 km。目前建有石洼、林辛和十里铺 3 座分洪闸，总分洪能力为 8 500 m^3/s，其中新湖区石洼闸分洪能力为 5 000 m^3/s，老湖区林辛、十里铺闸分洪能力分别为 1 500 m^3/s 和 2 000 m^3/s。通向黄河的退水闸有陈山口、清河门 2 座，设计总泄水能力为 2 500 m^3/s，其

中陈山口闸 1 200 m^3/s,清河门闸 1 300 m^3/s。由于受黄河淤积影响,达不到设计退水能力,目前两闸在湖水位 44.5 m、黄河洪水不顶托(4 500 m^3/s 以下)情况下泄水能力约 1 100 m^3/s,当黄河洪水流量超过 7 000 m^3/s 时将不能退水。新湖区南端建有司亥退水闸,设计排水流量 1 000 m^3/s,当新湖区分洪运用,围坝出现大的险情时,可相机向南四湖紧急泄水。

东平湖滞洪区的任务是控制艾山下泄流量不超过 10 000 m^3/s,或按上级决定的艾山控制下泄流量有计划地分洪,以确保济南市、津浦铁路、胜利油田及艾山以下沿黄广大地区的防洪安全。正常情况下东平湖滞洪区的运用原则为:当孙口站实测洪峰流量达 10 000 m^3/s,且有上涨趋势时,东平湖老湖区首先投入分洪运用;当孙口实测洪水进一步上涨,流量达到 13 500 m^3/s,且有继续上涨的趋势时,或老湖区分洪蓄水位达到 46.0 m 时,新湖区投入分洪运用。小浪底水库建成前,东平湖滞洪区分洪运用概率为 10 年一遇;小浪底水库建成后,东平湖的分洪概率约为 30 年一遇。

5.1.4.2　北金堤滞洪区

北金堤滞洪区位于黄河下游高村至陶城铺宽河段转为窄河段过渡段的左岸,1951 年由国务院批准兴建,是防御黄河下游超标准洪水的重要工程措施之一。滞洪区面积 2 316 km^2,涉及豫、鲁 2 省 7 县(市)约 174.23 万人,其中河南 172.78 万人,山东 1.45 万人(2004 年统计资料)。

滞洪区目前主要工程包括北金堤、分洪闸、退水闸、避洪工程等。北金堤全长 123.3 km;渠村分洪闸设计分洪流量 10 000 m^3/s,有效分洪水量 20 亿 m^3;张庄退水闸位于滞洪区下端,设计退水流量 1 000 m^3/s,并承担黄河向滞洪区内倒灌 1 000 m^3/s 流量的任务,由于黄河河床逐年淤积,退水入黄日益困难。张庄闸北端大堤上预留有宽 300 m 的退水口门,两端修有块石裹头,必要时予以破除。

北金堤滞洪区末端水位、库容关系数据见表 5.1-2。

表 5.1-2　北金堤滞洪区末端水位、库容关系数据

水位(m,黄海高程)	41	42	43	44	45	46	47	48
库容(亿 m^3)	0.237	0.718	2.155	4.432	7.399	11.81	17.11	23.42

北金堤滞洪区是处理黄河超标准洪水的设施,小浪底水库建成后,对于来自三门峡以上的“上大洪水”基本不需要启用,对于来自小浪底至花园口之间超过千年一遇(花园口洪峰流量 22 600 m^3/s)的稀遇“下大洪水”,在东平湖滞洪区分洪的同时,需要根据金堤河的来水量相机投入运用,其运用概率很小。

5.2　下游河道过流能力及滩区淹没损失分析

5.2.1　下游平滩流量及设防流量

5.2.1.1　平滩流量

黄河下游河道主槽不断冲深,使平滩流量不断加大,至 2010 年汛初,花园口以上河段

平滩流量已增加至 5 500 m^3/s 以上,花园口—高村河段平滩流量增加为 5 000 m^3/s 左右,高村—艾山河段为 4 000 m^3/s 左右,艾山以下大部分河段在 4 000 m^3/s 以上。2002 年以来黄河下游各个断面平滩流量变化情况见表 5.2-1。

表 5.2-1　2002 年后黄河下游河道平滩流量变化情况　(单位:m^3/s)

项目	花园口	夹河滩	高村	孙口	艾山	泺口	利津
2002 年汛初	3 600	2 900	1 800	2 070	2 530	2 900	3 000
2003 年汛初	3 800	2 900	2 420	2 080	2 710	3 100	3 150
2004 年汛初	4 700	3 800	3 600	2 730	3 100	3 600	3 800
2005 年汛初	5 200	4 000	4 000	3 080	3 500	3 800	4 000
2006 年汛初	5 500	5 000	4 400	3 500	3 700	3 900	4 000
2007 年汛初	5 800	5 400	4 700	3 650	3 800	4 000	4 000
2008 年汛初	6 300	6 000	4 900	3 810	3 800	4 000	4 100
2009 年汛初	6 500	6 000	5 000	3 880	3 900	4 200	4 300
2010 年汛初	6 500	6 000	5 300	4 000	4 000	4 200	4 400
累计增加	2 900	3 100	3 500	1 930	1 470	1 300	1 400

5.2.1.2　设防流量

根据《黄河流域防洪规划》,黄河下游河段堤防的设防流量为花园口 22 000 m^3/s,艾山站以下 11 000 m^3/s。各河段具体设防流量见表 5.2-2。

表 5.2-2　黄河下游河段堤防设计防洪流量　(单位:m^3/s)

站名	花园口	高村	孙口	艾山	泺口	利津
设防流量	22 000	20 000	17 500	11 000	11 000	11 000

5.2.2　滩区基本情况及滩区历史受灾统计

黄河下游滩地总面积约为 4 047 km^2,占河道面积的 85%,涉及河南、山东 2 省 15 个地(市)43 个县(区)。截至 2005 年底,黄河下游滩区共有村庄 1 928 个,人口约 187.32 万人,耕地 485.07 万亩。其中,河南省有 1 148 个村庄,123.05 万人,耕地 331.52 万亩;山东省有 780 个村庄,64.27 万人,耕地 153.55 万亩。黄河下游 120 多个自然滩中,面积大于 100 km^2的有 7 个,50～100 km^2的有 9 个,30～50 km^2的有 12 个,30 km^2以下的有 90 多个。

滩区属于典型的农业经济,除少量的油田外,乡镇企业规模很小,滩区农作物夏粮以小麦为主,秋粮以大豆、玉米、花生为主。受汛期洪水漫滩的影响,秋作物有时种不保收,产量低而不稳,滩区群众主要依靠一季夏粮维持全年生活。2005 年,黄河下游滩区粮食总产量 261.78 万 t,其中夏粮 141.78 万 t,秋粮 120 万 t。

受漫滩洪水影响和生产环境及生产条件的制约,滩区经济发展落后,与周边区域的差距呈现逐步扩大之势。据统计，河南省 2005 年农村人均纯收入为 2 871 元，而滩区人均纯收入为 2 329 元，基本相当于 2000 年的全省农村人均纯收入水平，其中濮阳市黄河滩区的濮阳、台前 2 个贫困县 2005 年农村人均纯收入分别为 1 106 元、1 072 元，基本是 10 年前全省人均纯收入的水平。山东省 2005 年滩区人均纯收入 3 669 元，比全省农村人均纯收入 3 931 元低 262 元，其中菏泽滩区只有 2 313 元，比全省低 1 618 元。洪水漫滩造成滩区群众收入低、损失大，且财富得不到积累，目前陶城铺以上河段滩区内集中分布着河南封丘、范县、台前、兰考 4 个国家级贫困县和原阳、濮阳 2 个省级贫困县。滩区贫困人口达 65 万人。

黄河下游滩区 2005 年社会经济情况见表 5.2-3。

表 5.2-3　黄河下游滩区 2005 年社会经济情况

<table>
<tr><th colspan="3" rowspan="2">河段</th><th rowspan="2">村庄
(个)</th><th rowspan="2">人口
(万人)</th><th rowspan="2">人均收入
(元/人)</th><th colspan="3">粮食产量(万 t)</th></tr>
<tr><th>小计</th><th>夏粮</th><th>秋粮</th></tr>
<tr><td colspan="3">两省合计</td><td>1 928</td><td>187.32</td><td></td><td>261.78</td><td>141.78</td><td>120.00</td></tr>
<tr><td colspan="3">河南省</td><td>1 148</td><td>123.05</td><td></td><td>172.77</td><td>90.83</td><td>81.94</td></tr>
<tr><td colspan="3">山东省</td><td>780</td><td>64.27</td><td></td><td>89.02</td><td>50.96</td><td>38.06</td></tr>
<tr><td rowspan="11">京广铁桥以上</td><td colspan="2">小计</td><td>73</td><td>8.99</td><td></td><td>23.13</td><td>14.06</td><td>9.07</td></tr>
<tr><td>1</td><td>洛阳市</td><td>16</td><td>1.15</td><td></td><td>3.25</td><td>1.75</td><td>1.50</td></tr>
<tr><td>1.1</td><td>孟津县</td><td>13</td><td>1.04</td><td>2 565</td><td>3.20</td><td>1.73</td><td>1.48</td></tr>
<tr><td>1.2</td><td>吉利区</td><td>3</td><td>0.11</td><td>4 106</td><td>0.05</td><td>0.02</td><td>0.02</td></tr>
<tr><td>2</td><td>焦作市</td><td>57</td><td>7.83</td><td></td><td>14.47</td><td>9.78</td><td>4.69</td></tr>
<tr><td>2.1</td><td>孟州市</td><td>19</td><td>3.20</td><td>2 938</td><td>4.36</td><td>3.87</td><td>0.49</td></tr>
<tr><td>2.2</td><td>温县</td><td>33</td><td>3.77</td><td>3 400</td><td>6.81</td><td>4.10</td><td>2.71</td></tr>
<tr><td>2.3</td><td>武陟县</td><td>5</td><td>0.86</td><td>2 500</td><td>3.30</td><td>1.80</td><td>1.50</td></tr>
<tr><td>3</td><td>郑州市</td><td></td><td></td><td></td><td>5.41</td><td>2.54</td><td>2.88</td></tr>
<tr><td>3.1</td><td>巩义</td><td></td><td></td><td></td><td>4.11</td><td>1.99</td><td>2.12</td></tr>
<tr><td>3.2</td><td>荥阳</td><td></td><td></td><td></td><td>1.30</td><td>0.55</td><td>0.76</td></tr>
<tr><td rowspan="7">京广铁桥—东坝头</td><td colspan="2">小计</td><td>361</td><td>44.83</td><td></td><td>72.90</td><td>37.56</td><td>35.34</td></tr>
<tr><td>1</td><td>郑州市</td><td>15</td><td>2.31</td><td></td><td>8.16</td><td>4.66</td><td>3.51</td></tr>
<tr><td>1.1</td><td>邙金区</td><td>4</td><td>0.12</td><td>5 500</td><td>0.07</td><td>0.03</td><td>0.04</td></tr>
<tr><td>1.2</td><td>中牟县</td><td>11</td><td>2.19</td><td>4 056</td><td>8.09</td><td>4.62</td><td>3.47</td></tr>
<tr><td>2</td><td>焦作市</td><td>11</td><td>1.24</td><td></td><td>3.30</td><td>1.80</td><td>1.50</td></tr>
<tr><td>2.1</td><td>武陟县</td><td>11</td><td>1.24</td><td>2 500</td><td>3.30</td><td>1.80</td><td>1.50</td></tr>
<tr><td>3</td><td>新乡市</td><td>231</td><td>28.93</td><td></td><td>39.01</td><td>20.20</td><td>18.81</td></tr>
</table>

续表 5.2-3

河段			村庄（个）	人口（万人）	人均收入（元/人）	粮食产量(万 t)		
						小计	夏粮	秋粮
京广铁桥—东坝头	3.1	原阳县	187	21.65	2 336	29.36	15.66	13.70
	3.2	封丘县	44	7.28	2 456	9.65	4.54	5.11
	4	开封市	104	12.35		22.43	10.90	11.53
	4.1	开封郊区	16	1.89	1 500	4.58	2.26	2.32
	4.2	开封县	82	9.24	1 500	15.23	7.35	7.88
	4.3	兰考县	6	1.21	1 878	2.62	1.29	1.33
东坝头—陶城铺	合计		992	92.33		111.41	63.06	48.36
	河南小计		714	69.23		76.73	39.21	37.53
	1	新乡市	332	42.54		40.47	20.74	19.74
	1.1	封丘县				2.03	0.95	1.07
	1.2	长垣县	163	21.50	3 580	12.03	7.35	4.68
	1.3	封丘倒灌	169	21.04	2 123	26.42	12.43	13.99
	2	濮阳市	377	26.23		30.40	15.68	14.72
	2.1	濮阳县	165	10.59	1 106	10.33	5.35	4.98
	2.2	范县	77	6.08	1 942	14.22	6.27	7.95
	2.3	台前	135	9.57	1 072	5.85	4.06	1.79
	3	开封市	5	0.46		5.87	2.79	3.07
	3.1	兰考县	5	0.46	1 878	5.87	2.79	3.07
	山东小计		278	23.10		34.68	23.85	10.83
	1	菏泽市	219	18.58		29.15	20.39	8.76
	1.1	东明县	141	12.46	2 710	17.44	14.91	2.53
	1.2	牡丹区	4	0.23	2 028	4.77	2.12	2.65
	1.3	鄄城县	74	5.89	1 460	3.84	1.81	2.03
	1.4	郓城县				3.11	1.55	1.55
	2	济宁市	32	2.40		3.96	2.37	1.60
	2.1	梁山县	32	2.40	2 300	3.96	2.37	1.60
	3	泰安市	27	2.12		1.56	1.09	0.48
	3.1	东平县	27	2.12	3 500	1.56	1.09	0.48

续表 5.2-3

河段			村庄（个）	人口（万人）	人均收入（元/人）	粮食产量（万 t）		
						小计	夏粮	秋粮
陶城铺以下	小计		502	41.16		54.34	27.11	27.23
	1	德州市				2.09	0.96	1.12
	1.1	齐河县				2.09	0.96	1.12
	2	泰安市	38	3.91		3.80	2.64	1.16
	2.1	东平县	38	3.91	3 700	3.80	2.64	1.16
	3	济南市	393	34.27		29.38	13.92	15.47
	3.1	平阴	126	15.38	4 088	9.16	4.25	4.90
	3.2	长清	222	16.47	4 939	10.01	4.91	5.10
	3.3	槐荫区	13	0.74	4 921	2.15	1.20	0.95
	3.4	天桥区	2	0.04	2 000	0.77	0.35	0.42
	3.5	历城区				0.85	0.42	0.42
	3.6	章丘	23	1.18	4 500	2.55	1.05	1.50
	3.7	济阳	7	0.44	4 068	3.90	1.73	2.17
	4	聊城市				2.43	1.22	1.21
	4.1	阳谷				0.03	0.02	0.01
	4.2	东阿				2.40	1.20	1.20
	5	滨州市	34	1.63		8.87	4.45	4.42
	5.1	惠民	1	0.03	1 200	2.03	0.94	1.09
	5.2	滨州市	33	1.60	3 826	2.58	1.39	1.19
	5.3	邹平				3.82	1.92	1.09
	5.4	博兴				0.44	0.20	0.24
	6	淄博市	17	0.51		3.24	1.56	1.68
	6.1	高青	20	17	2 870	3.24	1.56	1.68
	7	东营市	18	20		4.53	2.36	2.18
	7.1	利津	18	20	4 621	2.12	1.34	0.78
	7.2	东营区				0.56	0.23	0.34
	7.3	垦利				1.85	0.79	1.06

由于黄河主槽摆动，洪水泛滥，为规避风险，滩区群众陆续修建了避水村台、房台、避水楼、临时避水台等避水设施，一定程度上减轻了洪灾风险，但避水设施缺少统一规划、标准低、各自防守等制约了其防御能力的充分发挥。据不完全统计，中华人民共和国成立以

来滩区遭受不同程度的洪水漫滩 30 余次，累计受灾人口 900 多万人次，受淹耕地 2 600 多万亩次。历年受灾情况详见表 5.2-4。

表 5.2-4　黄河下游滩区历年受灾情况

年份	花园口最大流量 (m^3/s)	淹没村庄 (个)	人口 (万人)	耕地 (万亩)	淹没房屋 (万间)
1949	12 300	275	21.43	44.76	0.77
1950	7 250	145	6.90	14.00	0.03
1951	9 220	167	7.32	25.18	0.09
1953	10 700	422	25.20	69.96	0.32
1954	15 000	585	34.61	76.74	0.46
1955	6 800	13	0.99	3.55	0.24
1956	8 360	229	13.48	27.17	0.09
1957	13 000	1 065	61.86	197.79	6.07
1958	22 300	1 708	74.08	304.79	29.53
1961	6 300	155	9.32	24.80	0.26
1964	9 430	320	12.80	72.30	0.32
1967	7 280	45	2.00	30.00	0.30
1973	5 890	155	12.20	57.90	0.26
1975	7 580	1 289	41.80	114.10	13.00
1976	9 210	1 639	103.60	225.00	30.80
1977	10 800	543	42.85	83.77	0.29
1978	5 640	117	5.90	7.50	0.18
1981	8 060	636	45.82	152.77	2.27
1982	15 300	1 297	90.72	217.44	40.08
1983	8 180	219	11.22	42.72	0.13
1984	6 990	94	4.38	38.02	0.02
1985	8 260	141	10.89	15.60	1.41
1988	7 000	100	26.69	102.41	0.04
1992	6 430	14	0.85	95.09	
1993	4 300	28	19.28	75.28	0.02
1994	6 300	20	10.44	68.82	
1996	7 860	1 374	118.80	247.60	26.54
1997	3 860	53	10.52	33.03	
1998	4 700	427	66.61	92.20	
2002	2 600	196	12	29.25	
2003	2 500		14.02	37.92	

滩区洪涝灾害最严重的是1958年、1976年、1982年和1996年。其中1958年、1976年和1982年东坝头以下的滩区几乎全部上水，东坝头以上全部漫滩；1996年8月洪水的淹没范围、影响人口以及造成的损失均为人民治黄以来最严重的一次。小浪底水库建成运用后，黄河下游防洪形势发生了新的变化，但局部河段仍发生由小洪水引起的灾害，如2002年洪水以及2003年秋汛洪水。

5.2.3　现状滩区不同量级洪水淹没损失计算分析

基于2009年汛前地形，利用黄河下游洪水演进及灾情评估模型(YRCC2D)进行不同量级洪水的数值模拟计算，得出不同量级洪水的淹没范围、水深分布、流速分布、洪水传播时间及淹没历时等关键要素。依据计算的淹没范围、淹没历时信息，结合滩区村庄、耕地等社会经济信息，统计得出现状滩区不同量级洪水的淹没损失及其分布情况。

5.2.3.1　量级洪水设计

通过对黄河下游花园口站历史洪水实测资料的统计和分析，根据不同流量级下的洪水特点，结合小浪底水库运用，设计了花园口站不同流量级下的洪水过程。根据黄河中下游防御洪水方案研究的需要，数学模型计算以花园口站为进口控制断面，以利津站作为出口控制边界，采用2009年利津站水位流量关系为出口控制边界，设计了流量为4 000 m^3/s、6 000 m^3/s、8 000 m^3/s、10 000 m^3/s、12 000 m^3/s、16 000 m^3/s、22 000 m^3/s的7个计算方案。

不同量级洪水花园口站洪峰流量见表5.2-5。

表5.2-5　不同量级洪水花园口站洪峰流量

序号	设计洪水(m^3/s)	说明
1	4 000	
2	6 000	
3	8 000	
4	10 000	
5	12 000	
6	16 000	东平湖分洪
7	22 000	东平湖分洪

5.2.3.2　不同量级洪水演进过程

1.6 000 m^3/s量级洪水

由模型计算得出各个水文站流量传播过程、滩区淹没损失及分布(详细过程见表5.2-6)。

表5.2-6　6 000 m^3/s量级洪水下游淹没范围及分布

河段	花园口—东坝头	东坝头—陶城铺	陶城铺—利津
淹没范围(km^2)	0	206.79	278.27
合计(km^2)	485.06		

洪峰传播到利津站时，峰值为3 553 m^3/s，削峰率为40.8%，累计传播时间为11.5天。该量级洪水下滩区淹没范围为485.06 km^2，其中东坝头—陶城铺河段淹没206.79 km^2，陶城铺—利津河段淹没278.27 km^2。

2.8 000 m^3/s 量级洪水

由模型计算得出各个水文站流量传播过程、滩区淹没损失及分布（详细过程见表5.2-7和图5.2-1）。

表5.2-7　8 000 m^3/s 量级洪水下游淹没损失及分布

河段	花园口—东坝头	东坝头—陶城铺	陶城铺—利津
淹没范围（km^2）	684.23	1 276.11	645.28
合计（km^2）	2 605.62		

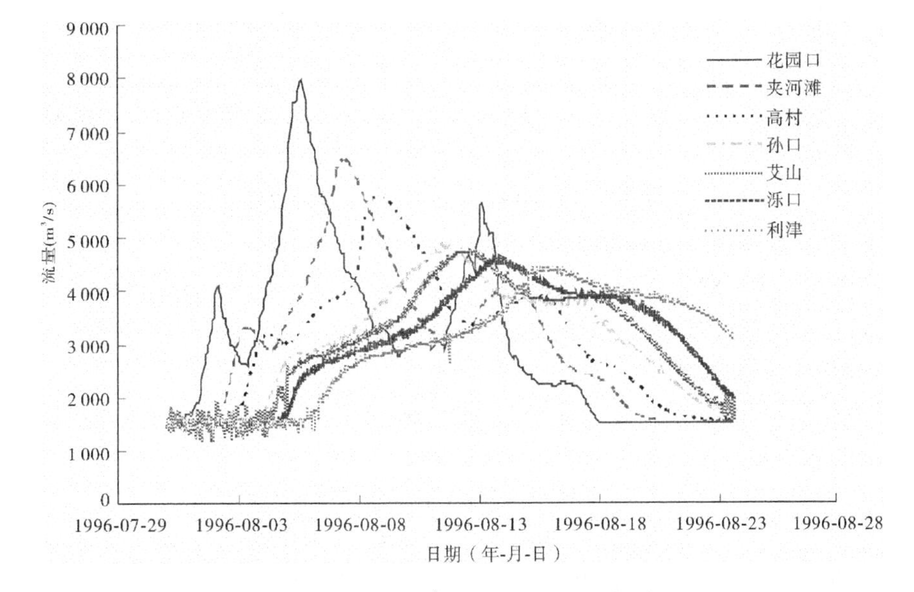

图5.2-1　8 000 m^3/s 各个水文站流量过程

从花园口到利津的洪峰削峰率为44.8%，洪峰传播时间为10.3天，在该流量级条件下，花园口断面出现两个洪峰，因为漫滩发生，进入山东段时合为一个洪峰，这个计算结果和1996年实测洪水过程是一致的。该量级洪水下滩区淹没范围为2 605.62 km^2，其中花园口—东坝头河段淹没684.23 km^2，东坝头—陶城铺河段淹没1 276.11 km^2，陶城铺—利津河段淹没645.28 km^2。

3.10 000 m^3/s 量级洪水

由模型计算得出各个水文站流量传播过程、滩区淹没损失及分布（详细过程见表5.2-8和图5.2-2）。

表5.2-8　10 000 m^3/s 量级洪水下游淹没损失及分布

河段	花园口—东坝头	东坝头—陶城铺	陶城铺—利津
淹没范围（km^2）	854.48	1 280.75	696.28
合计（km^2）	2 831.51		

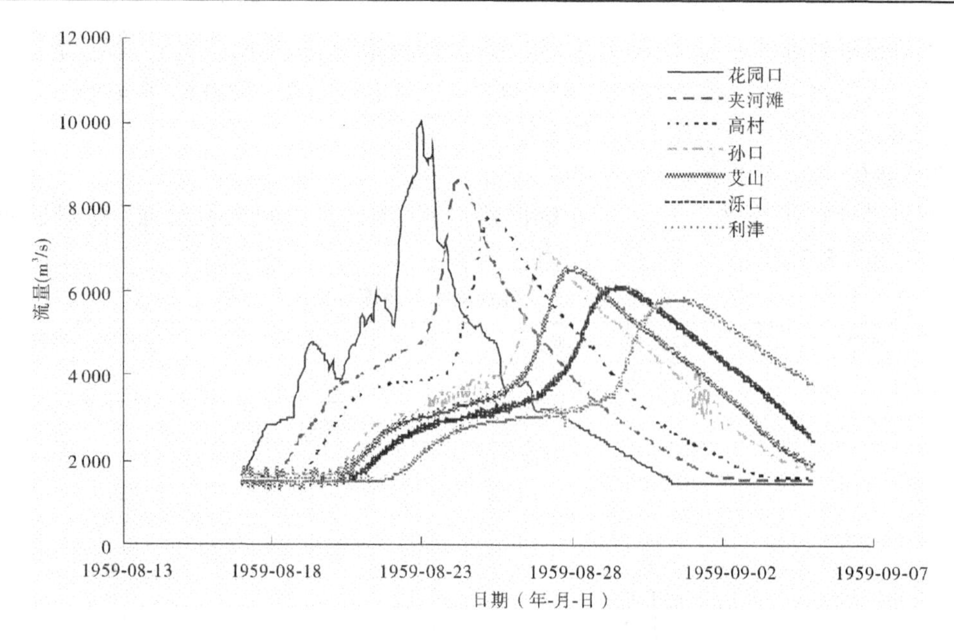

图 5.2-2　10 000 m^3/s 各个水文站流量过程

从花园口到利津洪峰削峰率为 41.6%，洪峰传播时间为 8.4 天。洪水几乎全部漫滩，滩区淹没范围为 2 831.51 km^2，其中花园口—东坝头河段淹没 854.48 km^2，东坝头—陶城铺河段淹没 1 280.75 km^2，陶城铺—利津河段淹没 696.28 km^2。

4. 12 000 m^3/s 量级洪水

由模型计算得出各个水文站流量传播过程、滩区淹没损失及分布（详细过程见表 5.2-9和图 5.2-3）。

表 5.2-9　12 000 m^3/s 量级洪水下游淹没损失及分布

河段	花园口—东坝头	东坝头—陶城铺	陶城铺—利津
淹没范围(km^2)	858.78	1 282.70	705.72
合计(km^2)	2 847.20		

从花园口到利津洪峰削峰率为 38%，洪峰传播时间为 8.2 天。洪水几乎全部漫滩，滩区淹没范围为 2 847.20 km^2，其中花园口—东坝头河段淹没 858.78 km^2，东坝头—陶城铺河段淹没 1 282.7 km^2，陶城铺—利津河段淹没 705.72 km^2。

5. 16 000 m^3/s 量级洪水

由模型计算得出各个水文站流量传播过程、滩区淹没损失及分布（详细过程见表 5.2-10和图 5.2-4）。

表 5.2-10　16 000 m^3/s 量级洪水下游淹没损失及分布

河段	花园口—东坝头	东坝头—陶城铺	陶城铺—利津
淹没范围(km^2)	894.32	1 282.78	718.07
合计(km^2)	2 895.17		

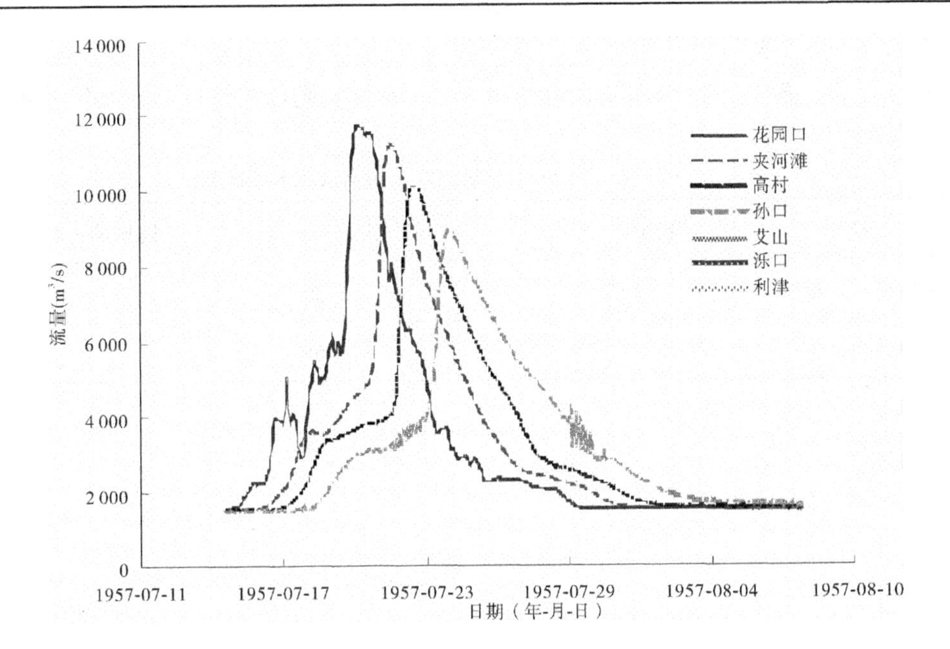

图 5.2-3　12 000 m³/s 各个水文站流量过程

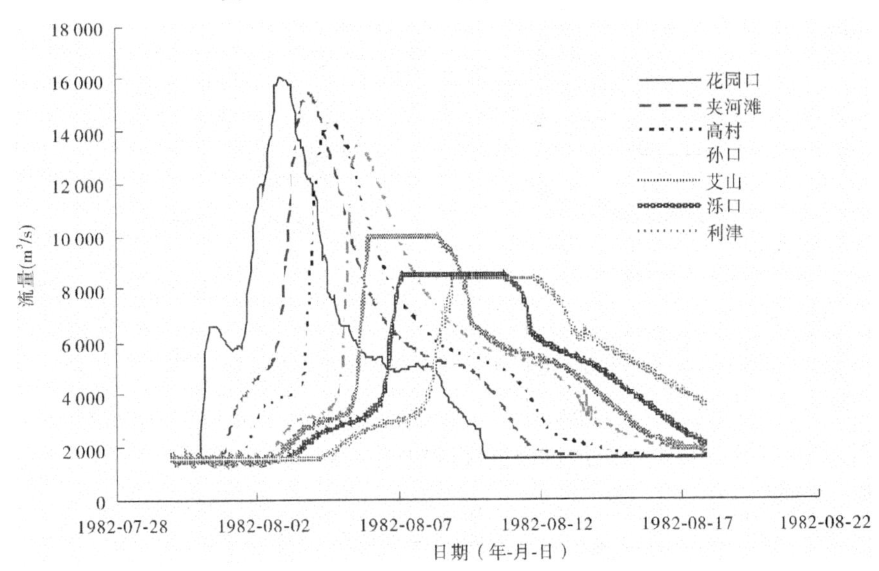

图 5.2-4　16 000 m³/s 各个水文站流量过程

在该计算方案中，艾山流量超过 10 000 m³/s 时，超出的流量部分被分洪到东平湖。

根据表 5.2-10 可以得出，洪峰传播到利津站时，峰值为 8 399 m³/s，传播到艾山站时，流量超过 10 000 m³/s，超出 10 000 m³/s 部分利用东平湖分洪，累计传播时间为 6.7 天。洪水全部漫滩，滩区淹没范围为 2 895.17 km²，其中花园口—东坝头河段淹没 894.32 km²，东坝头—陶城铺河段淹没 1 282.78 km²，陶城铺—利津河段淹没 718.07 km²。

6.22 000 m³/s 量级洪水

由模型计算得出各个水文站流量传播过程、滩区淹没损失及分布（详细过程见

表5.2-11和图5.2-5)。

在该计算方案中,艾山流量超过10 000 m³/s流量时,超出的流量部分被分洪到东平湖。

表5.2-11　22 000 m³/s量级洪水下游淹没损失及分布

河段	花园口—东坝头	东坝头—陶城铺	陶城铺—利津
淹没范围(km²)	898.98	1 283.29	731.28
合计(km²)	2 913.55		

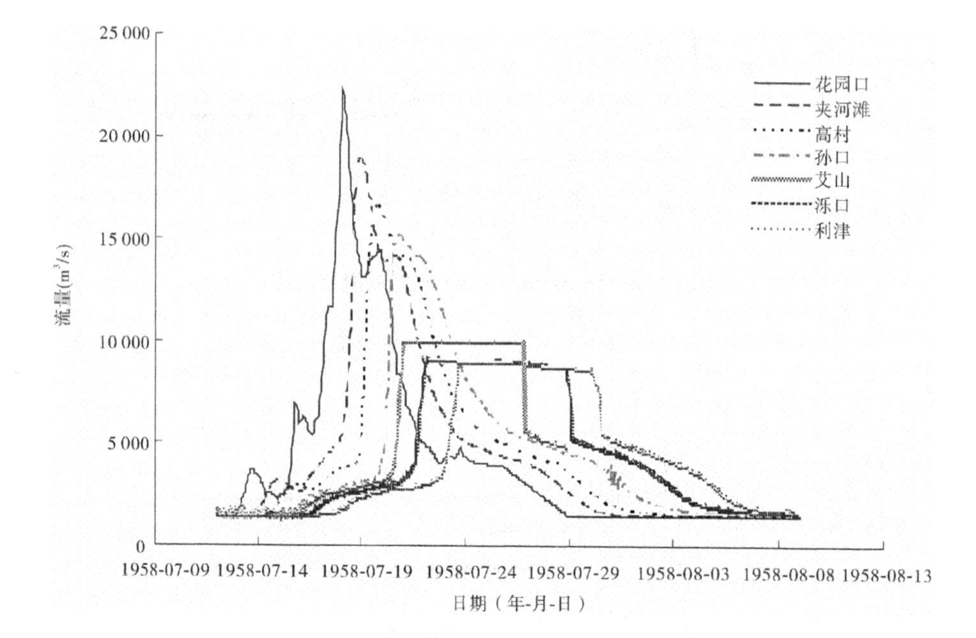

图5.2-5　22 000 m³/s各个水文站流量过程

从图5.2-5中可以看出,洪峰从花园口传播到艾山时,洪峰超过10 000 m³/s,超出的流量利用东平湖分洪,分洪后的洪峰到达利津时为9 009 m³/s,传播时间为6.3天。洪水全部漫滩,滩区淹没范围为2 913.55 km²,其中花园口—东坝头河段淹没898.98 km²,东坝头—陶城铺河段淹没1 283.29 km²,陶城铺—利津河段淹没731.28 km²。

5.2.3.3　不同量级洪水滩区淹没损失分析

黄河水利科学研究院采用2010年汛前实测大断面资料,运用多种方法对下游河道各断面2010年汛初的平滩流量进行了计算,并采用包括险工水位在内的多种实测资料对计算结果进行了综合论证,估算黄河下游各河段平滩流量为:花园口以上一般大于5 500 m³/s;花园口—高村5 000 m³/s左右,高村—艾山4 000 m³/s左右,艾山以下大部分在4 000 m³/s以上。其中彭楼—陶城铺河段仍是全下游主槽平滩流量最小的河段,最小值预估为3 900 m³/s。

黄河下游滩区的社会经济情况按照《黄河下游滩区综合治理规划》中提供的统计数据。根据上述不同量级洪水的滩区淹没范围计算结果,结合黄河下游不同河段平滩流量、地形资料,以及滩区村庄、耕地等社会经济信息,对不同河段的淹没损失进行了统计分析。各河段不同量级洪水淹没滩区耕地面积、滩区受灾人口、淹没损失估算统计分别见表 5.2-12、表 5.2-13。

表 5.2-12　各河段不同量级洪水淹没滩区耕地面积统计　(单位:万亩)

流量级(m^3/s)	花园口—东坝头	东坝头—陶城铺	陶城铺—利津	合计
6 000	0	37.15	17.38	54.53
8 000	73.49	134.84	63.71	272.04
10 000	91.77	135.33	68.66	295.76
12 000	92.23	135.53	69.53	297.29
16 000	96.05	135.54	70.67	302.26
22 000	96.55	135.60	71.86	304.01

表 5.2-13　花园口—利津河段不同量级滩区受灾人口及淹没损失情况统计

流量(m^3/s)	6 000	8 000	10 000	12 000	16 000	22 000
受灾人口(万人)	12.25	113	128.55	129.64	133	134.57
淹没损失(亿元)	36	138	180	206	231	235

可以看出,在现状条件下,花园口 6 000 m^3/s 以下洪水滩区淹没损失较小,洪峰流量从 6 000 m^3/s 增大到 8 000 m^3/s 淹没损失增加很快,8 000 m^3/s 时的淹没范围达到 22 000 m^3/s 淹没范围的 89%,淹没人口达到 22 000 m^3/s 淹没人口的 84%。因此,将花园口洪峰流量控制到 6 000 m^3/s 以下,可以有效减小滩区的淹没损失。

5.3　黄河下游防洪形势变化及洪水量级划分

5.3.1　现状滩区防洪运用存在的主要问题

黄河下游滩区既是行洪的通道,又是滞洪沉沙的重要区域,还是群众赖以生存和生产的场所,随着社会经济的不断发展,滩区防洪运用对群众生命财产安全和区域经济发展影响日益严重,滩区防洪已成为黄河下游防洪的一项重要任务。

从上述不同量级洪水在下游滩区淹没损失来看,洪水风险对滩区社会经济的发展将产生巨大的影响。

现状滩区防洪运用存在的主要问题包括以下方面。

5.3.1.1　“二级悬河”发展形势严峻

黄河下游为强烈堆积的多泥沙河流,由于泥沙的大量淤积,黄河下游河道滩面已高出开封地面 13 m,高出新乡地面 20 m。一旦大堤决溢,将会给黄河两岸受淹地区带来毁灭性的打击,对国民经济的发展和社会的稳定构成较大的威胁。

近年来,社会经济发展用水长期大量挤占下游输沙等生态用水,下游径流量减少,洪水发生概率和洪峰流量显著降低,致使黄河下游淤积加重,河道排洪、输沙等基本功能急剧降低。由于大量生产堤等阻水建筑物的存在,下游河道形成了滩唇高、堤根洼、生产堤至大堤之间滩面高程明显低于生产堤之间滩面高程,背河地面又明显低于生产堤至大堤之间滩面高程的"二级悬河"的不利局面。到 20 世纪 90 年代,黄河下游部分河段堤河附近的滩地高程甚至已经低于主槽深泓点的高程,形成了堤河附近滩面高出背河地面 3 m,滩唇附近滩面又高出堤河附近滩面最大 4 m 的不利局面。

黄河下游河道"二级悬河"的发展,不断增大下游的防洪压力。特别是在河道不断淤积萎缩,主槽过流比例降低,主河道行洪能力和对主溜控制能力很低的情况下,一旦发生较大洪水,滩区过流量将会明显增加,极易在滩区串沟和堤河低洼地带形成集中过流,造成重大的河势变化,横河、斜河特别是发生滚河的可能性增大,主流顶冲堤防和堤河低洼地带顺堤行洪都将严重威胁下游堤防的安全,甚至造成黄河大堤的冲决。

对于现状滩区"二级悬河"最为发育的河段主要是陶城铺以上河段,其中东坝头至陶城铺河段最为严重。2003 年在该河段彭楼至南小堤实施了"二级悬河"治理试验工程,通过疏浚河槽、淤填堤河及淤堵串沟,明显改变了试验河段"槽高、滩低、堤根洼"的不利局面,深化了对"二级悬河"内在规律的认识。根据目前的认识,"二级悬河"的治理措施主要包括增水减沙、调水调沙、挖河疏浚、引洪放淤(淤填堤河)、截串堵汊以及生产堤处理等。建议在试验工程基础上,结合水库调水调沙及河道整治,通过开挖疏浚主槽及人工扰沙,引洪放淤,淤堵串沟,淤填堤河,标本兼治,逐步治理"二级悬河"。

5.3.1.2　生产堤的存在对大洪水防洪产生重要影响

由于历史的原因,黄河下游滩区修建了大量生产堤。截至 2005 年,黄河下游生产堤约 593.8 km,其中河南段长 327.9 km,山东段长 255.9 km。近年来,现有生产堤逐渐向主河槽推进,不少地方有 2 道甚至 3 道生产堤,同时生产堤间距不断缩小。生产堤的存在不仅缩窄了河道行洪断面,而且影响洪水漫滩,减少了滩槽的水沙交换,加重了河槽淤积。

生产堤对于漫滩大洪水的防洪影响更甚。由于生产堤对滩槽水流交换具有较大的影响,滩区淤积量的明显减少加剧了滩地横比降的发展,滩唇高、堤根洼的形势进一步加剧。生产堤决口后,水流沿滩区最大比降(纵向和横向比降合成后的比降)方向,或沿着滩区串沟、汊河方向直冲大堤,可能造成冲决。相对于没有生产堤,虽然也存在堤防冲决的可能,但由于滩区漫水早、滩区水位随大河水位的上涨而近乎同步抬升,对大堤的冲击强度相对较弱。

对于现状黄河下游滩区大量存在的生产堤,需要推进并实施滩区运用政策补偿,全面破除河道整治工程内的生产堤,并随着安全设施、补偿的到位,逐步破除生产堤。

5.3.1.3　滩区防洪运用群众避险措施严重不足

按照水利部水规计〔1994〕313 号关于《黄河下游滩区安全建设规划(1993 ~ 2000)》的批复,"黄河下游滩区防洪安全设施,按花园口站 12 370 m^3/s,村台超高 1.0 m 的标准设计。防洪安全标准为现状 7 年一遇,小浪底水利枢纽生效后 20 年一遇"。据此,滩区安全建设避水工程的防洪标准为防御 20 年一遇洪水，相应花园口站洪峰流量为 12 370 m^3/s。

黄河下游滩区群众避险措施主要有三种方式：外迁到滩外安置、滩内就地安置、临时撤离。

对于外迁到滩外安置避险，受资金缺乏、换地困难、生产生活等不便的影响，目前未能有效运用。

对于滩内就地安置避险，主要是在滩内修建避水工程，使洪水时群众能够安全避洪。现状黄河下游滩区修筑的村台、避水台面积人均约 30 m^2，现状与需要相比相差甚远；随着河槽的不断淤积，已修建的避水工程高度不够；交通道路稀少，救生船只短缺，大洪水时不能满足群众撤退转移的需要。

对于临时撤离避险，主要措施包括修建通往大堤的路、桥，使得洪水来临前，群众能够快速、安全地撤离滩区。由于滩区地形复杂，村庄分布特点不同，对于现有的临时撤离避险道路的可靠性缺乏有效的论证和管理，需要进一步开展相关研究论证工作。

5.3.2　水平年滩区防洪运用存在的问题及洪水淹没损失变化情况预测

2020 水平年，结合挖河固堤及“二级悬河”治理，与现有水库联合运用，黄河下游实现 4 000 ~ 5 000 m^3/s 中水河槽的塑造，主槽行洪排沙能力进一步恢复。

按照《黄河下游滩区综合治理规划》批复，2020 水平年，滩区完成距离大堤 1 km 以内、落河村庄、淹没水深较大、陶城铺窄河段等高风险区群众的外迁安置，同时针对濮阳、兰考及东明等低滩区完成避水村台工程建设及撤退道路建设；结合滩区安全建设和“驼峰”河段治理，完成低滩区放淤、堤沟河治理，结合防护坝工程建设，减轻顺堤行洪对堤防安全的威胁，遏制低滩区“二级悬河”的发育模式；推进并实施滩区运用政策补偿，给群众以补偿；全面破除河道整治工程内的生产堤，并随着安全设施、补偿的到位，逐步破除生产堤。

2030 水平年，基本形成以干流骨干水库为主的水沙调控体系，防止河床抬高，维持下游中水河槽稳定，局部河段初步形成“相对地下河”雏形；基本控制下游游荡性河段河势。

按照《黄河下游滩区综合治理规划》批复，2030 水平年，滩区安全建设全部完成，滩区居住区和财富聚集区达到 20 年一遇防洪标准；滩区补偿政策到位，滩区漫滩淹没损失有相对合理的补偿；相关政策到位，滩区人口规模基本维持现有水平，群众外迁意愿明显；通过人工放淤，全面淤填“二级悬河”近堤跟段，显著减轻中小洪水顺堤行洪威胁。

至 2030 年，预测滩区人口总数达 213.29 万人。通过水沙调控、滩区安全建设等综合措施的大力推进，可以使黄河下游滩区修建村台的 137.97 万人在 20 年一遇以下洪水情况下生命财产不受损害；封丘倒灌区的 24.71 万群众在汛期安全撤离；搬迁出滩区的人口可彻底避免洪灾损失，同时滩区部分群众的搬迁，有效地控制了滩区人口的增长，保证滩区安定发展和减少灾害损失。

5.3.3　花园口站洪水等级划分研究

洪水量级的划分应根据黄河中下游暴雨洪水特性、下游防洪标准、防洪水库运用方式、防洪工程现状等实际情况，结合我国洪水量级划分的标准和习惯，从小到大，逐级划分。

我国水利部门习惯以洪水要素的重现期划分洪水等级,《国家防汛抗旱应急预案》和《水文情报预报规范》对洪水等级的划分见表 5.3-1。可见,按照我国的标准,中小洪水一般理解为重现期小于 10 年的洪水。

表 5.3-1 我国防汛和水文部门预案、规范对洪水等级的划分

级别	《国家防汛抗旱应急预案》		《水文情报预报规范》	
	重现期(年)	洪水等级	重现期(年)	洪水等级
一	5 ~ 10	一般洪水	小于 5	小洪水
二	10 ~ 20	较大洪水	5 ~ 20	中洪水
三	20 ~ 50	大洪水	20 ~ 50	大洪水
四	大于 50	特大洪水	大于 50	特大洪水

一次洪水过程包括洪峰、时段洪量、历时等多个特征指标,其中最主要的指标是洪峰和时段洪量,能够反映洪水的大小。目前黄河下游编号洪水指标是花园口站洪峰流量 4 000 m^3/s,中游龙门站编号洪水指标是洪峰流量 5 000 m^3/s,中游和下游洪水一般都是以洪峰流量作为洪水量级的判别标准。因此,本次研究考虑以洪峰流量作为洪水量级的判别指标。

黄河下游堤防设防流量上大下小,花园口站为 22 000 m^3/s,孙口以下各站为 11 000 m^3/s。孙口以下,扣除区间长青平阴山区加水(1 000 m^3/s)后,能够通过的黄河流量仅为 10 000 m^3/s。目前黄河下游采用的花园口站天然设计洪水中,5 年一遇洪峰流量为 12 800 m^3/s。若中游水库群不控制,黄河下游窄河段的设防流量仅相当于 5 年一遇左右。

根据黄河下游滩区淹没范围分析,花园口站发生洪峰流量 8 000 m^3/s 左右的洪水时,绝大部分滩区(约 89%)已受淹;花园口站发生洪峰流量 10 000 m^3/s 左右的洪水时,滩区淹没人口已达 129 万人。对于 5 年一遇左右的洪水,黄河下游防洪已面临水库调度、下游防洪、滩区减灾等诸多调度难题。因此,从下游防洪的实际情况看,黄河下游中小洪水的重现期一般不超过 5 年。

另外,针对近期人类活动对中小洪水量级影响问题,本次在以往工作基础上,研究了现状下垫面条件下花园口、三花间等站和区间的中小设计洪水,新研究成果花园口 5 年一遇洪水洪峰流量在 10 000 m^3/s 左右。

因此,本次主要根据黄河下游河道主槽和堤防过流能力、参考国家对洪水量级的划分标准、结合以往和本次设计洪水研究成果,确定花园口洪峰流量 4 000 ~ 10 000 m^3/s 的洪水为黄河下游中小洪水。其中 4 000 m^3/s 为下游河道长期保持的主槽过流能力,即下游最小平滩流量;10 000 m^3/s 为下游堤防最小设防流量(11 000 m^3/s)扣除长青平阴山区加水(1 000 m^3/s)后的过流量。

由于花园口发生 8 000 m^3/s 的洪水时,下游滩区已大部分受淹,可将花园口洪峰流量 8 000 ~ 10 000 m^3/s 的洪水视为中小洪水向大洪水的临界过渡量级。在中小洪水防洪运用方式中，重点分4 000～8 000 m³/s和8 000～10 000 m³/s两个量级进行研究。

对于花园口10 000 m³/s以上的洪水，结合防洪工程运用情况进行分析。根据研究，东平湖滞洪区在“下大洪水”情况下的分洪概率约为30年一遇，在“上大洪水”情况下的分洪概率为百年一遇，且三门峡水库投入控制运用的概率也为百年一遇，因此可将30年一遇和百年一遇洪水作为量级划分的节点，对应花园口流量分别为22 600 m³/s和29 200 m³/s。

此外，黄河下游堤防设防流量花园口站为22 000 m³/s，经计算，若经防洪工程体系联合作用后花园口站流量恰好为22 000 m³/s，则对应的花园口天然洪水流量为41 500 m³/s，其重现期相当于960年一遇，调洪结果见表5.3-2。因此，可将41 500 m³/s作为花园口标准以内洪水的划分节点。

表5.3-2　花园口960年一遇洪水调洪计算成果表

重现期（年）	水库情况						下游洪水情况	
	三门峡			小浪底			花园口	
	蓄洪量（亿m³）	最大蓄量（亿m³）	最高水位（m）	蓄洪量（亿m³）	最大蓄量（亿m³）	最高水位（m）	洪峰流量（m³/s）	超万洪量（亿m³）
960	12.48	12.58	324.4	33.1	43.1	272.09	22 000	14.59

5.4　中下游防洪工程体系联合防洪调度系统

5.4.1　总体框架

以数据库、模型库、方法库和方案库作为基本信息支撑，通过总控程序构成黄河下游防洪调度决策支持系统的运行环境，再辅以友好的人机界面和对话界面，有效地实现防洪调度的决策过程。系统的总体结构如图5.4-1所示。

5.4.2　主要功能

（1）调度方案分析功能。可进行调度方案的分析计算工作，并能够灵活地对系统各控制工程的计算结果进行人机交互干预，快速给出干预后的控制工程及相关计算单元的计算结果。

（2）计算参数的管理与维护功能。可对与常规调度有关的计算参数进行管理与维护，保障新软件的数据驱动特性，特别是河道演算中相关系数、河道分段数、系数分级数等必须保持灵活的自适应性。

（3）设计洪水组成分析、选择与维护功能。直接与数据库建立关联，提供输入输出的可视化界面，更新和查询现有的设计洪水分析计算结果，并快速、准确、直观地生成参与计算的设计洪水空间组合方案。

（4）基本信息维护与计算结果可视化表达功能。包括各水库的库容曲线、泄流能力

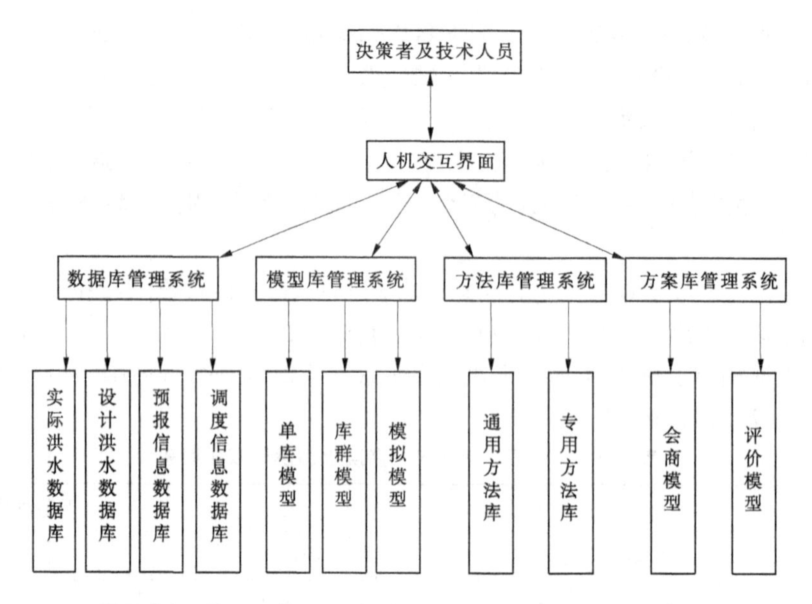

图 5.4-1　黄河下游防洪工程体系联合防洪调度系统总体结构

曲线、水库特征值等基本信息的可视化维护，计算条件的可视化设定以及计算结果的图表显示、打印、转存功能等。

5.4.3　系统特性

（1）实用性。系统设计以满足联合防洪调度的需要为目标，考虑了黄河中下游流域的具体特点。

（2）先进性。系统的开发选择当今主流技术，与信息技术的飞速发展相适应。

（3）可靠性。防洪调度系统功能复杂，涉及的数据量大、种类繁多，决策关系重大，要求软件系统具有很高的可靠性。本系统在技术方案的选择、数据接口设计、运行环境设计等方面，充分考虑系统稳定、可靠运行的要求。

（4）高效性。在联合调度环境下，调度系统能很快地查询到所需的各类信息，实现多种调度方案的模拟运行。

（5）灵活性。采用模块化设计，可适应不同层次的用户对不同功能和不同风格界面的要求。

（6）开放性。系统易于扩充和维护。

5.4.4　系统简介

5.4.4.1　数据库管理系统

数据库管理系统实现各种防洪调度决策过程中所需的实时、历史、预测数据及调度配置等信息的管理和数据更新，是决策支持系统各部分信息传递的中转站。其主要功能是向决策者提供基本数据方面的信息，为模型运算提供数据支持并存储模型计算结果，进行数据的录入、编辑、查询、统计、报表打印和数据维护等操作。

数据库中存放的数据可分为洪水数据、预报数据和调度数据三大类。洪水数据包括水库和河道控制站的实测数据及其设计洪水数据。预报数据是由专门的预报软件所做的预报结果,通过规定的接口引入数据库。目前提供的引入方式有两种:一是通过文件形式转换,如果预报软件的结果存放在文件中,可采用这种方式;二是通过数据库来传输数据,这主要适用于建立了水雨情遥测系统的水库,遥测系统的数据一般会进入水库的MIS,系统提供了从MIS数据库直接向预报库导入数据的功能。调度数据可分为调度模型的输入数据和计算结果,由调度程序自动生成。

5.4.4.2　模型库管理系统

根据黄河下游防洪工程的特点和来水组成的不同,为应付各种不同的情况,模型库提供单库模型、库群模型两大类。

1. 单库模型

单库模型主要应对局部洪水。系统构建了三门峡、小浪底、陆浑、故县、河口村五库的单库洪水调度子系统,并为古贤水库预留接口,为满足不同情况的需要,各子系统提供了以下六种可供选择的实时防洪调度模型:

(1)水位控制模型:该模型的目标是在保证水库水位控制条件的前提下,使水库的最大出库流量最小,即以通常所说的最大削峰准则进行调度。水位控制模型通常应用于水库自身防洪形势比较紧张的情形,模型不考虑水库对区间洪水的补偿。

(2)出库控制模型:该模型同时考虑出库流量限制和最高水位限制,当出库流量限制条件生效时其目标是使水库最高水位最低。当出库流量不起约束时,则尽可能利用允许最高水位规定的允许调蓄库容削减洪峰。

(3)补偿调度模型:该模型的目标是在保证水库最高水位与调度期末水位约束的前提下,使防洪控制断面的最大过水流量最小。根据水库距保护区距离不同,可采用完全补偿调节与近似错峰调节的方式。

(4)指令调度模型:根据上级下达的调度指令进行调度。

(5)预报预泄模型:该调度模型为经典预报预泄模型,是一种折中的非优化调度方型,没有确定的目标函数。它能体现大水大放、小水小放的优点,在短期洪水预报较可靠时,可以保证预泄的可靠性,防止由于预泄过度导致水库水位难以恢复的消落。

(6)闸门控制模式:针对闸门不能连续开启的情况设计。在调洪演算时,考虑开启闸门的泄流能力约束。

2. 库群模型

库群模型将流域内各单库联合起来,作为一个防洪体系,考虑各库之间的水力联系和协调关系实行调度。系统中提供了以下几种调度模型:

(1)逐级交互模型:它是单库调度模型的延伸。根据各水库之间的水力联系建立上、下游水库以及干、支流水库群之间的"控制—反馈—控制"机制,并通过人机交互机制,在各种实时信息的反馈过程中进行逐级交互,实现区域乃至全流域防洪效益的最大化。

(2)库容分配模型:将黄河下游主要控制工程简化构成并联水库群(陆浑、故县、河口村、小浪底水库),考虑到库群中各水库到达共同防洪断面(花园口)的水流传播时间基本相当,且调度期内各组成水库决策的水力联系较高,具备或基本具备做联合调度基本条件,据此提出一种并联式库群调度模式,即库容分配模型。

(3)规则调度模型:根据现有的水库调度规则和分滞洪区运用条件进行常规调度计算,进行不同运行规则调度的试验。

①水库运用。

对于“上大洪水”,采用三门峡、小浪底两个水库联合调度;对于“下大洪水”,采用三门峡、小浪底、故县、陆浑、河口村五个水库联合调度。

对于三门峡水库,系统提供了以下四种运用方式:

敞泄滞洪方式:水库在整个调度期一直进行敞泄运用。

先敞后控方式:先敞泄,当库水位达到最高后根据小浪底水库水位凑花园口为某一流量运用;

分级控制方式一:先敞泄至小浪底水库满足某一条件后,水库来多少走多少。

分级控制方式二:先敞泄至小浪底水库满足某一条件后,按小浪底水库出库运用。

根据调度规则,三门峡水库控制条件中的可调指标包括水库预见期、水库汛限水位、三门峡水库开始按小浪底出库运用时的小浪底水位、水库开始转入退水阶段所对应的花园口预报流量。

对于小浪底水库,根据“下大洪水”调度规则,小浪底水库控制条件中的可调指标包括水库预见期、水库汛限水位、水库最高控制水位、某一阶段小浪底水库蓄水量及相应花园口控制流量、小浪底水库下泄发电流量、水库开始转入退水阶段所对应的花园口预报流量。

对于“上大洪水”,除上述可调指标外,还包括预报花园口超万洪量。

对于陆浑、故县、河口村水库,根据调度规则,水库控制条件中的可调指标包括水库预见期、水库汛限水位、水库最高控制水位、下游允许最大泄量、水库开始投入下游防洪联合运用(关门)时相应的花园口预报流量、水库开始转入退水阶段所对应的花园口预报流量。

②自然决溢分滞洪区。

自然决溢分滞洪区可调指标分别是夹滩自然区开始破堤分洪时对应的黑石关流量和限制沁河入黄流量。

③下游分滞洪区的运用。

北金堤分滞洪区的可调指标为北金堤开始运用时相应的高村预报流量或孙口预报流量、大河控制流量。

东平湖分滞洪区的可调指标为东平湖开始运用时相应的孙口预报流量。

5.4.4.3 方法库管理系统

方法是为实现一个或几个目标的具体算法程序。方法库中的方法分为两类,即通用方法和专用方法。通用方法可用于任何流域,方法本身不需要改变。如河道演算采用的马斯京根法、线性内插函数法、最大最小值计算法、排序算法等。专用方法是为描述某区特别属性而编制的一些专用算法。如伊洛河夹滩地区处理方法、北金堤分洪计算方法、东平湖分洪计算方法等。随着系统的发展,还可不断地加入新方法。

5.4.4.4 方案库管理系统

方案库管理系统用于管理方案库中的多个方案,它具有方案快速生成、明显劣方案的删除、详细计算结果的查询与输出、方案排序、方案比较、灵敏度分析、方案存储、方案实施操作等八大功能,能够方便快捷地对方案库中的方案进行多种操作,完成方案制作。

5.4.4.5　**逻辑关系**

各库之间的逻辑关系可简要表述为:模型库和方法库对数据库提出数据需求及存储格式要求,数据库作为数据源,通过接口程序为模型库和方法库提供模型运行所需的数据,模型的运行结果以约定的存储格式存入数据库;模型库和方法库相互配合,前者实现水库子系统的调度,后者强调下游河道和分滞洪区的演进,两者结合共同完成整个流域的防洪调度方案的编制;方案库对上述三库综合运用后的调度结果数据进行统一的管理;所有这些功能的操作通过人机交互界面来实现。

5.4.5　计算方法和原理

5.4.5.1　**水库调洪计算**

按泄流方式,将水库调洪计算分为两类:一是打开全部泄洪设施敞泄滞洪泄流(简称敞泄);二是为了满足兴利、下游防洪等要求控制泄流量。

1. 水库敞泄调洪计算方法

水库敞泄调洪计算方法的基本概念与明渠洪流演算相同,即解动力方程与连续方程组。

动力方程一般用水库的泄流曲线:

$$q = f_1(Z) \tag{5.4-1}$$

代替,而泄流曲线中高程 Z 用库容来表示,即:

$$Z = f_2(V) \tag{5.4-2}$$

式中,V、Z、q 分别代表水库容积、水位、泄洪流量。

连续方程采用有限差形式的水量平衡方程:

$$\frac{Q_1 + Q_2}{2}\Delta t - \frac{q_1 + q_2}{2}\Delta t = V_2 - V_1 \tag{5.4-3}$$

式中,Δt 代表计算时段;下标1、2分别代表时段初、时段末;Q、q 代表入库、出库流量;V 代表库容。

联解式(5.4-1)~式(5.4-3),可进行水库敞泄调洪计算。

2. 水库控泄调洪计算方法

1)考虑汛后兴利要求的控泄计算方法

在调洪计算过程中,为了满足汛后兴利要求,水库的蓄洪水位不低于汛期限制水位,因此若水库的泄洪流量小于汛限水位相应的泄洪能力,应按入库流量泄洪;否则,按敞泄运用。控泄运用时的计算公式为:

$$q_2 = \frac{1}{\Delta t}(V_1 - V_2) + \frac{1}{2}(Q_1 - q_1) + Q_2 \tag{5.4-4}$$

式中,V_2为与汛期限制水位相应的水库蓄水量。

2)考虑下游防洪要求的水库控泄计算方法

为了满足下游防洪要求,常常需要水库控制泄洪,其控制方式有三种:一是洪水起涨时,与下游区间洪水流量凑泄下游河道设防流量;二是下游区间来洪流量已超过河道安全过洪流量时,需水库完全控制入库流量;三是该次洪水过后,为了腾空库容迎接下一次洪水,水库仍与区间来洪量凑泄下游设防流量。判别公式如下:

$$q < Q_2 \quad 或 \quad (q - Q_2)/2 < (V^* - V_m) \cdot E \tag{5.4-5}$$

式中,q、V^*、V_m、E 分别代表水库泄洪能力、按 q 泄流计算的水库蓄洪量、水库允许蓄洪量、库容与流量之间的换算系数。

若式(5.4-5)成立,按水库泄洪能力泄洪,否则按式(5.4-4)计算值泄洪。

5.4.5.2　河道洪水演进计算

本系统中,水库群调洪计算模块中的洪水演进计算方法采用马斯京根法。

马斯京根法假定某河段的河道槽蓄量与该河段中某一断面流量呈线性关系,又假定在该河段中,各断面流量沿河长呈直线变化。这样,蓄泄方程可以写为:

$$W = k[xI + (1 - x)O] \tag{5.4-6}$$

将水量平衡方程式改写为:

$$W_1 - W_2 = (\frac{I_1 + I_2}{2} - \frac{O_1 + O_2}{2})\Delta t \tag{5.4-7}$$

式中,下标1、2分别代表时段初、时段末;W 代表槽蓄量;O、I 分别代表河段下、上断面流量;Δt 代表计算时段;k 表示洪水在该河段中的传播时间;x 为加权系数,取值在0~0.5之间。

联解方程式(5.4-6)、式(5.4-7),得:

$$O_2 = C_0I_2 + C_1I_1 + C_2O_1 \tag{5.4-8}$$

其中,$C_0 = \frac{\Delta t/2 - kx}{k - kx + \Delta t/2}$;$C_1 = \frac{\Delta t/2 + kx}{k - kx + \Delta t/2}$;$C_2 = \frac{k - kx - \Delta t/2}{k - kx + \Delta t/2}$。

若参数 Δt、k、x 确定,便可按式(5.4-8)进行洪水演进计算。

在一次洪水过程中,在不同的时刻,流量沿河长的分布有很大的差别。当涨洪段或落洪段在河段中间时,流量沿河长的分布可大致认为是线性的;当洪峰或洪谷卡在河段中间时,流量沿河长的分布呈非线性。因此,在确定演进系数之前,先要初步分析洪水在该河段中的传播时间 k 值,并取计算时段 $\Delta t \approx k$。

当计算时段确定后,根据实测流量摘录上、下断面流量过程线,利用试算法或试算法与最小二乘法相结合的方法确定 k、x 值。

非线性问题的处理:马斯京根法假定河槽与示储流量之间呈线性关系,k、x 值是常数。实际上,由于天然河道洪水波的传播与河道断面因素、比降、糙率等因素有关,故在不同时间、不同水位(流量)时,这些因素是变化的(如复式河道,当洪水漫滩后,糙率增大,比降减小,流速减小),因此反映河槽调节作用的流量演算参数 k、x 就不是常数。这些变化实际上反映了河槽蓄泄关系的非线性问题。从理论上讲,要解决这个问题关键是探求非线性槽蓄曲线,一般把这种演算方法称为非线性马斯京根法。为便于计算,常采用线性叠加的办法来处理非线性影响。最粗略的办法是根据大、中、小洪水分别计算参数 k、x 及 C_0、C_1、C_2 值。计算按洪水的大小选用各自的系数。这种处理方法往往在各级洪水衔接时,水量略有不平衡。黄河干流河道大部分是复式断面,演算时也采用此方法。

5.4.5.3　自然决溢分滞洪计算

在花园口以上的支流伊洛河和沁河下游均由大堤控制洪水，由于设防标准所限，遇较大洪水往往发生决口，对洪水起分洪、滞洪作用。

伊河、洛河交汇处的夹滩地区分滞洪和沁河下游的决溢分洪、滞洪情况非常复杂，为便于计算，本次规则调度均采用简化的方法。伊洛河夹滩地区分滞洪简化计算方法为马斯京根法，沁河下游分滞洪计算采用限制沁河入黄流量法，即“削平头”的方式。

5.4.5.4　下游分滞洪区分滞洪量计算

根据调度规则，分滞洪区的运用采用“削平头”的方式。北金堤和东平湖的运用之间存在着先后关系，北金堤是在东平湖无法单独完成分洪任务的情况下才启用的，分洪量有限。本系统对该部分的处理采用一种相对简单的方法，流程如图 5.4-2 所示。

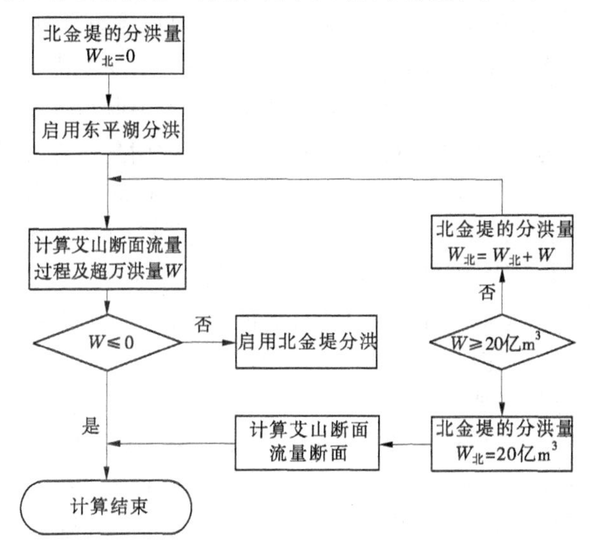

图 5.4-2　下游分滞洪区分滞洪量计算框图

5.5　小浪底水库控制中小洪水运用方式研究

5.5.1　小浪底水库拦沙后期控制中小洪水需要防洪库容分析

5.5.1.1　采用设计洪水计算分析

小浪底水库初步设计阶段，拟定小浪底水库正常运用期黄河下游中小洪水控制流量为 8 000 m^3/s。小浪底水库拦沙后期，下游河道主槽最小平滩流量约为 4 000 m^3/s，为减小黄河下游滩区的淹没损失，小浪底水库应尽可能按下游平滩流量控制运用。拦沙后期减小水库对中小洪水的控制流量，将会增加小浪底水库对中小洪水的调蓄库容。

小浪底水库设计的正常期 40.5 亿 m^3 防洪库容，满足防御大洪水的防洪要求。拦沙后期中小洪水的防洪运用，应在不影响水库大洪水防洪、不影响小浪底水库大坝安全的前提下，确定合理的中小洪水控制指标。2009 年 4 月小浪底水库的防洪库容为 89 亿 m^3，设计正常期汛限水位 254 m 以下的防洪库容为 41.7 亿 m^3，在拦沙后期的前些年，水库的防洪库容远大于设计的正常期防洪库容，富余的防洪库容可以用来增加对中小洪水的防御能力、尽可能减少滩区的淹没损失。

1. 中小洪水控制方案计算

初步拟订黄河下游中小洪水控制流量为 4 000 m^3/s、4 500 m^3/s、5 000 m^3/s、6 000 m^3/s、7 000 m^3/s、8 000 m^3/s 6 个方案。根据小浪底水库初步设计报告，为了保证终期 40.5亿 m^3的防洪库容，中小洪水的控制运用水位应在 254 m 以下，否则中小洪水造成的淤积将影响 254 m 以上 40.5 亿 m^3的防洪库容，影响大洪水的防洪安全。据此推算不同淤积量条件下水库对中小洪水的控制能力。

不同中小洪水控制流量方案相应的小浪底水库拦蓄洪量及下游洪水情况见表 5.5-1。表中三门峡水库的蓄洪量是由洪水敞泄滞洪造成的，可以不计入中小洪水的控制库容。计算结果表明，中小洪水的量级和控制流量不同，小浪底水库所需的调蓄库容不同，3 年一遇洪水水库控制前花园口洪峰流量约为 8 000 m^3/s，按控制黄河下游中小洪水流量(花园口流量)4 000 m^3/s 运用，需要小浪底水库蓄洪库容为 9 亿 m^3左右；控制 5 000 m^3/s 运用，需要小浪底水库蓄洪库容为 5.5 亿 m^3左右；控制 6 000 m^3/s 运用，需要小浪底水库蓄洪库容为 3.2 亿 m^3左右。5 年一遇洪水水库控制前花园口洪峰流量约为 10 000 m^3/s，按控制花园口 4 000 m^3/s 运用，需要小浪底水库蓄洪库容为 13.4 亿 m^3左右；控制 5 000 m^3/s 运用，需要小浪底水库蓄洪库容为 8.7 亿 m^3左右；控制 6 000 m^3/s 运用，需要小浪底水库蓄洪库容为 6 亿 m^3左右。

2. 中小洪水控制库容分析

采用平水平沙的 1968 年系列，分析不同淤积量、不同水位小浪底水库 254 m 以下的库容，水库运用第 3 年淤积量 43.86 亿 m^3，254 m 相应库容为 35.6 亿 m^3；第 5 年淤积量 49.89 亿 m^3，254 m 相应库容为 29.5 亿 m^3；第 10 年淤积量 59.31 亿 m^3，254 m 相应库容为 20 亿 m^3；第 13 年淤积量 70.82 亿 m^3，254 m 相应库容为 10.4 亿 m^3；正常运用期 254 m 相应库容为 10 亿 m^3。

为了保持小浪底水库长期有效库容，中小洪水的控制运用不能超过 254 m。根据小浪底水库减淤运用方式研究结果，拦沙后期考虑满足供水、灌溉、发电等综合利用要求，水库调水调沙运用的蓄水量为 13 亿 m^3。在分析拦沙后期中小洪水控制运用指标时，以 254 m 以下库容扣除水库综合利用和调水调沙运用所需的蓄水库容作为可用于中小洪水控制运用的防洪库容。

计算不同淤积水平 254 m 水位以下的防洪库容(见表 5.5-2)，可以看出，淤积量达到 44 亿 m^3，240 m 以下库容为 13 亿 m^3左右，240 ~ 254 m 的库容为 23 亿 m^3左右，满足 3 年一遇洪水控制花园口 4 000 m^3/s 运用要求；淤积量达到 50 亿 m^3左右，245 m 以下库容为 13 亿 m^3左右，245 ~ 254 m 的库容为 16.0 亿 m^3左右，满足 3 年一遇洪水控制花园口4 500 m^3/s 运用要求；淤积量达到 59 亿 m^3左右，250 m 以下库容为 13 亿 m^3左右，250 ~ 254 m 的库容为 7 亿 m^3左右，满足 3 年一遇洪水控制花园口 6 000 m^3/s 运用要求；淤积量达到 70 亿 m^3左右，254 m 以下库容为 10 亿 m^3左右，中小洪水的控制运用需要使用 254 m 以上库容。

表 5.5-1　黄河下游中小洪水不同控制流量方案计算成果比较

(单位:蓄洪量,亿 m^3;流量,m^3/s)

洪水量级	洪水类型	中小洪水控制流量	水库蓄洪情况		下游洪水情况		小花间相应洪峰流量
			三门峡蓄洪量	小浪底蓄洪量	花园口洪峰流量	孙口洪峰流量	
2 年一遇	潼关以上为主	4 000	0.15	5.74	4 000	4 000	2 130
		5 000	0.15	3.31	5 000	5 000	
		6 000	0.15	2.39	6 000	5 950	
	三花间为主	4 000	0.07	5.51	4 360	4 000	3 360
		5 000	0.07	2.95	5 000	5 000	
		6 000	0.07	1.03	6 000	5 800	
	潼关上下共同来水	4 000	0	4.47	4 140	4 000	3 140
		5 000	0	1.09	5 000	4 980	
		6 000	0	0.13	6 000	5 350	
3 年一遇	潼关以上为主	4 000	0.14	8.96	4 000	4 000	2 640
		5 000	0.39	4.86	5 000	5 000	
		6 000	0.39	2.95	6 000	6 000	
	三花间为主	4 000	0.01	8.86	4 660	4 390	3 660
		5 000	0.01	5.53	5 000	5 000	
		6 000	0.01	3.23	6 000	6 000	
	潼关上下共同来水	4 000	0	7.14	4 480	4 270	3 480
		5 000	0	3.59	5 000	5 000	
		6 000	0	3.23	6 000	5 900	
5 年一遇	潼关以上为主	4 000	0.27	13.4	4 070	4 000	3 070
		5 000	0.82	7.84	5 000	5 000	
		6 000	0.82	5.7	6 000	6 000	
	三花间为主	4 000	0.18	12.8	5 690	4 980	4 690
		5 000	0.04	8.67	5 690	5 400	
		6 000	0.03	5.98	6 000	6 000	
	潼关上下共同来水	4 000	0.01	10.2	5 030	4 460	4 030
		5 000	0.01	6.71	5 030	5 000	
		6 000	0.01	3.45	6 000	5 990	

表 5.5-2　小浪底水库不同淤积水平 254 m 水位以下库容情况

水位(m)	库容(亿 m^3)				
	原始	2009 年 4 月	淤积 44 亿 m^3	淤积 50 亿 m^3	淤积 59 亿 m^3
250 ~ 254	7.70	7.49	7.40	7.46	6.76
245 ~ 254	16.9	16.3	16.0	16.0	12.7
240 ~ 254	24.9	24.2	23.7	23.3	17.3
235 ~ 254	31.0	31.4	30.3	27.8	19.1
230 ~ 254	38.1	37.3	33.9	29.4	19.8
225 ~ 254	43.7	41.7	35.1	29.5	20.0

因此,在小浪底水库减淤运用第一阶段(淤积量达到42 亿 m^3之前),水库基本可以满足控制花园口中小洪水流量 4 000 m^3/s 的要求。在减淤运用第二阶段,淤积量达到 50 亿 m^3左右之前,水库基本可以满足控制花园口中小洪水流量 4 500 m^3/s 的要求;淤积量达到 60 亿 m^3左右之前,水库基本可以满足控制花园口中小洪水流量 6 000 m^3/s 的要求;淤积量达到 70 亿 m^3左右之后,中小洪水的控制运用要使用 254 m 以上库容。在拦沙后期减淤运用第三阶段,小浪底水库原设计的 7.9 亿 m^3防洪库容可以满足 3 年一遇洪水控制花园口 6 000 m^3/s 运用的要求。

5.5.1.2　根据不同量级场次洪水分析防洪库容

不同量级场次洪水是指潼关还现(潼关 1954 ~ 1989 年考虑龙刘水库影响,1990 ~ 2008 年采用实测)、三花间四个水库(三门峡、陆浑、故县、小浪底)还原后的潼关、三花间各站和区间、花园口洪峰流量为 4 000 ~ 10 000 m^3/s 的 99 场洪水过程。

1. 控制花园口不同流量方案所需最大防洪库容

对花园口 1954 ~ 2008 年共 99 场 4 000 ~ 10 000 m^3/s 的中小洪水按照控制花园口 4 000 m^3/s、5 000 m^3/s 和 6 000 m^3/s 运用(三门峡、小浪底、陆浑、故县水库联合运用,三门峡水库敞泄,陆浑、故县水库按设计方式运用),统计不同控制运用方式、不同量级洪水所需小浪底水库防洪库容,见表 5.5-3。

表 5.5-3　不同运用方式所需小浪底水库防洪库容分析

花园口控制流量(m^3/s)	洪水量级(m^3/s)	洪水场次(次)	最大防洪库容(亿 m^3)	不同保证率所需的小浪底防洪库容(亿 m^3)			
				70%	75%	80%	90%
4 000	4 000 ~ 5 000	40	1.51	0.4	0.5	0.6	1.0
	4 000 ~ 6 000	62	5.76	1.0	1.3	1.5	2.4
	4 000 ~ 7 000	79	29.8	1.5	2.0	2.5	4.5
	4 000 ~ 8 000	88	35.5	2.5	4.3	6.0	10.0
	4 000 ~ 10 000	99	35.5	3.0	6.0	7.0	18.0

续表 5.5-3

花园口控制流量(m^3/s)	洪水量级(m^3/s)	洪水场次(次)	最大防洪库容(亿 m^3)	不同保证率所需的小浪底防洪库容(亿 m^3)			
				70%	75%	80%	90%
5 000	5 000~6 000	22	1.94	0.7	0.8	0.9	1.2
	5 000~7 000	39	7.61	0.9	1.2	1.5	2.2
	5 000~8 000	48	10.9	2.0	3.0	4.0	5.0
	5 000~10 000	59	19.7	3.0	4.0	5.0	8.0
	4 000~8 000	88	10.9	0.8	0.9	1.3	4.0
	4 000~10 000	99	19.7	1.4	2.3	3.0	7.0
6 000	6 000~7 000	17	1.4	0.3	0.5	0.6	1.3
	6 000~8 000	26	2.9	1.2	1.3	1.5	2.5
	6 000~10 000	37	9.0	1.5	2.0	2.4	3.5
	4 000~8 000	88	2.9	0.1	0.2	0.3	1.0
	4 000~10 000	99	9.0	0.3	0.5	0.9	2.0

可见,对于花园口洪峰流量不超过6 000 m^3/s、7 000 m^3/s、8 000 m^3/s 的洪水按照控制花园口4 000 m^3/s 运用,所需的最大库容分别为5.76亿 m^3、29.8亿 m^3和35.5亿 m^3。

对于花园口4 000~8 000 m^3/s 的洪水按照控制花园口5 000 m^3/s 运用,所需的最大库容为10.9亿 m^3;控制6 000 m^3/s 运用,所需的最大库容为2.9亿 m^3。对于花园口4 000~10 000 m^3/s 的洪水按照控制花园口5 000 m^3/s 运用,所需的最大库容为19.7亿 m^3;控制6 000 m^3/s 运用,所需的最大库容为9.0亿 m^3。

2.各方案不同保证率所需防洪库容分析

表5.5-3中列出了保证率为70%、75%、80%和90%的场次洪水按花园口控制流量运用所需的小浪底水库防洪库容,从表中看出,对于4 000~10 000 m^3/s 的中小洪水75%、80%、90%的场次洪水按照控制花园口4 000 m^3/s 运用所需的防洪库容分别为6.0亿 m^3、7.0亿 m^3和18.0亿 m^3;保证率为80%、90%的场次洪水按照控制花园口5 000 m^3/s 运用所需的防洪库容分别为3.0亿 m^3、7.0亿 m^3;保证率为90%的场次洪水按照控制花园口6 000 m^3/s 运用所需的防洪库容为2.0亿 m^3。

可见,虽然按照控制花园口4 000 m^3/s、5 000 m^3/s、6 000 m^3/s 运用所需的防洪库容最大分别为35.5亿 m^3、19.7亿 m^3和9.0亿 m^3,但绝大部分场次洪水按照控制运用所需的小浪底防洪库容较小,小浪底6.0亿 m^3 防洪库容能够保证75%的场次洪水按控制花园口4 000 m^3/s 运用,7.0亿 m^3防洪库容能够保证80%的场次洪水按控制花园口5 000 m^3/s 运用。37场6 000~10 000 m^3/s 的洪水中,只有1场需要9.0亿 m^3防洪库容按控制花园口6 000 m^3/s 运用,其余36场的最大防洪库容为7.7亿 m^3。

因此,小浪底水库7.9亿 m^3 左右的防洪库容基本能够保证所有场次洪水都按照控制花园口6 000 m^3/s 运用,保证90%的场次洪水按照控制花园口5 000 m^3/s 运用,保证

80% 的场次洪水按照控制花园口 4 000 m^3/s 运用。

3. 不同历时洪水所需防洪库容分析

花园口洪峰流量 4 000 ~ 10 000 m^3/s 的 99 场洪水中，洪水历时小于等于 20 天的有 67 场洪水，小浪底水库按控制花园口 4 000 m^3/s 运用的最大防洪库容为 6.4 亿 m^3，控制库容不超过 7 亿 m^3。

洪水历时大于等于 20 天的 31 场洪水中，15 场洪水小浪底水库的蓄洪量大于 7 亿 m^3，4 场洪水小浪底水库的蓄洪量为 7 亿 ~ 9 亿 m^3，6 场洪水小浪底水库的蓄洪量为 10 亿 ~ 20 亿 m^3，5 场洪水小浪底水库的蓄洪量为 20 亿 m^3 以上，99 场洪水的最大蓄洪量为 35.5 亿 m^3。小浪底水库的蓄洪量大于 10 亿 m^3 的 11 场洪水主峰都发生在 8 月下旬之后，接近于后汛期，进入后汛期小浪底水库逐渐转入洪水资源化运用。

5.5.1.3　拦沙后期小浪底水库对中小洪水的防洪库容

小浪底水库拦沙后期可以用于中小洪水防洪运用的防洪库容是逐渐变化的，根据 2010 年汛前库容，225 ~ 254 m 之间有 41 亿 m^3 的库容，其中拿出 20 亿 m^3 左右的库容用于中小洪水的防洪就能基本保证所有花园口 4 000 ~ 10 000 m^3/s 的洪水按照控制花园口 4 000 m^3/s 运用（设计洪水计算成果）。随着水库淤积量的增加，254 m 以下能够用于防洪的库容逐渐减小，当库容小于 20 亿 m^3 后，不能保证所有中小洪水场次都能按照控制花园口 4 000 m^3/s 的方式运用，但只要有 7.9 亿 m^3 左右的防洪库容就能够保证 80% 左右的中小洪水按照控制花园口 4 000 m^3/s 的方式运用，保证 90% 左右的中小洪水按照控制花园口 5 000 m^3/s 的方式运用，基本保证所有场次洪水都按照控制花园口 6 000 m^3/s 运用，能够减小绝大多数场次的中小洪水对黄河下游滩区的淹没损失。因此，拦沙后期小浪底水库对中小洪水的防洪库容为 20 亿 ~ 7.9 亿 m^3。

5.5.2　小浪底水库拦沙后期中小洪水控制流量分析

5.5.2.1　从滩区淹没损失分析看，花园口流量 6 000 m^3/s 以下淹没损失最小

根据黄河下游滩区淹没范围分析，花园口洪水流量在 6 000 m^3/s 以下时，淹没损失较小，当发生洪峰流量 8 000 m^3/s 左右的洪水时，绝大部分滩区（约 89%）已受淹；花园口站发生洪峰流量 10 000 m^3/s 左右的洪水时，滩区淹没人口已达 129 万人。因此，从下游防洪的实际情况看，黄河下游中小洪水的控制流量一般不超过 6 000 m^3/s。

5.5.2.2　从设计洪水计算结果看，基本能控制花园口 6 000 m^3/s 运用

从前文的分析可知，小花间、小陆故花间 5 年一遇设计洪峰流量分别为 4 890 m^3/s、3 220 m^3/s，3 年一遇设计洪峰流量分别为 3 560 m^3/s、2 300 m^3/s。花园口 5 年一遇、3 年一遇洪水小花间无控制区相应的最大洪峰流量分别为 4 690 m^3/s、3 660 m^3/s。目前，花园口洪水的预见期为 8 h 左右，小于水库至花园口的洪水传播时间，水库不能完全控制花园口流量。对于三花间来水为主的洪水，小浪底与陆浑、故县水库联合调节后，小浪底水库按照控制花园口 4 000 ~ 6 000 m^3/s 运用，5 年一遇洪水花园口的洪峰流量为 5 690 ~ 6 000 m^3/s，孙口的洪峰流量为 4 980 ~ 6 000 m^3/s；3 年一遇洪水花园口的洪峰流量为 4 660 ~ 6 000 m^3/s，孙口的洪峰流量为 4 330 ~ 6 000 m^3/s。对于中小洪水，小浪底水库调节后，可以将花园口的洪峰流量控制在 6 000 m^3/s 及以下。

5.5.2.3　从场次洪水分析计算结果看,基本能够控制花园口6 000 m^3/s运用

在花园口洪峰流量4 000～10 000 m^3/s的99场洪水中,小陆故花间洪峰流量大于3 000 m^3/s的洪水只有3场,最大洪峰流量为3 770 m^3/s(1964年7月28日);陆浑、故县水库调节前,小花间洪峰流量大于5 000 m^3/s的只有2场,分别是1964年7月28日的6 190 m^3/s和1975年8月9日的6 080 m^3/s,这2场洪水经陆浑、故县水库调节后,小花间洪峰流量基本能控制在5 000 m^3/s以下。所以,从场次洪水的统计结果看,对花园口4 000～10 000 m^3/s的中小洪水,基本能控制花园口洪峰流量不超过6 000 m^3/s。

可见,中游水库群作用后,基本能够控制中小洪水花园口的洪峰流量不超过6 000 m^3/s。

5.5.3　小浪底水库拦沙后期中小洪水防洪运用方案拟订及对水库、下游长期影响

花园口洪峰流量4 000～10 000 m^3/s的洪水发生频率较高,基本上为1年2次,是水库调度中经常面临的洪水,中小洪水调度方式必须充分考虑对水库和下游河道冲淤、对下游滩区的长期影响。同时,在整个拦沙后期,随着小浪底水库淤积量的增加,水库防洪库容逐渐减小、防洪能力逐渐降低,而且中小洪水的防洪运用水位,应尽量控制不超过254 m,以确保水库设计的长期防洪库容。

因此,首先从下游滩区防洪的角度出发,计算对中小洪水进行完全控制的全控方案,分析不同控制流量、控制方式对小浪底水库和下游的影响,分析确定较优方案;其次,在控制运用推荐方案的基础上,分析高含沙洪水敞泄运用对水库和下游的影响,根据水库拦沙年限、拦沙减淤比等综合指标推荐中小洪水运用方案;最后,根据不同量级中小洪水的出现概率、不同来源区洪水对水库和下游河道的冲淤影响等,综合确定中小洪水的防洪运用方式。

根据前述小浪底水库防洪运用阶段划分及中小洪水控制流量分析成果,拟订中小洪水防洪运用方案如下。

5.5.3.1　全控方案

1986年以来,黄河上游龙羊峡水库蓄水运用,拦蓄了黄河上游的相对清水,使得黄河中游中小洪水量级减小、高含沙洪水比例增加。根据潼关站实测资料分析,1960～1986年,潼关站4 000 m^3/s以上洪水中高含沙洪水所占比例为40.7%,6 000 m^3/s以上洪水高含沙洪水所占比例为53.1%。1987～2005年,潼关站4 000 m^3/s以上洪水中高含沙洪水所占比例达61.9%,6 000 m^3/s以上洪水中高含沙洪水所占比例为100%。特别是9月11日之前的前汛期,1960～1986年,潼关站4 000 m^3/s以上洪水中高含沙洪水所占比例为50%,6 000 m^3/s以上洪水中高含沙洪水所占比例为63%。1987～2005年,潼关站4 000 m^3/s以上洪水中高含沙洪水所占比例达72.2%,5 000 m^3/s以上洪水高含沙洪水所占比例为85.7%。也就是说,在现状工程情况下,黄河中游的成灾洪水几乎全部为高含沙洪水,尤其是前汛期的较大洪水几乎全部为高含沙洪水。对高含沙洪水是控还是不控,将会是困扰小浪底水库防洪调度的关键问题。因此,拟订对所有中小洪水控制运用方案,以对比分析下游减灾和小浪底水库拦沙库容运用年限,权衡利弊,审慎抉择。具体方

案如下。

1. 主汛期(7 月 1 日至 9 月 10 日)

(1)方案一,控制花园口 4 000 m^3/s。控制花园口中小洪水流量不大于 4 000 m^3/s,在小浪底水库拦沙后期,对于预报花园口洪峰流量在 4 000 ~ 10 000 m^3/s 的中小洪水,小浪底水库按照控制花园口 4 000 m^3/s 运用。

(2)方案二,控制花园口 5 000 m^3/s。控制花园口中小洪水流量不大于 5 000 m^3/s,在小浪底水库拦沙后期,对于预报花园口洪峰流量在 4 000 ~ 10 000 m^3/s 的中小洪水,小浪底水库按照控制花园口 5 000 m^3/s 运用。

(3)方案三,控制花园口 6 000 m^3/s。控制花园口中小洪水流量不大于 6 000 m^3/s,在小浪底水库拦沙后期,对于预报花园口洪峰流量在 4 000 ~ 10 000 m^3/s 的中小洪水,小浪底水库按照控制花园口 6 000 m^3/s 运用。

(4)方案四,控制花园口 4 000 ~ 6 000 m^3/s。若小浪底水库淤积量小于 42 亿 m^3,按控制花园口流量不大于 4 000 m^3/s 运用;若小浪底水库淤积量为 42 亿 ~ 60 亿 m^3,按控制花园口流量不大于 5 000 m^3/s 运用;若小浪底水库淤积量大于 60 亿 m^3,按控制花园口流量不大于 6 000 m^3/s 运用。

2. 后汛期(9 月 11 日至 10 月 30 日)

对于预报花园口洪峰流量 4 000 ~ 10 000 m^3/s 的中小洪水,小浪底水库按照控制花园口流量不超过 4 000 m^3/s 运用。

另外,防洪运用中,水库淤积量大于 60 亿 m^3 后,中小洪水防洪运用的库容不超过 7.9 亿 m^3。

5.5.3.2　高含沙敞泄方案

水库拦蓄高含沙洪水,会很快淤损水库库容,减少小浪底水库运用年限。鉴于小浪底水库的特殊战略地位,应长期维持小浪底水库较大库容,发挥小浪底水库防御大洪水的作用。因此,拟订高含沙中小洪水敞泄运用方案。具体如下:

当预报潼关洪水最大含沙量大于等于 200 kg/m^3 时,水库敞泄滞洪。当潼关洪水最大含沙量小于 200 kg/m^3 时,按照全控方案的推荐方式运用。

首先分析拦沙后期进行降水冲刷运用后降水冲刷效果的影响因素,然后分析不同方案对水库河道冲淤和下游滩区淹没的影响,最后综合比较进行方案推荐。

将三个水沙系列计算的方案一(不考虑降水冲刷、中小洪水敞泄)的水库累积淤积量与减淤推荐方案进行了对比(见表 5.5-4),结果表明,1960 年系列的前 7 年、1968 年系列的前 8 年、1990 年系列的前 12 年两种方式水库的淤积量基本相同。1960 年系列主要是因为水库运用前几年的库容较大、水库蓄水量较多,水库降水冲刷运用期间库内蓄水量仍较大,故降水冲刷的效果并不显著。1990 年系列除上述原因外,还因为前 12 年花园口的洪水量级较小,一般都不超过 6 000 m^3/s,故水库降水冲刷的效果也不明显。而 1960 年系列第 8 年是 1967 年,1968 年系列第 9 年是 1976 年,这两年都是大水年。可见,影响水库降水冲刷效果的主要因素一是水库蓄水量,二是入库水沙条件。

表5.5-4　不同水沙系列不同运用方式小浪底水库累积淤积量　（单位：亿 m^3）

系列年	1960年系列		1968年系列		1990年系列	
	降水冲刷	方案1	降水冲刷	方案1	降水冲刷	方案1
1	28.14	28.14	31.31	31.21	29.56	29.56
2	35.89	35.89	37.07	36.35	31.9	31.9
3	40.12	40.12	43.86	41.8	37.58	37.58
4	45.37	45.37	47.1	46.73	41.05	41.05
5	49.5	48.82	49.89	49.26	47.96	47.96
6	51.09	50.42	54.26	53.73	53.3	53.3
7	58.54	58.03	57.42	56.92	57.96	58.17
8			63.15	63.33	60.13	60.35
9					62.89	63.04
10					66.12	66.28
11					72.72	72.91
12					75.56	75.81

全控运用各方案计算的结果见表5.5-5，从表中看出，水库运用前10年，4个控制运用方案中，控制4 000 m^3/s 方案水库拦沙减淤比最大，控制6 000 m^3/s 方案的拦沙减淤比最小，控制5 000 m^3/s 方案比控制6 000 m^3/s 方案的拦沙减淤比略有增大，控制4 000～6 000 m^3/s 方案与控制5 000 m^3/s 方案相当。4个方案中，控制6 000 m^3/s 方案的滩区淹没损失最大，其次为控制4 000～6 000 m^3/s 方案的，控制5 000 m^3/s 方案的最小。控制4 000 m^3/s 方案出现花园口流量大于6 000 m^3/s 的情况，是因为在水库淤积量大于60亿 m^3 后，由于控制流量小，所需防洪库容较大，中小洪水的控制运用超过7.9亿 m^3 库容。之后，小浪底水库按照维持库水位运用，按照入库流量泄流。因此，从减淤和减灾的角度看，控制5 000 m^3/s 的方案优于其他3个方案。

从4个方案的拦沙期长度看，控制4 000 m^3/s、5 000 m^3/s、6 000 m^3/s、4 000～6 000 m^3/s 方案的拦沙期分别约为11年、13年、14年零8个月和14年零7个月，控制流量越小水库拦沙期越短，控制4 000～6 000 m^3/s 方案的拦沙期长度基本和控制6 000 m^3/s 方案相当，控制5 000 m^3/s 和控制6 000 m^3/s 方案的拦沙期相差1年。从水库拦沙期长度看，控制6 000 m^3/s 和控制4 000～6 000 m^3/s 方案优于另外2个方案。

水库运用前17年，4个方案的水库拦沙减淤比相差不大，控制6 000 m^3/s 方案为1.31，控制5 000 m^3/s 方案为1.33，控制4 000 m^3/s 方案为1.38，控制4 000～6 000 m^3/s 方案为1.32，从拦沙减淤比看，控制6 000 m^3/s 方案和控制4 000～6 000 m^3/s 方案略优。从花园口不同流量级的天数和不同流量级洪水滩区的淹没损失判断，控制4 000 m^3/s 方案滩区淹没损失最大，控制5 000 m^3/s 方案损失最小，控制4 000～6 000 m^3/s 方案和控制6 000 m^3/s 方案滩区淹没损失相当，控制4 000～6 000 m^3/s 方案损失略小于控制6 000

m³/s方案。

表 5.5-5 全控方案长系列冲淤计算成果

项目				方案			
				一	二	三	四
				控制 4 000 m³/s	控制 5 000 m³/s	控制 6 000 m³/s	控制 4 000 ~ 6 000 m³/s
前10年	水库淤积量(亿 m³)			78.59	66.86	62.12	64.88
	冲淤量(亿 t)	主槽	高村以上	-5.89	-2.69	-1.83	-2.21
			高村以下	-5.43	-3.45	-2.08	-2.72
			全下游	-11.32	-6.14	-3.91	-4.93
		滩地	高村以上	0.27	0.47	0.69	0.57
			高村以下	0.28	0.52	1.02	0.91
			全下游	0.55	0.99	1.71	1.48
		全断面	高村以上	-5.62	-2.22	-1.14	-1.64
			高村以下	-5.15	-2.93	-1.06	-1.81
			全下游	-10.77	-5.15	-2.2	-3.45
	全下游全断面减淤量(亿 t)			46.60	40.97	38.02	39.27
	水库拦沙减淤比			1.52	1.36	1.31	1.35
	花园口某流量级出现天数(天)	4 000 ~ 5 000 m³/s		1	34	14	15
		5 000 ~ 6 000 m³/s		0	0	19	17
		6 000 ~ 8 000 m³/s		1	0	0	0
前17年	水库淤积量(亿 m³)			78.83	78.69	78.79	78.77
	拦沙期长度(年,月,日)			11,7,12	13,8,27	14,8,7	14,7,9
	冲淤量(亿 t)	主槽	高村以上	0.38	0.24	-0.27	-0.11
			高村以下	0.33	-0.10	-0.14	-0.17
			全下游	0.71	0.14	-0.41	-0.28
		滩地	高村以上	6.62	4.5	4.23	4.1
			高村以下	3.51	4.55	4.27	4.62
			全下游	10.13	9.05	8.5	8.72
		全断面	高村以上	7	4.74	3.96	3.99
			高村以下	3.84	4.45	4.13	4.45
			全下游	10.84	9.19	8.09	8.44
	全下游全断面减淤量(亿 t)			51.66	53.31	54.41	54.06
	水库拦沙减淤比			1.38	1.33	1.31	1.32
	花园口某流量级出现天数(天)	4 000 ~ 5 000 m³/s		2	50	21	22
		5 000 ~ 6 000 m³/s		1	0	26	24
		6 000 ~ 8 000 m³/s		1	0	0	0
		8 000 ~ 10 000 m³/s		4	0	0	0

综合比较4个方案的水库拦沙期长度、不同时段的拦沙减淤比、下游滩区的淹没损失等情况，认为方案一控制4 000 m^3/s最差，拦沙期长度仅有11年，从长期看，由于所需中小洪水的防洪库容较大，在254 m以下防洪库容较小时，下游滩区的淹没损失较大。方案三控制6 000 m^3/s下游滩区的淹没损失较大。方案二控制5 000 m^3/s的拦沙期长度比方案三、四少了1年。因此，综合比较控制4 000～6 000 m^3/s方案略优于其他3个方案，全控方案选择方案四作为推荐方案。

高含沙敞泄方案和控制4 000～6 000 m^3/s方案计算结果比较见表5.5-6。从表中看出，水库运用前10年，高含沙洪水敞泄方案水库淤积量为59.31亿m^3，高村以上滩地淤积量为2.65亿t，全下游全断面减淤量为35.37亿t，水库拦沙减淤比1.30，从减少水库淤积的角度看，高含沙量敞泄方案优于控制4 000～6 000 m^3/s方案；但高含沙洪水敞泄，使得花园口6 000 m^3/s以上流量级天数明显增加，滩区淹没损失明显大于控制运用方案。综合比较高含沙敞泄和控制4 000～6 000 m^3/s方案，敞泄方案对减少水库淤积有利，对减小滩区淹没损失效果略差。

从两方案的拦沙期长度看，高含沙敞泄方案约为17年，控制4 000～6 000 m^3/s方案的拦沙期约为14年，控制运用方案拦沙期长度明显低于高含沙敞泄方案，从水库拦沙期长度看，高含沙敞泄方案明显优于控制运用方案。

水库运用前17年，高含沙敞泄方案的水库拦沙减淤比为1.28，控制4 000～6 000 m^3/s方案为1.32；从花园口不同量级洪水天数和不同量级洪水滩区淹没损失判断，高含沙洪水敞泄的淹没损失明显高于控制4 000～6 000 m^3/s方案。

表5.5-6　不同防洪方案长系列冲淤计算比较

<table>
<tr><th colspan="4" rowspan="2">项目</th><th colspan="2">方案</th></tr>
<tr><th>高含沙敞泄</th><th>控制4 000～6 000 m³/s</th></tr>
<tr><td rowspan="15">前10年</td><td colspan="3">水库淤积量(亿m³)</td><td>59.31</td><td>64.88</td></tr>
<tr><td rowspan="9">冲淤量(亿t)</td><td rowspan="3">主槽</td><td>高村以上</td><td>-0.90</td><td>-2.21</td></tr>
<tr><td>高村以下</td><td>-1.75</td><td>-2.72</td></tr>
<tr><td>全下游</td><td>-2.65</td><td>-4.93</td></tr>
<tr><td rowspan="3">滩地</td><td>高村以上</td><td>2.65</td><td>0.57</td></tr>
<tr><td>高村以下</td><td>0.45</td><td>0.91</td></tr>
<tr><td>全下游</td><td>3.10</td><td>1.48</td></tr>
<tr><td rowspan="3">全断面</td><td>高村以上</td><td>1.75</td><td>-1.64</td></tr>
<tr><td>高村以下</td><td>-1.3</td><td>-1.81</td></tr>
<tr><td>全下游</td><td>0.45</td><td>-3.45</td></tr>
<tr><td colspan="3">全下游全断面减淤量(亿t)</td><td>35.37</td><td>39.27</td></tr>
<tr><td colspan="3">水库拦沙减淤比</td><td>1.30</td><td>1.35</td></tr>
<tr><td colspan="2" rowspan="3">花园口某流量级出现天数(天)</td><td>4 000～5 000 m³/s</td><td>11</td><td>15</td></tr>
<tr><td>5 000～6 000 m³/s</td><td>5</td><td>17</td></tr>
<tr><td>6 000～8 000 m³/s</td><td>9</td><td>0</td></tr>
</table>

续表 5.5-6

项目				方案	
				高含沙敞泄	控制 4 000 ~ 6 000 m³/s
前17年	水库淤积量(亿 m³)			78.82	78.77
	拦沙期长度(年,月,日)			17,7,28	14,7,9
	冲淤量(亿 t)	主槽	高村以上	-0.90	-0.11
			高村以下	-0.30	-0.17
			全下游	-1.20	-0.28
		滩地	高村以上	5.25	4.1
			高村以下	2.94	4.62
			全下游	8.19	8.72
		全断面	高村以上	4.35	3.99
			高村以下	2.64	4.45
			全下游	6.99	8.44
	全下游全断面减淤量(亿 t)			55.52	54.06
	水库拦沙减淤比			1.28	1.32
	花园口某流量级出现天数(天)		4 000 ~ 5 000 m³/s	15	22
			5 000 ~ 6 000 m³/s	8	24
			6 000 ~ 8 000 m³/s	10	0
			8 000 ~ 10 000 m³/s	2	0

综合比较水库河道减淤、下游滩区减灾和水库拦沙期长度等因素,最终推荐高含沙洪水敞泄方案作为小浪底水库拦沙后期的中小洪水防洪运用方案。

5.5.4　中小洪水运用方式

5.5.4.1　主汛期

1. 淤积量小于 42 亿 m³

(1)对于潼关以上来水为主的洪水,小花间洪峰流量一般小于下游河道平滩流量,若中期预报黄河中游有强降雨天气或潼关站发生含沙量大于等于 200 kg/m³ 的洪水,小浪底水库按敞泄滞洪方式运用;否则小浪底水库按照控制花园口流量不大于 4 000 m³/s 运用,水库防洪控制运用的水位不超过 254 m。

(2)对于三花间来水为主的洪水,潼关以上洪水流量相对较小,水库按照控制花园口流量不大于 4 000 m³/s 运用,小花间流量达到下游平滩流量时,水库按照最大下泄流量不超过 1 000 m³/s(发电流量)控制运用,防洪控制运用水位不超过 254 m。

2. 淤积量 42 亿 ~60 亿 m³

(1)对于潼关以上来水为主的洪水,小花间洪峰流量一般小于下游河道平滩流量,若中期预报黄河中游有强降雨天气或潼关站发生含沙量大于等于 200 kg/m³ 的洪水,小浪底水库按敞泄滞洪方式运用;否则小浪底水库按照控制花园口流量不大于 5 000 m³/s 运用；水库防洪控制运用水位不超过254 m。

（2）对于三花间来水为主的洪水，潼关以上洪水流量相对较小，水库按照控制花园口流量不大于5 000 m^3/s 运用，小花间流量达到4 000 m^3/s 时，水库按照最大下泄流量不超过1 000 m^3/s（发电流量）控制运用，防洪控制运用水位不超过254 m。

3.淤积量大于60亿 m^3

（1）对于潼关以上来水为主的洪水，小花间洪峰流量一般小于下游河道平滩流量，若中期预报黄河中游有强降雨天气或潼关站发生含沙量大于等于200 kg/m^3 的洪水，小浪底水库按敞泄滞洪方式运用；否则小浪底水库按照控制花园口流量不大于6 000 m^3/s 运用；水库防洪控制运用的库容不超过7.9亿 m^3。

（2）对于三花间来水为主的洪水，潼关以上洪水流量相对较小，水库按照控制花园口流量不大于6 000 m^3/s 运用，小花间流量达到5 000 m^3/s 时，水库按照最大下泄流量不超过1 000 m^3/s（发电流量）控制运用，防洪控制运用库容不超过7.9亿 m^3。

5.5.4.2　后汛期

后汛期（9月11日至10月31日）潼关以上来水基本上是低含沙洪水，花园口洪峰流量一般不超过10 000 m^3/s，因此对后汛期洪水进行洪水资源化利用，对花园口洪峰流量4 000～10 000 m^3/s 的洪水按不超过下游平滩流量控制运用。

5.5.5　对中小洪水防洪运用的认识及风险分析

（1）中小洪水发生在5～10月，4 000～8 000 m^3/s 洪水各月份都有发生，8 000～10 000 m^3/s 洪水主要发生在7～9月。7月、8月洪水大部分为高含沙洪水，9月、10月洪水大部分为低含沙、长历时洪水。前后汛期洪水含沙量特点明显不同，对后汛期洪水可进行洪水资源化利用，按不超过下游平滩流量控制运用。

（2）不同量级洪水的滩区淹没损失计算结果表明，花园口洪峰流量控制在6 000 m^3/s 以下，可以较有效减少淹没损失。

（3）将花园口洪峰流量10 000 m^3/s 左右的洪水按照控制花园口4 000 m^3/s、5 000 m^3/s、6 000 m^3/s 运用，小浪底水库需要18亿 m^3、9亿 m^3、6亿 m^3 左右库容；将花园口洪峰流量8 000 m^3/s 左右的洪水按照控制花园口4 000 m^3/s、5 000 m^3/s、6 000 m^3/s 运用，小浪底水库需要10亿 m^3、5.5亿 m^3、3.2亿 m^3 左右库容；由于小花间洪水的存在，小浪底水库能够控制的花园口洪峰流量最低为6 000 m^3/s。

（4）高含沙洪水敞泄方案对减少水库淤积有利，对减少滩区淹没损失效果略差，高含沙洪水敞泄方案拦沙减淤比最小，控制运用方案水库拦沙期长度小于高含沙敞泄方案。

（5）淤积量小于60亿 m^3 时，由于库内蓄水量较大，高含沙洪水敞泄方案与控制运用方案水库淤积量差别不大；淤积量大于60亿 m^3 时，对中小洪水进行防洪控制运用将增加水库淤积、缩短水库拦沙年限。

（6）预报花园口洪峰流量8 000～10 000 m^3/s 的洪水，视洪水来源、含沙量、水库淤积等情况，小浪底水库按敞泄或控泄方式运用（若洪水主要来源于潼关以上，按照敞泄运用；若洪水主要来源于三花间，视洪水含沙量、洪水过程、小浪底水库淤积量等情况，酌情进行控制运用）。

(7)小浪底水库拦沙后期,随着水库淤积量的增加,254 m 以下的防洪库容逐渐减小,对中小洪水的防洪作用也逐步减小。在淤积量超过60 亿 m^3后,对10 000 m^3/s 洪水进行控制,需要6 亿 m^3左右防洪库容,对8 000 m^3/s 洪水进行控制,需要约3.2 亿 m^3防洪库容,而这一阶段254 m 以下防洪库容从6.8 亿 m^3左右逐渐减小为0,中小洪水控制运用可能占用254 m 以上防洪库容,影响水库长期有效库容的保持。

若对中小洪水不控制或根据254 m 以下防洪库容进行不完全控制,又会使得下游滩区淹没损失较大。因此,在拦沙后期淤积量大于60 亿 m^3后,小浪底水库对中小洪水的防洪作用较小,下游滩区被洪水淹没的风险较高。下游滩区中小洪水防洪问题不能仅靠小浪底水库,还必须依靠滩区安全建设、滩区淹没补偿政策、防洪非工程措施等多种手段共同解决。

根据《黄河下游滩区综合治理规划》安排,近期10 年重点解决高村—陶城铺河段洪水风险较大的滩区和山东窄河段滩区群众的安全建设;远期规划完全实施后,可以保证20 年一遇以下洪水滩区人民生命和主要财产安全,对洪水淹没耕地的损失进行补偿,逐步废除生产堤,滩区仍旧发挥滞洪沉沙作用。

因此,本次推荐的随着小浪底水库防洪库容逐渐减小,中小洪水控制流量逐步加大的运用方式,与《黄河下游滩区综合治理规划》安排相协调,即随着滩区安全建设措施的逐步落实,滩区承受洪水风险的能力在逐步提高,小浪底水库对中小洪水的防洪作用也在逐步降低。

5.6 陆浑、故县、河口村水库防洪运用时机分析

陆浑、故县、河口村水库属支流水库,相对于干流水库而言,防洪库容较小,削减黄河洪水的作用相对较小。各支流水库原设计的防洪运用方式中,投入联合防洪运用的时机为预报花园口洪水流量达到12 000 m^3/s。具体运用方式是:对于一般洪水,各水库控制泄流不超过1 000 m^3/s;河口村水库在执行上述规则中,还需控制武陟流量不超过4 000 m^3/s。当预报花园口洪水流量达到12 000 m^3/s,且有上涨趋势时,关闭全部泄洪设施;当水库蓄水位达到设计蓄洪限制水位时,根据入库流量大小确定泄洪方式,以确保大坝防洪安全。当花园口洪水流量退落到10 000 m^3/s 以下时,各水库相继按控制花园口10 000 m^3/s 泄空已蓄洪量。

河口村水库建成后,支流水库防洪运用时机将如何变化? 以下从两个方面进行分析研究。

5.6.1 河口村水库投入运用前后各水库防洪运用时机比较

原设计防洪运用方式中,当预报花园口洪水流量达到12 000 m^3/s,且有上涨趋势时,各水库即投入联合防洪运用。本次首先比较了河口村水库投入运用前后,预报花园口流量达到12 000 m^3/s 时各支流水库投入联合防洪运用的方案,水库各项特征指标及花园口流量比较见表5.6-1。

表 5.6-1　河口村水库投入运用前后各水库防洪运用时机比较

典型年	重现期(年)	有无河口村	第 i 时刻关门	花园口洪峰流量(m^3/s)	花园口超万洪量(亿 m^3)	各水库关门时长(h)		超防洪高水位持续时长(h)	
						陆浑水库	故县水库	陆浑水库	故县水库
1954	30	无	—	11 082	1.27	0	0	0	0
		有	—	11 074	1.15	0	0	0	0
		差值	—	-8	-0.12	0	0	0	0
	50	无	51	13 358	4.01	3	26	23	0
		有	54	13 175	3.05	1	23	22	0
		差值	3	-183	-0.96	-2	-3	-1	0
	100	无	49	14 876	6.26	1	36	35	0
		有	50	13 917	4.97	0	35	34	0
		差值	1	-959	-1.29	-1	-1	-1	0
	1 000	无	44	19 585	13.30	2	7	47	263
		有	44	19 585	12.96	2	7	47	263
		差值	0	0	-0.34	0	0	0	0
	10 000	无	44	19 816	21.10	2	6	187	262
		有	44	19 815	20.81	2	6	187	262
		差值	0	-1	-0.29	0	0	0	0
1958	30	无	—	11 802	1.20	0	0	0	0
		有	—	11 802	1.20	0	0	0	0
		差值	—	0	0.00	0	0	0	0
	50	无	64	13 514	3.25	42	43	18	33
		有	64	13 288	3.27	42	43	18	33
		差值	0	-226	0.02	0	0	0	0
	100	无	62	15 151	4.43	34	16	32	74
		有	62	14 316	4.11	34	16	32	74
		差值	0	-835	-0.32	0	0	0	0
	1 000	无	56	20 715	10.27	14	8	70	248
		有	56	18 914	8.15	14	8	70	248
		差值	0	-1 801	-2.12	0	0	0	0
	10 000	无	55	21 382	22.94	12	8	154	250
		有	55	19 642	20.76	12	8	154	250
		差值	0	-1 740	-2.18	0	0	0	0

续表 5.6-1

典型年	重现期（年）	有无河口村	第 i 时刻关门	花园口洪峰流量（m^3/s）	花园口超万洪量（亿 m^3）	各水库关门时长(h)		超防洪高水位持续时长(h)	
						陆浑水库	故县水库	陆浑水库	故县水库
1982	30	无	91	12 382	2.38	29	29	0	0
		有	313	12 019	1.46	0	0	0	0
		差值	222	-363	-0.92	-29	-29	0	0
	50	无	73	13 570	4.62	6	48	42	0
		有	75	12 110	3.01	6	46	40	0
		差值	2	-1 460	-1.61	0	-2	-2	0
	100	无	69	15 739	7.65	0	143	151	0
		有	71	15 083	6.18	0	141	151	0
		差值	2	-656	-1.47	0	-2	0	0
	1 000	无	64	22 716	17.04	0	93	167	80
		有	66	22 774	16.02	0	95	167	76
		差值	2	58	-1.02	0	2	0	-4
	10 000	无	59	26 841	24.68	0	35	172	218
		有	59	26 841	23.64	0	35	172	218
		差值	0	0	-1.04	0	0	0	0

由表 5.6-1 可见，河口村水库投入运用后，花园口洪峰流量和超万洪量有所减小，花园口达到 12 000 m^3/s 的时间推后 0～3 h，即支流水库关门运用概率略有减小；各水库关门时段数减小，高水位运行时间亦略有减小。总体而言，河口村水库参与水库群联合防洪运用后，对削减花园口洪峰流量及超万洪量是有利的，一定程度上减小了陆浑、故县水库的负担，但减小不多。

进一步比较预报花园口洪水流量达到 10 000 m^3/s、11 000 m^3/s 时，河口村水库投入运用前后的差别，与上述结论一致。可以认为，河口村水库投入运用前后，支流水库参与联合防洪运用的效果基本相同，有河口村水库的运用效果总体上略优于无河口村水库的运用效果。

5.6.2　陆浑、故县、河口村水库投入联合防洪运用时机分析

首先，比较预报花园口达到不同流量陆浑、故县、河口村水库投入联合防洪运用的方案，各方案水库特征值指标及黄河下游沿程洪峰流量和超万洪量见表 5.6-2、表 5.6-3。表中①、②、③、④分别代表预报花园口流量达到 10 000 m^3/s、11 000 m^3/s、12 000 m^3/s、15 000 m^3/s 时水库关门的方案。

由于陆浑、故县、河口村水库只能拦蓄小花间的洪水，进一步分析支流水库按预报小

花间不同来水情况投入联合防洪运用的方案。各方案水库特征值指标及黄河下游沿程洪峰流量和超万洪量见表 5.6-4 ~ 表 5.6-6。表中①、②、③、④分别代表预报小花间流量达到 5 000 m^3/s、7 000 m^3/s、9 000 m^3/s、11 000 m^3/s 时水库关门的方案。

表 5.6-2　陆浑、故县、河口村水库不同运用时机各水库特征值(按花园口流量关门)

重现期(年)	关门方案	关门流量(m^3/s)	1954 年典型						1958 年典型						1982 年典型					
			各水库关门时长(h)			超防洪高水位持续时长(h)			各水库关门时长(h)			超防洪高水位持续时长(h)			各水库关门时长(h)			超防洪高水位持续时长(h)		
			陆浑	故县	河口村	陆浑	故县	河口村	陆浑	故县	河口村	陆浑	故县	河口村	陆浑	故县	河口村	陆浑	故县	河口村
30	①	10 000	15	20	18	0	0	0	47	66	66	19	0	0	47	47	27	0	0	19
	②	11 000	0	0	0	0	0	0	45	62	62	17	0	0	29	29	29	0	0	0
	③	12 000	0	0	0	0	0	0	0	0	0	0	0	0	0	0	0	0	0	0
	④	15 000	0	0	0	0	0	0	0	0	0	0	0	0	0	0	0	0	0	0
50	①	10 000	4	27	29	23	0	2	45	40	70	24	46	0	6	52	20	46	0	69
	②	11 000	3	26	30	23	0	0	44	40	67	22	42	0	6	50	19	44	0	68
	③	12 000	1	23	27	22	0	0	42	43	60	18	33	0	6	46	19	40	0	65
	④	15 000	0	0	0	13	0	0	0	0	0	0	0	0	0	0	0	0	0	0
100	①	10 000	5	40	19	35	0	21	39	22	75	36	76	0	0	145	19	151	0	126
	②	11 000	1	36	17	35	0	18	37	20	72	34	76	0	0	143	17	151	0	125
	③	12 000	0	35	17	34	0	17	34	16	66	32	74	0	0	141	16	151	0	124
	④	15 000	0	0	0	18	0	0	30	13	59	28	70	0	0	129	12	149	0	116
1 000	①	10 000	4	9	14	47	263	38	18	14	65	73	249	78	0	91	16	167	84	140
	②	11 000	4	8	13	47	263	38	15	9	66	71	248	70	0	91	16	167	84	140
	③	12 000	2	7	11	47	263	37	14	8	66	70	248	69	0	95	15	167	76	138
	④	15 000	0	3	8	47	262	35	11	2	77	66	247	0	0	98	14	167	69	136
10 000	①	10 000	4	9	13	187	263	178	19	17	44	158	252	132	15	48	35	174	230	159
	②	11 000	3	8	13	187	262	178	17	14	48	157	251	126	0	35	13	172	218	157
	③	12 000	2	6	11	187	262	177	12	8	53	154	250	112	0	35	13	172	218	157
	④	15 000	0	2	8	187	261	175	7	0	54	150	248	103	0	37	10	172	211	153

表 5.6-3　陆浑、故县、河口村水库不同运用时机黄河下游沿程洪峰流量及超万洪量(按花园口流量关门)

重现期(年)	关门方案	关门流量(m³/s)	1954 年典型					1958 年典型					1982 年典型				
			下游超万洪量(亿 m³)		下游沿程洪峰流量(m³/s)			下游超万洪量(亿 m³)		下游沿程洪峰流量(m³/s)			下游超万洪量(亿 m³)		下游沿程洪峰流量(m³/s)		
			花园口	孙口	花园口	高村	孙口	花园口	孙口	花园口	高村	孙口	花园口	孙口	花园口	高村	孙口
30	①	10 000	1.58	0.70	10 914	10 539	10 408	2.38	1.02	12 136	11 142	10 729	1.43	0.30	10 817	10 467	10 224
	②	11 000	1.15	0.13	11 074	10 520	10 221	2.30	0.96	12 183	11 089	10 685	1.78	0.37	11 513	10 496	10 269
	③	12 000	1.15	0.13	11 074	10 520	10 221	1.20	0.01	11 802	10 448	10 106	1.46	0.09	12 019	10 856	10 229
	④	15 000	1.15	0.13	11 074	10 520	10 221	1.20	0.01	11 802	10 448	10 106	1.46	0.09	12 019	10 856	10 229
50	①	10 000	2.70	0.96	12 159	10 932	10 427	3.23	1.16	12 726	11 109	10 734	2.96	0.22	12 194	11 206	10 426
	②	11 000	2.81	0.97	12 735	11 223	10 425	3.24	1.15	12 800	11 157	10 745	2.97	0.22	12 164	11 192	10 429
	③	12 000	3.05	0.98	13 175	11 441	10 414	3.27	1.19	13 288	11 443	10 726	3.01	0.23	12 110	11 160	10 426
	④	15 000	3.11	0.53	13 453	12 212	10 880	2.09	0.39	13 514	11 768	10 663	3.86	1.62	13 771	12 506	11 725
100	①	10 000	4.66	1.39	13 008	12 092	10 915	3.78	1.22	13 852	11 870	10 651	6.03	2.40	15 566	13 509	12 351
	②	11 000	4.90	1.47	13 374	12 238	11 019	3.93	1.33	13 974	12 010	10 672	6.10	2.41	15 274	13 352	12 388
	③	12 000	4.97	1.50	13 917	12 412	11 091	4.11	1.58	14 316	12 367	10 936	6.18	2.41	15 083	13 323	12 351
	④	15 000	5.26	2.31	14 961	13 652	12 294	4.38	2.00	15 094	12 682	11 355	6.49	2.52	15 093	13 547	12 351
1 000	①	10 000	12.87	9.56	19 605	17 970	16 093	8.20	5.80	18 228	14 672	13 174	15.69	13.18	22 668	20 249	18 344
	②	11 000	12.84	9.52	19 581	17 944	16 067	8.13	5.73	18 793	14 959	13 347	15.69	13.18	22 668	20 249	18 344
	③	12 000	12.96	9.61	19 585	17 905	16 111	8.15	5.75	18 914	15 086	13 381	16.02	13.48	22 774	20 338	18 518
	④	15 000	13.16	9.80	20 003	18 233	16 229	8.54	6.03	19 649	15 709	13 773	16.34	13.76	22 849	20 477	18 661
10 000	①	10 000	20.71	18.01	19 742	18 110	16 229	21.11	19.53	20 415	18 669	17 809	23.63	22.15	26 961	24 268	22 210
	②	11 000	20.73	18.02	19 751	18 056	16 238	21.00	19.39	20 308	18 502	17 686	23.64	22.19	26 841	24 198	22 123
	③	12 000	20.81	18.08	19 815	18 128	16 255	20.76	19.10	19 642	18 092	17 366	23.64	22.19	26 841	24 198	22 123
	④	15 000	20.96	18.21	20 050	18 249	16 331	20.75	19.07	20 434	17 640	16 992	24.06	22.80	26 952	24 403	22 322

表 5.6-4　陆浑、故县、河口村水库不同运用时机各水库特征值(按小花间流量关门)

典型年	重现期(年)	关门方案	关门流量(m³/s)	各水库关门时长(h)			超防洪高水位持续时长(h)		
				陆浑	故县	河口村	陆浑	故县	河口村
1954	100	①	5 000	7	43	21	36	0	22
		②	7 000	5	40	19	35	0	21
		③	9 000	1	36	17	35	0	18
		④	11 000	0	34	18	34	0	16
	1 000	①	5 000	5	10	14	48	264	38
		②	7 000	4	8	13	47	263	38
		③	9 000	2	7	11	47	263	37
		④	11 000	1	6	10	47	263	37
	10 000	①	5 000	5	10	14	188	263	178
		②	7 000	3	8	13	187	262	178
		③	9 000	2	6	11	187	262	177
		④	11 000	1	6	10	187	262	177

续表 5.6-4

典型年	重现期(年)	关门方案	关门流量(m^3/s)	各水库关门时长(h)			超防洪高水位持续时长(h)		
				陆浑	故县	河口村	陆浑	故县	河口村
1958	100	①	5 000	38	21	73	35	76	0
		②	7 000	34	16	67	32	74	0
		③	9 000	33	15	64	31	73	0
		④	11 000	32	14	62	30	72	0
	1 000	①	5 000	15	10	66	71	248	72
		②	7 000	15	9	66	71	248	70
		③	9 000	12	4	72	67	247	59
		④	11 000	11	3	76	66	247	52
	10 000	①	5 000	36	37	52	162	254	147
		②	7 000	12	8	53	154	250	112
		③	9 000	10	6	53	153	250	110
		④	11 000	8	2	54	151	249	105
1982	100	①	5 000	1	153	25	151	0	128
		②	7 000	0	147	20	151	0	126
		③	9 000	0	145	19	151	0	126
		④	11 000	0	141	16	151	0	124
	1 000	①	5 000	23	103	48	171	108	145
		②	7 000	0	89	17	167	87	141
		③	9 000	0	93	16	167	80	139
		④	11 000	0	95	15	167	76	138
	10 000	①	5 000	25	60	46	175	231	160
		②	7 000	19	52	39	174	230	160
		③	9 000	0	35	13	172	218	157
		④	11 000	0	35	13	172	218	157

表 5.6-5　陆浑、故县、河口村水库不同运用时机黄河下游洪水情况(按小花间流量关门)

典型年	重现期(年)	关门方案	关门流量(m^3/s)	下游超万洪量(亿 m^3)		下游沿程洪峰流量(m^3/s)		
				花园口	孙口	花园口	高村	孙口
1954	100	①	5 000	4.56	1.36	13 111	12 185	10 923
		②	7 000	4.66	1.39	13 008	12 092	10 915
		③	9 000	4.90	1.47	13 374	12 238	11 019
		④	11 000	4.99	1.51	13 917	12 381	11 096
	1 000	①	5 000	12.83	9.52	19 474	17 888	16 069
		②	7 000	12.84	9.52	19 581	17 944	16 067
		③	9 000	12.96	9.61	19 585	17 905	16 111
		④	11 000	13.02	9.63	19 797	18 041	16 150
	10 000	①	5 000	20.70	18.01	19 611	18 024	16 204
		②	7 000	20.73	18.02	19 751	18 056	16 238
		③	9 000	20.81	18.08	19 815	18 128	16 255
		④	11 000	20.85	18.11	19 888	18 131	16 276
1958	100	①	5 000	3.89	1.31	13 964	11 961	10 652
		②	7 000	4.08	1.53	14 202	12 250	10 898
		③	9 000	4.21	1.69	14 594	12 459	11 049
		④	11 000	4.26	1.82	14 877	12 557	11 171
	1 000	①	5 000	8.13	5.73	18 793	14 970	13 318
		②	7 000	8.13	5.73	18 793	14 959	13 347
		③	9 000	8.35	5.87	19 158	15 355	13 594
		④	11 000	8.47	5.97	19 345	15 511	13 728
	10 000	①	5 000	22.53	20.65	20 607	19 069	18 230
		②	7 000	20.76	19.10	19 642	18 092	17 366
		③	9 000	20.75	19.09	19 639	17 940	17 272
		④	11 000	20.75	19.07	20 104	17 653	17 070
1982	100	①	5 000	5.82	2.24	15 456	13 621	12 277
		②	7 000	5.96	2.42	15 537	13 490	12 394
		③	9 000	6.03	2.40	15 566	13 509	12 351
		④	11 000	6.18	2.41	15 083	13 323	12 351
	1 000	①	5 000	15.79	13.04	22 754	20 335	18 369
		②	7 000	15.59	13.08	22 632	20 194	18 290
		③	9 000	15.82	13.30	22 715	20 258	18 414
		④	11 000	16.02	13.48	22 774	20 338	18 518
	10 000	①	5 000	24.12	22.48	27 035	24 378	22 374
		②	7 000	23.75	22.24	27 008	24 319	22 266
		③	9 000	23.64	22.19	26 841	24 198	22 123
		④	11 000	23.64	22.19	26 841	24 198	22 123

表5.6-6　预报小花间来水大于某一流量时花园口相应流量统计表(按小花间流量关门)

重现期(年)	关门方案	关门流量(m^3/s)	1954年典型		1958年典型		1982年典型	
			第i时刻关门	花园口相应流量(m^3/s)	第i时刻关门	花园口相应流量(m^3/s)	第i时刻关门	花园口相应流量(m^3/s)
100	①	5 000	42	8 825	55	10 759	59	7 617
	②	7 000	45	10 217	61	11 462	65	8 973
	③	9 000	49	11 333	64	13 004	67	10 160
	④	11 000	51	12 663	66	14 167	71	12 485
1 000	①	5 000	40	9 620	54	10 922	25	7 466
	②	7 000	42	11 154	55	11611	60	8 843
	③	9 000	44	12 611	61	12 519	64	11 268
	④	11 000	45	13 751	63	14 354	66	12 941
10 000	①	5 000	40	9 570	22	7 468	22	7 807
	②	7 000	42	11 267	55	12 010	30	9 144
	③	9 000	44	12 695	57	12 978	59	12 926
	④	11 000	45	13 775	62	13 642	59	12 926

通过对比分析各方案黄河下游沿程洪峰流量及10 000 m^3/s以上洪量,认为对百年一遇洪水,支流水库按预报小花间流量达5 000 m^3/s进行关门运用,对削减花园口—孙口河段的洪峰流量及超万洪量时机较好。但对千年一遇及万年一遇的特大洪水,支流水库在预报小花间流量达9 000 m^3/s及其以上时进行关门运用时机较好。

支流水库参与联合运用,主要是为了防御黄河下游的大洪水,削减黄河下游的洪峰流量及超万洪量,3个典型年的千年一遇及万年一遇洪水6场设计洪水中,有5场设计洪水预报小花间流量9 000 m^3/s关门比较合适。因此,推荐预报小花间洪水流量达流量9 000 m^3/s时支流水库开始关门。

统计预报小花间大于等于以上各级流量时花园口的相应流量,小花间流量大于等于9 000 m^3/s相应的花园口流量大于等于12 000 m^3/s,即预报小花间流量大于等于9 000 m^3/s基本相当于预报花园口流量大于等于12 000 m^3/s。因此,支流水库按原设计的预报花园口流量达12 000 m^3/s时关门运用时机最好。

5.7　特大洪水三门峡、小浪底水库运用方式研究

黄河中下游特大洪水气象成因特点比较明显,一般分为以三门峡以上来水为主的“上大洪水”、以三花间来水为主的“下大洪水”和介于两者之间的“上下较大型洪水”。由于“上下较大型洪水”的量级一般明显低于“上大洪水”和“下大洪水”,而且“上下较大

型洪水”的水库运用方式基本与“下大洪水”类似,因此本次根据不同类型的洪水特点,将洪水分为“上大洪水”和“下大洪水”分别研究三门峡、小浪底水库的运用方式。

由前文的分析可知,小浪底水库拦沙后期时间较长,分为三个阶段,各阶段计算边界条件、控制指标不尽相同,在进行方案比较时一般分阶段计算。若研究的内容与运用阶段无关,则统一采用小浪底水库正常运用期的条件及指标,待各工程运用方式确定之后再分别计算不同阶段推荐的联合运用方案。

5.7.1 “上大洪水”

“上大洪水”主要来自于潼关以上,洪水历时较长、洪峰高、含沙量大,三花间和小花间来水相对较小。对于“上大洪水”主要研究三门峡、小浪底水库和东平湖滞洪区三者间的防洪库容分配,使水库、分滞洪区联合运用后,能够解决特大洪水情况下水库保坝和黄河下游防洪的问题。

5.7.1.1 三门峡水库运用方式

在小浪底水库初设报告中,小浪底水库正常运用期“上大洪水”三门峡水库按照先敞后控方式运用,具体运用方式为:三门峡水库首先按照敞泄滞洪运用,当库水位达到滞洪最高水位后,视下游洪水情况进行泄洪。如预报花园口流量仍大于10 000 m^3/s,维持库水位按入库流量泄洪;否则,按控制花园口10 000 m^3/s 进行退水,直至库水位回落至汛限水位。

小浪底水库建成后,运用初期防洪库容较大,同时三门峡水库运用需考虑降低潼关高程、减少水库蓄水对渭河下游和水库库区的影响等,因此在此阶段三门峡水库的运用方式为敞泄。

本次研究拟分析三门峡水库的运用方式包括敞泄和先敞后控。方案比较中小浪底水库运用方式为先控制花园口6 000 m^3/s,当蓄洪量达到6亿 m^3后转为控制花园口10 000 m^3/s 运用,不考虑东平湖分洪。

三门峡水库不同运用方式,三门峡、小浪底水库的蓄水和下游洪水情况见表5.7-1。

表5.7-1　三门峡水库不同运用方式水库和下游洪水情况

(单位:蓄洪量,亿 m^3;洪峰流量,m^3/s;水位,m)

三门峡水库运用方式	重现期(年)	水库情况						下游洪水情况			
		三门峡			小浪底			花园口		孙口	
		蓄洪量	最大蓄洪量	最高水位	蓄洪量	最大蓄洪量	最高水位	洪峰流量	超万洪量	洪峰流量	超万洪量
敞泄	10 000	51.14	51.56	334.22	92.77	102.77	280.0	11 200	2.98	10 700	1.70
	1 000	31.92	32.34	330.57	60.73	70.73	280.0	11 500	2.71	10 500	1.52
	200	21.29	21.71	327.32	36.78	46.78	273.5	11 000	2.28	10 400	1.34
	100	15.62	16.04	325.28	30.00	40.00	271.0	11 000	2.09	10 400	1.21

续表 5.7-1

三门峡水库运用方式	重现期（年）	水库情况						下游洪水情况			
		三门峡			小浪底			花园口		孙口	
		蓄洪量	最大蓄洪量	最高水位	蓄洪量	最大蓄洪量	最高水位	洪峰流量	超万洪量	洪峰流量	超万洪量
先敞后控	10 000	51.14	51.56	334.22	54.50	64.50	280.0	11 200	2.98	10 700	1.70
	1 000	31.92	32.34	330.57	40.63	50.63	274.9	11 500	2.71	10 500	1.52
	200	21.29	21.71	327.32	33.34	43.34	272.2	11 000	2.28	10 400	1.34
	100	15.62	16.04	325.28	28.66	38.66	270.5	11 000	2.09	10 400	1.21

注：由于小浪底水库水位已超过 280.0 m，此处水位最高只显示 280.0 m。

从表 5.7-1 中看出，三门峡水库敞泄运用和先敞后控运用对小浪底水库的影响差别很大，三门峡水库敞泄运用，对于万年一遇洪水，需要小浪底水库蓄洪量 92.77 亿 m^3，比水库设计防洪库容多 52.27 亿 m^3，比小浪底水库拦沙后期第一、第二阶段的防洪库容分别多 22.47亿 m^3和 40.17 亿 m^3，即使东平湖投入运用仍不能满足下游防洪要求；而三门峡水库先敞后控运用，万年一遇洪水小浪底水库蓄洪量 60.73 亿 m^3，如果东平湖分洪可基本满足防洪要求。因此，从小浪底水库防洪保坝的角度分析，三门峡水库不能按照敞泄方式运用。

此外，还分析了两种运用方式三门峡、小浪底水库不同水位以上的持续时间，见表 5.7-2。从表中看出，虽然三门峡水库先敞后控运用能够有效降低小浪底水库的运用水位，但与敞泄运用相比，三门峡水库高水位的运用时间明显增加。万年一遇洪水，三门峡水库 325 m 以上历时先敞后控运用是敞泄运用的约 2 倍，千年一遇洪水是敞泄运用历时的 3 ~ 4 倍。三门峡高水位运用历时越长，水库淤积相应越严重，即三门峡水库先敞后控运用对三门峡水库减淤是不利的。但三门峡先敞后控运用减少了小浪底水库的高水位运用历时，对小浪底水库的减淤是有利的。

表 5.7-2　三门峡、小浪底水库各级水位历时统计

三门峡水库运用方式	重现期（年）	水库各级水位（m）以上历时（h）							
		三门峡				小浪底			
		≥315	≥320	≥325	≥330	≥254	≥260	≥265	≥270
敞泄	10 000	512	440	344	204	548	520	488	408
	1 000	380	300	160	60	532	440	220	0
	200	220	148	84	0	268	0	0	0
	100	184	116	32	0	56	0	0	0
先敞后控	10 000	712	676	628	572	548	508	364	0
	1 000	644	572	428	264	520	0	0	0
	200	436	356	204	0	0	0	0	0
	100	368	288	120	0	0	0	0	0

为了减少三门峡水库高水位运用时间，在《黄河下游长远防洪形势和对策研究》(简称研究)中，分析比较了小浪底水库淤积量达到50亿 m^3时“上大洪水”三门峡先敞后控(方案一)和小浪底水库蓄水位达到270 m时三门峡水库再控制运用的方式(方案二)。方案二三门峡水库的具体运用方式为：三门峡水库首先按敞泄运用，当小浪底水库的蓄水位达到270 m后，若入库流量小于水库泄流能力，按入库流量泄洪，否则按照敞泄滞洪运用，直至洪水退落按照下游防洪要求退水。

研究中对两种方案三门峡、小浪底水库的蓄水和淤积情况进行了较全面的分析，认为两种方案两个水库的总淤积量相差不大，最后结论为，方案二虽然能减少三门峡水库高水位持续时间及库区淤积，但却造成一部分洪水既淹没三门峡库区，又淹没小浪底库区，使两水库的防洪库容重复利用，将三门峡水库的淤积量转移到了小浪底水库，且增加了东平湖滞洪区的分洪量，因此最后研究仍推荐三门峡水库采用先敞后控的运用方式。

综合本次和以往的研究成果，小浪底水库拦沙后期对于“上大洪水”，三门峡水库仍采用先敞后控的运用方式。

在此基础上，又进一步研究了三门峡水库按先敞后控方式运用的控制运用时机。通过分析三门峡水库先敞后控运用情况下，不同频率洪水三门峡、小浪底水库的蓄水情况，来确定三门峡水库的控制运用时机，计算方案见表5.7-3。

表5.7-3　三门峡水库先敞后控水库和下游洪水情况

(单位：蓄洪量，亿 m^3；洪峰流量，m^3/s；水位，m)

三门峡水库运用方式	重现期(年)	水库情况						下游洪水情况			
		三门峡			小浪底			花园口		孙口	
		蓄洪量	最大蓄洪量	最高水位	蓄洪量	最大蓄洪量	最高水位	洪峰流量	超万洪量	洪峰流量	超万洪量
先敞后控	100	15.59	16.17	325.44	49.4	61.30	266.18	11 500	2.54	10 400	1.15
	80	14.19	14.77	324.87	47.38	59.28	265.30	11 500	2.42	10 400	1.12
	50	11.43	12.01	323.44	43	54.90	263.3	11 300	2.23	10 300	1.10
	30	8.17	8.75	321.91	34.98	46.88	259.60	10 800	1.58	10 300	0.75

从表5.7-3中看出，当洪水达到50年一遇时，小浪底水库最高水位约为263 m，与5.6节中东平湖分洪时机一致，因此推荐三门峡水库水位达323 m后开始控制运用。

5.7.1.2　小浪底水库运用方式

在小浪底水库初设报告中，水库正常运用期的运用方式为：预报花园口洪水流量小于8 000 m^3/s时，控制汛限水位，按入库流量泄洪；预报花园口洪水流量大于8 000 m^3/s，含沙量小于50 kg/m^3，小花间来洪流量小于7 000 m^3/s时，小浪底水库泄量与小花间来洪流量凑花园口8 000 m^3/s。水库按控制花园口8 000 m^3/s运用过程中，当蓄洪量达到7.9亿 m^3时，反映该次洪水已超过5年一遇，改为控制花园口10 000 m^3/s运用，如入库流量小于控制花园口10 000 m^3/s的允许泄量，则按入库流量泄洪，不降低水库蓄水位。当水库蓄洪量达20亿 m^3，而且还在继续上涨时，为了保留足够的库容控制特大洪水，需要控制水库的蓄水位不再升高，相应增大泄洪流量，允许花园口超过10 000 m^3/s，下游东平湖配合分洪。此时，如果入库流量小于水库的泄洪能力，按入库流量泄洪；否则，按敞泄滞洪运用。当预报花园口10 000 m^3/s以上洪量将达20亿m^3时，说明东平湖分洪量已达17.5亿m^3，小浪底水库恢复按控制花园口10 000 m^3/s运用，继续蓄洪。

本次研究为了分析小浪底水库拦沙后期的运用方式，选择水库淤积量达到42亿m^3和设计淤积量75.5亿m^3左右两个时期，即减淤运用的第一阶段末和第三阶段末，分别计算水库和下游的洪水情况。

小浪底水库运用方式考虑控制中小洪水（方案一）和不控制中小洪水（方案二）。方案一小浪底水库的运用方式为：按控制花园口10 000 m^3/s运用，预报花园口流量小于10 000 m^3/s，若入库流量不大于水库泄洪能力，维持汛限水位，按入库流量泄洪，否则按敞泄滞洪运用；预报花园口洪水流量大于10 000 m^3/s，按控制花园口10 000 m^3/s运用。

方案二小浪底水库的运用方式为：预报花园口洪水流量小于中小洪水控制流量，控制汛限水位，按入库流量泄洪，反之，按控制花园口中小洪水流量运用。当小浪底水库蓄洪量达到控制中小洪水蓄洪量时，改为按控制花园口10 000 m^3/s运用，如入库流量小于控制花园口10 000 m^3/s的允许泄量，则按入库流量泄洪；若入库流量大于水库相应泄洪能力，按敞泄滞洪运用。预报花园口流量大于10 000 m^3/s，按控制花园口10 000 m^3/s运用。预报花园口流量退落到10 000 m^3/s以下，按控制花园口10 000 m^3/s退水，直至水位降至汛限水位。

小浪底水库淤积量达到42亿m^3和设计淤积量75.5亿m^3左右两个时期控制中小洪水流量分别为4 000 m^3/s和6 000 m^3/s，控制中小洪水蓄洪量分别为13亿m^3和6亿m^3。

方案一计算出的防洪库容是确保黄河下游防洪安全的最小防洪库容，如果在洪水到来前，能够较准确地预报出将发生超过百年一遇的“上大洪水”，那么按照此方案运用，水库将以最小的代价完成防洪任务。方案二考虑到目前的洪水预报水平和洪水预见期的有限性，认为洪水的量级是逐步确定的，在洪水的初期并不能完全确定整场洪水的量级，所以在洪水起涨、量级未达到大洪水的标准前，水库按照尽可能保滩、减小下游淹没损失的方式运用。方案比较时三门峡水库采用先敞后控，下游不考虑东平湖分洪，待小浪底水库的运用方式确定后，再分析东平湖的运用时机。小浪底水库不同运用方式水库和下游洪水情况见表5.7-4。

从表5.7-4中看出：

（1）控制中小洪水方式小浪底水库的蓄洪量大于不控制方式，因此如果能够准确预报大洪水的量级，对“上大洪水”不进行中小洪水控制运用的方式优于控制方式。

（2）减淤运用第一阶段（淤积量小于42亿m^3），与不控制中小洪水方式相比，千年一遇洪水控制中小洪水方式小浪底水库蓄洪量增加9亿m^3左右。

（3）减淤运用第三阶段（淤积量达到设计淤积量），中小洪水控制流量加大、控制库容减小，是否控制中小洪水对小浪底水库蓄洪量的影响减弱，与不控制方式相比，千年一遇洪水控制中小洪水方式小浪底水库蓄洪量增加8亿m^3左右。

表 5.7-4　小浪底水库不同运用方式水库和下游洪水情况

（单位：蓄洪量、淤积量，亿 m^3；洪峰流量，m^3/s；水位，m）

小浪底		重现期（年）	水库情况						下游洪水情况			
淤积量	运用方式		三门峡			小浪底			花园口		孙口	
			蓄洪量	最大蓄洪量	最高水位	蓄洪量	最大蓄洪量	最高水位	洪峰流量	超万洪量	洪峰流量	超万洪量
42	不控制中小洪水	10 000	51.14	51.56	334.2	48.89	84.51	275.9	11 200	3.63	10 700	1.72
		1 000	31.92	32.34	330.6	32.49	68.10	269.1	11 700	3.25	10 500	1.55
		200	21.29	21.71	327.3	19.97	55.59	263.6	11 300	2.66	10 500	1.38
		100	15.62	16.04	325.3	15.66	51.27	261.6	11 500	2.32	10 400	1.10
	控制中小洪水	10 000	51.14	51.56	334.2	50.51	86.13	276.6	11 300	3.99	10 700	2.40
		1 000	31.92	32.34	330.6	41.42	77.03	272.9	11 200	2.69	10 500	1.47
		200	21.29	21.71	327.3	29.11	64.72	267.7	11 000	2.37	10 500	1.28
		100	15.62	16.04	325.3	25.06	60.68	265.9	11 000	2.17	10 400	1.17
75.5	不控制中小洪水	10 000	51.14	51.56	334.2	48.89	58.89	277.9	11 200	3.63	10 700	1.72
		1 000	31.92	32.34	330.6	32.49	42.49	271.9	11 700	3.25	10 500	1.55
		200	21.29	21.71	327.3	19.97	29.97	266.6	11 300	2.66	10 500	1.38
		100	15.62	16.04	325.3	15.66	25.66	264.5	11 500	2.32	10 400	1.10
	控制中小洪水	10 000	51.14	51.56	334.2	54.50	64.50	280.0	11 200	2.98	10 700	1.70
		1 000	31.92	32.34	330.6	40.63	50.63	274.9	11 500	2.71	10 500	1.52
		200	21.29	21.71	327.3	33.34	43.34	272.2	11 000	2.28	10 500	1.34
		100	15.62	16.04	325.3	28.66	38.66	270.5	11 000	2.09	10 400	1.21

（4）减淤运用第二阶段（淤积量 42 亿～75.5 亿 m^3），小浪底水库淤积量达到 60 亿 m^3，254 m 以下中小洪水控制库容只有 7 亿 m^3左右，254 m 以上的防洪库容只有 50 亿 m^3左右，与万年一遇洪水不控制中小洪水方式小浪底水库的蓄洪量相当，因此淤积量超过 60 亿 m^3后，即使不控制中小洪水，小浪底水库也没有能力全部承担下游的防洪任务，必须使用东平湖分洪。

因此，在小浪底水库拦沙后期，如果在洪水到来之前能够准确预报“上大洪水”的量级，考虑到控制中小洪水方式可以为下游滩区群众撤退、转移争取时间，采用控制中小洪水方式较好。如果洪水量级只能逐步确定，小浪底水库一般按照控制中小洪水方式运用，在小浪底水位达到中小洪水控制库容后，应根据洪水量级及时转入按控制花园口 10 000 m^3/s 运用，同时下游东平湖滞洪区相机配合分洪。

目前黄河龙门、潼关、花园口等站的洪水预报基本是按照滚动修正预报的方式进行的，由于“上大洪水”一般历时较长，根据黄河中下游洪水预报的现状判断，在洪水到来之前准确预报“上大洪水”量级的难度较大,因此从现实的角度出发,“上大洪水”小浪底水库拦沙后期应采用控制中小洪水的运用方式。

5.7.1.3　东平湖滞洪区运用方式

小浪底水库初设阶段确定发生百年一遇及其以上“上大洪水”使用东平湖滞洪区,当小浪底水库的蓄水位达到百年一遇后,小浪底水库根据入库流量和泄流能力按照维持百年一遇洪水的方式运用,下游花园口站洪水超过 10 000 m^3/s、东平湖配合分洪,待预报花园口流量小于 10 000 m^3/s 或花园口超万洪量接近 20 亿 m^3 时,小浪底水库恢复按照控制花园口 10 000 m^3/s 运用。

在《黄河小浪底水库拦沙后期防洪减淤运用方式研究技术报告》中,分析了小浪底水库减淤运用第一阶段末,小浪底淤积量达到 42 亿 m^3 左右时东平湖分洪运用时机,拟订 3 个方案:方案一,小浪底水库先控制中小洪水,再控制花园口 10 000 m^3/s,当蓄水位达到 262 m 时,若预报花园口洪峰流量仍大于 10 000 m^3/s,小浪底水库根据入库流量按照维持库水位或敞泄运用,直到花园口超万洪量达到 20 亿 m^3 或预报花园口流量小于 10 000 m^3/s,小浪底水库恢复按照控制花园口 10 000 m^3/s 运用。方案二、方案三分别是小浪底库水位达到 263 m、265 m 时,下游东平湖再配合分洪。3 个方案的计算结果见表 5.7-5。

表 5.7-5　东平湖不同分洪运用时机计算成果

(单位:蓄洪量、淤积量,亿 m^3;洪峰流量,m^3/s;水位,m)

方案	重现期(年)	水库情况						下游洪水情况			
		三门峡			小浪底			花园口		孙口	
		蓄洪量	最大蓄洪量	最高水位	蓄洪量	最大蓄洪量	最高水位	洪峰流量	超万洪量	洪峰流量	超万洪量
一	10 000	49.98	50.56	334.77	56.3	68.2	269.17	19 700	19.34	17 200	17.34
	1 000	31.88	32.46	330.74	40.65	52.55	262.23	16 200	16.78	14 500	15.14
	200	20.61	21.19	327.26	40.01	51.91	261.94	13 500	5.06	11 700	3.79
	100	15.61	16.19	325.45	39.35	51.25	261.63	11 400	2.54	10 400	1.15
二	10 000	49.98	50.56	334.77	56.89	68.79	269.43	19 800	18.73	17 200	16.8
	1 000	31.88	32.46	330.74	42.73	54.63	263.18	16 200	14.69	14 000	13.05
	200	20.61	21.19	327.26	42.11	54.01	262.9	11 400	3.05	10 500	1.68
	100	15.61	16.19	325.45	39.35	51.25	261.63	11 400	2.54	10 400	1.15
三	10 000	49.98	50.56	334.77	54.87	66.77	268.55	19 800	20.61	16 700	18.44
	1 000	31.88	32.46	330.74	47.01	58.91	265.14	15 400	10.39	12 800	8.8
	200	20.61	21.19	327.26	42.99	54.89	263.3	11 400	2.8	10 400	1.28
	100	15.61	16.19	325.45	39.35	51.25	261.63	11 400	2.54	10 400	1.15

从表 5.7-5 中可见:

(1)万年一遇洪水,3 个方案小浪底的蓄洪量和花园口的超万洪量相差很小。这主要是因为当花园口的超万洪量达到 20 亿 m^3后,即东平湖蓄满后,小浪底水库恢复按控制花园口 10 000 m^3/s 运用,小浪底水库继续蓄水。

(2)千年一遇洪水,东平湖越晚投入运用,小浪底水库的蓄洪量越大,下游的洪水越小。

(3)方案一东平湖的分洪运用概率约为百年一遇,与小浪底水库正常运用期的运用概率相同,在拦沙后期小浪底水库防洪库容较大的情况下,可以适当减小东平湖的运用概率,减少淹没损失。

另外,又分析了 3 个方案小浪底水库各级水位的历时,见表 5.7-6,从表中看出,方案三 265 m 以上的历时比方案二明显增加。

表 5.7-6　东平湖不同运用时机方案小浪底各级水位历时

方案	重现期(年)	水库各级水位(m)以上历时(h)		
		≥254	≥260	≥265
一	10 000	708	588	388
	1 000	680	568	0
	200	556	348	0
二	10 000	708	588	392
	1 000	680	576	0
	200	572	368	0
三	10 000	708	588	544
	1 000	680	576	0
	200	576	376	0

注:方案一、二、三,小浪底水库水位分别达到 262 m、263 m、265 m,水库泄流允许花园口大于 10 000 m^3/s,下游东平湖配合分洪。

小浪底水库正常运用期,水库蓄洪量达到 20 亿 m^3时相应的库水位为 266.6 m,方案三小浪底水库水位达到 265 m 时下游东平湖配合分洪的方案与正常运用期小浪底运用水位接近,不利于减少小浪底水库的淤积。因此,推荐方案二作为采用方案,即小浪底水库蓄水位达到 263 m 后,下游东平湖配合分洪,分洪运用的概率约为 200 年一遇。

在《黄河下游长远防洪形势和对策研究》中,分析计算了小浪底水库淤积量达到 50 亿 m^3时东平湖的分洪运用时机,最后也推荐小浪底水库水位达到 263 m 时东平湖分洪,分洪运用的概率也为 200 年一遇左右。

因此,在小浪底水库拦沙后期,减淤运用第一阶段,在小浪底水库水位达到 263 m 后,下游东平湖配合分洪;减淤运用第二阶段,淤积量达到 50 亿 m^3之前,在小浪底水库水位达到 263 m 后,下游东平湖配合分洪,淤积量超过 50 亿 m^3后,在小浪底水库水位达到 263 ~266.6 m 后,下游东平湖配合分洪;减淤运用第三阶段,在小浪底水库水位达到 266.6 m 后,下游东平湖配合分洪。

5.7.1.4 推荐运用方式

综上所述，小浪底水库拦沙后期，发生"上大洪水"时，三门峡水库按照先敞后控方式运用。小浪底水库按照控制中小洪水的方式运用，不同淤积量情况下中小洪水的控制流量和指标同5.5.4部分分析结果，库水位达到或超过254 m后，小浪底水库应及时转入按照控制花园口10 000 m³运用。预报花园口流量超过10 000 m³/s，小浪底水库的蓄水位达到263～266.6 m，下游东平湖配合分洪。

5.7.2 "下大洪水"

"下大洪水"主要来自于三门峡至花园口区间，小浪底水库以下的小花间、小陆故花间（无工程控制区）是三花间洪水的主要来源区。对于"下大洪水"主要研究特大洪水情况下三门峡水库投入运用时机、东平湖的分洪时机等问题。为便于分析，在方案比较中陆浑、故县水库采用小浪底水库初步设计报告中的运用方式，待三门峡、小浪底水库的运用方式确定后，再分析陆浑、故县、河口村水库投入控制运用的时机。

5.7.2.1 小浪底水库运用方式

对于"下大洪水"，由于水库下游来水较大，首先启用小浪底、陆浑、故县等水库拦蓄水库上游来水，削减进入下游的洪水流量。同时，"下大洪水"的预见期短、含沙量较低，为了争取滩区群众撤退时间，减轻滩区洪水淹没损失，在洪水起涨段，小浪底水库应首先按照控制中小洪水的方式运用，在此过程中若预报小花间的流量即将达到中小洪水控制流量且有上涨趋势，小浪底水库按照发电流量控制下泄流量。当水库蓄洪量达到中小洪水控制库容或小花间流量大于等于9 000 m³/s时，小浪底水库按照控制花园口不超过10 000 m³/s运用。

5.7.2.2 三门峡水库运用方式

在小浪底水库初步设计报告中，确定三门峡水库对百年一遇"下大洪水"投入控制运用，即当小浪底水库的蓄洪量达到26亿m³（相当于小浪底水库蓄水位269.29 m），三门峡水库开始按照小浪底水库的出库流量控制泄流。

在《黄河小浪底水库拦沙后期防洪减淤运用方式研究技术报告》中，分析了小浪底水库拦沙后期第一阶段末淤积量达到42亿m³左右三门峡水库的运用时机，当小浪底水库达到某一蓄水位时，三门峡水库开始进行控制运用，并按小浪底水库的出库流量泄流，拟订了当小浪底水库蓄水位达到260 m、263 m、265 m时三门峡水库投入控制运用方案，计算结果见表5.7-7。

从表5.7-7中看出：

（1）三门峡水库参与控制运用对黄河下游洪水没有削减作用，主要因为黄河下游洪水大小是由于小浪底水库控制的。

（2）三门峡水库控制运用，可以减轻小浪底水库的蓄洪负担。三门峡水库投入控制运用越早，小浪底水库的蓄水位越低。千年一遇洪水，260 m方案与265 m方案相比，小浪底水库蓄水位由270.39 m抬高至271.95 m。

（3）三门峡水库投入控制运用时机不同，三门峡水库的最高水位及最大蓄洪量不同，投入运用时机越早，三门峡水库蓄洪负担越重。千年一遇洪水，260 m方案与265 m方案相比，三门峡水库蓄洪量由23.88亿 m^3 减小至19.69亿 m^3。

表5.7-7　三门峡水库不同运用方案水库和下游洪水情况

（单位：蓄洪量、淤积量，亿 m^3；洪峰流量，m^3/s；水位，m）

方案	重现期（年）	水库情况						下游洪水情况			
		三门峡			小浪底			花园口		孙口	
		蓄洪量	最大蓄洪量	最高水位	蓄洪量	最大蓄洪量	最高水位	洪峰流量	超万洪量	洪峰流量	超万洪量
一	10 000	30.07	30.17	330.36	49.86	61.76	266.38	27 400	25.91	22 200	23.03
	1 000	13.52	13.62	324.82	43.2	55.1	263.4	22 600	16.57	18 000	12.86
二	10 000	22.69	22.79	328.15	55.11	67.01	268.66	27 400	25.91	22 200	22.98
	1 000	8.32	8.42	322.3	48.4	60.3	265.74	22 600	16.57	18 000	12.86
三	10 000	22.49	22.59	328.09	59.27	71.17	270.44	27 400	25.91	22 200	23.03
	1 000	4.97	5.07	319.99	51.75	63.65	267.2	22 600	16.57	18 000	12.86

注：方案一、二、三分别在小浪底水库水位达到260 m、263 m和265 m时，三门峡水库转入控制运用。

（4）三门峡水库投入控制运用时机不同，三门峡与小浪底水库的总蓄洪量变化不大。这说明三门峡水库投入控制运用时机不同，只是需要控制的洪量在三门峡与小浪底水库之间的分摊问题。

（5）260 m、263 m、265 m方案三门峡水库的控制运用概率分别约为100年一遇、200年一遇和300年一遇。小浪底水库拦沙后期第一阶段防洪库容较大，可以适当减小三门峡水库的控制运用概率。

（6）万年一遇洪水，260 m、263 m、265 m方案三门峡、小浪底水库的蓄洪比例分别为1∶1.7、1∶2.4和1∶2.6。

综上分析，在小浪底水库拦沙后期第一阶段，由于小浪底水库库容较大，可以适当减轻三门峡水库的防洪负担，考虑到与正常运用期防洪运用方式的衔接，建议选择263 m方案。即：对"下大洪水"，小浪底水库蓄洪水位达263 m且有上涨趋势时，三门峡水库投入控制运用，并按小浪底水库的出库流量泄流，其控制运用概率约为200年一遇。

在《黄河下游长远防洪和对策研究》中，分析了小浪底水库淤积量达到50亿 m^3 时"下大洪水"三门峡水库投入控制运用的时机，推荐小浪底水库水位达到263 m时三门峡水库控制运用。

因此，在拦沙后期，小浪底水库淤积量达到50亿 m^3 之前，发生"下大洪水"时，当小浪底水库的蓄水位达到263 m后，三门峡水库控制运用，按照小浪底水库的出库流量泄流，三门峡运用的概率约为200年一遇。当水库淤积量超过50亿 m^3 时，三门峡水库投入运用的时机适当提前，由200年一遇逐渐增大，直至小浪底水库淤积量达到设计淤积量，三门峡水库的运用概率提高到100年一遇，此时当小浪底水库的蓄水位达到269.3 m后，三门峡水库控制运用。

5.7.2.3　东平湖滞洪区运用方式

对于“下大洪水”，由于无控制区的洪水上游水库无法控制，经计算，为保证黄河下游防洪安全，30年一遇洪水就需要启用东平湖滞洪区，即东平湖滞洪区的分洪运用概率为30年一遇。

5.7.2.4　推荐运用方式

小浪底水库拦沙后期，发生“下大洪水”时，干流小浪底水库首先投入防洪运用，按照控制中小洪水的方式运用，中小洪水的控制流量为4 000～6 000 m^3/s，中小洪水的控制库容为13.5亿～6亿 m^3。在按照控制中小洪水运用的过程中，若预报小花间的流量即将达到中小洪水控制流量且有上涨趋势，小浪底水库按照发电流量控制下泄流量。当水库蓄洪量达到中小洪水控制库容或小花间流量大于等于9 000 m^3/s 时，小浪底水库按照控制花园口不超过10 000 m^3/s 运用。

三门峡水库首先按照敞泄滞洪运用，在小浪底水库水位达到263～269.3 m时开始按照小浪底水库的出库流量控制运用，直到预报花园口流量小于10 000 m^3/s，三门峡水库按照控制花园口10 000 m^3/s 退水。

东平湖滞洪区在孙口流量大于10 000 m^3/s 后投入运用，分洪运用概率约为30年一遇。

5.8　防御超标准洪水措施研究

5.8.1　超标准洪水风险分析

超标准洪水，从水文角度上说，是指超过某一设计重现期的洪水，对于黄河下游来说，是指千年一遇以上的洪水。当发生超标准洪水时，防洪工程的作用已发挥至极致，对防洪安全威胁极大。

根据超标准洪水水库作用后的洪水形势，可以预测下游出现的险情如下：

高村以下滩区全部漫滩，水位表现高，防洪形势非常紧张。

下游临黄大堤尤其是浸润线不足堤段、基础薄弱堤段有可能出现严重渗水、管涌、滑坡、坍塌、漏洞险情，甚至有决口危险。

下游险工、涵闸将超设计水位运用，可能发生滑动、失稳等险情，严重时可导致整个工程冲溃。

下游跨河桥梁受水流及漂浮物冲击，严重威胁桥梁本身安全，一旦发生塌桥，将使交通中断，并发生严重阻水。

据推算，下游决口若发生在南岸，影响范围达6 700 km^2，淹没人口约242万人；若发生在北岸，影响范围10 500 km^2，淹没人口约279万人。堤防决口还涉及公路、铁路干线，大型油田等重要设施，将造成巨大的经济损失。

5.8.2　超标准洪水防御措施

(1)在保证水库自身安全前提下，充分发挥水库的拦洪作用，尽量缩短下游大流量、高水位、超强度洪水的历时。

其中，小浪底水库距下游河道最近，防洪库容较大，应充分利用 275 m 以下防洪库容，必要时经分析论证需关闭闸门；三门峡水库防洪库容也较大，可根据小浪底水库的拦蓄情况进行控泄；陆浑、故县、河口村水库库容有限，可根据水库蓄水情况，选择有利时机适当拦洪。

(2)利用东平湖、北金堤滞洪区分滞洪水。

当孙口洪峰流量超过 10 000 m^3/s 时，东平湖老湖区首先投入运用；当孙口洪峰流量超过 13 500 m^3/s 时，东平湖新湖区投入运用；当上游水库充分运用，东平湖已分蓄洪量 17.5 亿 m^3，河道洪水继续上涨时，通过渠村闸向北金堤滞洪区分洪。

(3)利用堤防强迫河道泄洪。

严防死守下游大堤，对高度不足堤段采取加修子堰方式，最大限度地利用河道排泄洪水。

采取上述措施后，可将花园口万年一遇洪水由 27 400 m^3/s 削减到孙口 17 500 m^3/s，可控制艾山以下洪峰流量不超过 10 000 m^3/s，由堤防约束行洪入海。

5.9 中下游防御洪水方案分析

根据拟定的防洪工程体系联合运用方式，对小浪底水库拦沙后期各阶段不同典型、不同量级洪水进行调算，结果见表 5.9-1 ~ 表 5.9-4。

5.9.1 “上大洪水”

(1)百年一遇洪水：小浪底水库最大蓄洪量 20 亿 m^3 左右；小浪底与三门峡水库联合调蓄后，花园口洪峰流量 11 000 m^3/s 左右；孙口洪峰流量 10 400 m^3/s 左右，超万洪量 1.0 亿 m^3；东平湖最大分洪流量 400 m^3/s，最大分洪量 1.0 亿 m^3。鉴于东平湖分洪流量较小，分洪量也不大，有可能不使用东平湖滞洪区。

(2)千年一遇洪水：小浪底水库最大蓄洪量 26.4 亿 m^3；小浪底与三门峡水库联合调蓄后，花园口洪峰流量 16 200 m^3/s 左右，超万洪量 15.9 亿 m^3；孙口洪峰流量 15 000 m^3/s 左右，超万洪量 15.3 亿 m^3；东平湖最大分洪流量 5 000 m^3/s，分洪量 15.3 亿 m^3；滞洪区分洪后艾山洪峰流量 10 000 m^3/s。

5.9.2 “下大洪水”

(1) 30 年一遇洪水：小浪底水库最大蓄洪量 23.3 亿 m^3；花园口洪峰流量 12 400 m^3/s 左右，超万洪量约 2.4 亿 m^3；孙口洪峰流量 10 200 m^3/s 左右，超万洪量 0.40 亿 m^3 左右；需要使用东平湖滞洪区分洪，东平湖最大分洪流量 400 m^3/s，分洪量 0.4 亿 m^3。

(2)百年一遇洪水：小浪底水库最大蓄洪量 29.1 亿 m^3；花园口洪峰流量 15 700 m^3/s 左右，超万洪量 7.6 亿 m^3；孙口洪峰流量 13 300 m^3/s 左右，超万洪量 3.82 亿 m^3；东平湖最大分洪流量 3 300 m^3/s，分洪量 3.82 亿 m^3。

(3)千年一遇洪水：三门峡水库最大蓄洪量 21.8 亿 m^3；小浪底水库最大蓄洪量 33.3 亿 m^3；花园口洪峰流量 22 600 m^3/s 左右，超万洪量 17 亿 m^3 左右；北金堤滞洪区需要分洪；北金堤滞洪区分洪后，孙口洪峰流量 17 500 m^3/s，超万洪量 13.15 亿 m^3；东平湖最大分洪流量7 500 m^3/s，分洪量13.15亿m^3；两个滞洪区分洪后艾山洪峰流量10 000 m^3/s。

表5.9-1　"上大洪水"调度方案计算成果（1933年典型）

名称	项目	淤积量小于42亿m^3				淤积量大于42亿m^3小于60亿m^3				淤积量大于60亿m^3			
		重现期（年）											
		1 000	200	100	30	1 000	200	100	30	1 000	200	100	30
三门峡水库	最大入库流量（m^3/s）	39 800	31 100	27 400	23 700	39 800	31 100	27 400	23 700	39 800	31 100	27 400	23 700
	最大出库流量（m^3/s）	13 584	12 930	12 484	12 137	13 584	12 930	12 484	12 137	13 584	12 930	12 484	12 137
	蓄洪量（亿m^3）	31.9	21.3	15.6	12.1	31.9	21.3	15.6	12.1	31.9	21.3	15.6	12.1
	最大库容（亿m^3）	32.3	21.7	16.0	12.5	32.3	21.7	16.0	12.5	32.3	21.7	16.0	12.5
	最高水位（m）	330.57	327.32	325.28	323.77	330.57	327.32	325.28	323.77	330.57	327.32	325.28	323.77
小浪底水库	最大入库流量（m^3/s）	14 238	13 454	13 078	12 631	14 238	13 454	13 078	12 631	14 238	13 454	13 078	12 631
	最大出库流量（m^3/s）	9 796	9 877	9 873	9 793	10 680	10 461	9 932	9 868	12 115	10 613	9 873	9 868
	蓄洪量（亿m^3）	26.4	20.8	20.3	19.1	22.2	20.1	20.1	15.9	20.2	20.2	19.8	13.6
	最大库容（亿m^3）	38.3	32.7	32.2	31.0	35.4	33.3	33.3	29.2	30.2	30.2	29.8	23.6
	最高水位（m）	255.41	252.46	252.18	251.51	261.79	260.82	260.81	258.78	266.68	266.69	266.53	263.36
花园口水库	洪峰流量（m^3/s）	16 188	14 821	11 423	10 000	16 208	14 423	11 823	10 000	16 211	13 878	11 014	10 000
	超万洪量（亿m^3）	15.9	10.1	1.55	0	15.9	7.05	1.49	0	15.9	4.91	2.09	0
孙口水库	洪峰流量（m^3/s）	14 725	13 093	10 495	10 000	15 047	12 068	10 394	10 000	15 119	11 933	10 444	10 000
	超万洪量（亿m^3）	15.3	9.08	0.43	0.0	15.3	6.70	0.96	0	15.3	4.55	1.21	0

表 5.9-2　“下大洪水”调度方案计算成果(1954 年典型)

名称	项目	淤积量小于 42 亿 m^3				淤积量大于 42 亿 m^3 小于 60 亿 m^3				淤积量大于 60 亿 m^3			
		重现期(年)											
		1 000	200	100	30	1 000	200	100	30	1 000	200	100	30
三门峡水库	最大入库流量(m^3/s)	13 361	12 232	11 711	10 660	13 361	12 232	11 711	10 660	13 361	12 232	11 711	10 660
	最大出库流量(m^3/s)	7 682	9 283	9 211	8 680	7 682	9 453	9 211	8 680	7 682	9 453	9 211	8 680
	蓄洪量(亿 m^3)	19.6	3.79	1.44	1.02	18.8	2.86	1.44	1.02	18.2	2.51	1.44	1.02
	最大库容(亿 m^3)	20	4.2	1.86	1.44	19.3	3.28	1.86	1.44	18.7	2.93	1.86	1.44
	最高水位(m)	326.75	318.08	313.75	312.31	326.48	316.82	313.75	312.31	326.26	316.23	313.75	312.31
小浪底水库	最大入库流量(m^3/s)	19 675	15 746	14 132	9 571	19 675	15 746	14 132	9 571	19 675	15 746	14 132	9 571
	最大出库流量(m^3/s)	7 532	7 897	8 156	8 360	7 532	7 897	8 156	8 360	7 532	7 897	8 156	8 360
	蓄洪量(亿 m^3)	29.1	26.8	21.8	11.7	28.9	26.7	21.1	11.3	28.8	26.7	20.9	10.9
	最大库容(亿 m^3)	41	38.7	33.7	23.6	42.1	39.9	34.3	24.5	38.8	36.7	30.9	20.9
	最高水位(m)	256.74	255.59	252.96	247.34	264.91	263.89	261.27	256.42	270.52	269.67	267	261.85
故县水库	最大入库流量(m^3/s)	14 266	10 823	9 332	5 111	14 266	10 823	9 332	5 111	14 266	10 823	9 332	5 111
	最大出库流量(m^3/s)	4 499	3 727	3 406	1 000	4 516	3 727	3 406	1 000	4 516	3 748	3 428	1 000
	蓄洪量(亿 m^3)	4.28	3.16	2.71	1.54	4.31	3.16	2.71	1.54	4.31	3.19	2.74	1.54
	最大库容(亿 m^3)	9.96	8.84	8.39	7.22	9.99	8.84	8.39	7.22	9.99	8.87	8.42	7.22
	最高水位(m)	326.86	324.49	323.52	320.89	326.92	324.49	323.52	320.89	326.92	324.55	323.58	320.89

续表5.9-2

名称	项目	淤积量小于42亿 m^3				淤积量大于42亿 m^3 小于60亿 m^3				淤积量大于60亿 m^3			
		重现期(年)											
		1 000	200	100	30	1 000	200	100	30	1 000	200	100	30
陆浑水库	最大入库流量(m^3/s)	12 618	9 572	8 254	4 520	12 618	9 572	8 254	4 520	12 618	9 572	8 254	4 520
	最大出库流量(m^3/s)	6 037	2 914	3 481	1 000	7 037	2 914	3 481	1 000	7 037	2 914	3 481	1 000
	蓄洪量(亿 m^3)	4.85	4.83	4.45	2.28	4.87	4.83	4.45	2.78	4.87	4.83	4.48	2.28
	最大库容(亿 m^3)	7.64	7.62	7.24	5.07	7.66	7.62	7.24	5.07	7.66	7.62	7.27	5.07
	最高水位(m)	548.1	548	546.7	538.9	548.11	548	546.66	538.87	548.11	548	546.78	538.87
花园口水库	洪峰流量(m^3/s)	19 794	16 366	14 867	11 074	19 583	16 368	14 869	11 074	19 585	16 172	14 876	11 082
	超万洪量(亿 m^3)	13	7.58	6.15	1.19	13.1	7.66	6.22	1.22	13.3	7.73	6.26	1.27
孙口水库	洪峰流量(m^3/s)	16 023	13 054	11 858	10 222	16 094	13 168	11 950	10 224	16 176	13 243	11 985	10 227
	超万洪量(亿 m^3)	9.18	3.88	2.09	0.13	9.55	4.11	2.23	0.14	9.84	4.27	2.3	0.14

表5.9-3　“下大洪水”调度方案计算成果(1958年典型)

名称	项目	淤积量小于42亿 m^3				淤积量大于42亿 m^3 小于60亿 m^3				淤积量大于60亿 m^3			
		重现期(年)											
		1 000	200	100	30	1 000	200	100	30	1 000	200	100	30
三门峡水库	最大入库流量(m^3/s)	13 866	12 961	12 141	10 258	13 866	12 961	12 141	10 258	13 866	12 961	12 141	10 258
	最大出库流量(m^3/s)	8 182	8 221	9 322	8 535	8 182	9 605	9 322	8 535	8 182	9 635	9 322	8 535
	蓄洪量(亿 m^3)	21.8	11	3.7	0.93	20.5	8.08	1.77	0.93	18.9	6.1	1.54	0.93
	最大库容(亿 m^3)	22.2	11.4	4.12	1.35	20.9	8.5	2.19	1.35	19.3	6.52	1.96	1.35
	最高水位(m)	327.49	323.22	317.99	311.92	327.05	321.64	314.66	311.92	326.49	320.27	314.05	311.92

续表 5.9-3

名称	项目	淤积量小于42亿 m^3				淤积量大于42亿 m^3 小于60亿 m^3				淤积量大于60亿 m^3			
		重现期(年)											
		1 000	200	100	30	1 000	200	100	30	1 000	200	100	30
小浪底水库	最大入库流量(m^3/s)	28 581	22 817	20 391	14 964	28 581	22 817	20 391	14 964	28 581	22 817	20 391	14 964
	最大出库流量(m^3/s)	7 755	7 676	8 129	8 514	7 755	7 676	8 129	8 514	7 755	7 676	8 129	8 514
	蓄洪量(亿 m^3)	33.3	30	29.1	23.3	32.6	30.3	28.1	20.9	32.4	30.2	26.9	18.3
	最大库容(亿 m^3)	45.2	41.9	41	35.2	45.8	43.5	41.3	34.1	42.4	40.2	36.9	28.3
	最高水位(m)	258.78	257.17	256.72	253.8	266.53	265.52	264.53	261.17	271.83	271.03	269.79	265.83
故县水库	最大入库流量(m^3/s)	5 078	3 864	3 328	2 575	5 078	3 864	3 328	2 575	5 078	3 864	3 328	2 575
	最大出库流量(m^3/s)	3 260	2 804	2 670	1 000	3 260	2 654	2 670	1 000	3 260	2 654	2 670	1 000
	蓄洪量(亿 m^3)	2.51	2.49	2.49	0.99	2.51	2.48	2.48	0.99	2.51	2.48	2.49	0.99
	最大库容(亿 m^3)	8.19	8.17	8.17	6.67	8.19	8.16	8.16	6.67	8.19	8.16	8.17	6.67
	最高水位(m)	323.07	323.03	323.02	319.6	323.07	323	323	319.6	323.07	323	323.01	319.6
陆浑水库	最大入库流量(m^3/s)	8 931	6 796	5 854	3 757	8 931	6 796	5 854	3 757	8 931	6 796	5 854	3 757
	最大出库流量(m^3/s)	8 931	8 828	3 831	1 000	8 931	6 207	3 831	1 000	8 931	6 207	3 831	1 000
	蓄洪量(亿 m^3)	4.83	4.88	4.84	2.12	4.83	4.83	4.83	2.12	4.83	4.83	4.84	2.12
	最大库容(亿 m^3)	7.62	7.67	7.63	4.91	7.62	7.62	7.62	4.91	7.62	7.62	7.63	4.91
	最高水位(m)	548	548.14	548.02	538.25	548	548	548	538.25	548	548	548.02	538.25

续表 5.9-3

名称	项目	淤积量小于 42 亿 m^3				淤积量大于 42 亿 m^3 小于 60 亿 m^3				淤积量大于 60 亿 m^3			
		重现期(年)											
		1 000	200	100	30	1 000	200	100	30	1 000	200	100	30
花园口	洪峰流量 (m^3/s)	20 790	16 809	14 871	11 107	20 715	16 836	15 131	11 546	20 715	16 844	15 151	11 802
	超万洪量 (亿 m^3)	10	4.59	3.74	0.8	10.2	4.92	4.19	1	10.3	5.07	4.43	1.2
孙口	洪峰流量 (m^3/s)	13 985	11 760	10 578	10 016	14 141	12 091	10 984	10 079	14 338	12 324	11 384	10 106
	超万洪量 (亿 m^3)	7.06	1.43	1.01	0	7.52	1.93	1.53	0	7.91	2.33	1.96	0

表 5.9-4　"下大洪水"调度方案计算成果(1982 年典型)

名称	项目	淤积量小于 42 亿 m^3				淤积量大于 42 亿 m^3 小于 60 亿 m^3				淤积量大于 60 亿 m^3			
		重现期(年)											
		1 000	200	100	30	1 000	200	100	30	1 000	200	100	30
三门峡水库	最大入库流量(m^3/s)	12 997	11 845	11 465	10 146	12 997	11 845	11 465	10 146	12 997	11 845	11 465	10 146
	最大出库流量(m^3/s)	8 533	9 006	8 783	8 418	8 850	9 006	8 783	8 418	9 051	9 006	8 783	8 418
	蓄洪量 (亿 m^3)	15.5	4.36	1.1	0.86	14.9	3.85	1.1	0.86	14.4	3.1	1.1	0.86
	最大库容 (亿 m^3)	15.9	4.78	1.52	1.28	15.3	4.27	1.52	1.28	14.8	3.52	1.52	1.28
	最高水位 (m)	325.21	318.73	312.59	311.6	325	318.15	312.59	311.6	324.76	317.18	312.59	311.6

续表 5.9-4

名称	项目	淤积量小于 42 亿 m^3				淤积量大于 42 亿 m^3 小于 60 亿 m^3				淤积量大于 60 亿 m^3			
		重现期(年)											
		1 000	200	100	30	1 000	200	100	30	1 000	200	100	30
小浪底水库	最大入库流量(m^3/s)	17 924	14 999	13 453	11 819	17 924	14 999	13 453	11 819	17 924	14 999	13 453	11 819
	最大出库流量(m^3/s)	8 493	8 863	9 029	9 073	8 493	8 863	9 029	9 073	8 493	8 863	9 029	9 073
	蓄洪量(亿 m^3)	31.4	28.8	27.1	20.8	31.4	28.6	26.3	19.5	31	28	24.9	18
	最大库容(亿 m^3)	43.3	40.7	39	32.7	44.6	41.8	39.5	32.7	41	38	34.9	28
	最高水位(m)	257.84	256.58	255.75	252.45	265.98	264.75	263.71	260.54	271.32	270.22	268.83	265.69
故县水库	最大入库流量(m^3/s)	9 623	7 238	6 330	5 329	9 623	7 238	6 330	5 329	9 623	7 238	6 330	5 329
	最大出库流量(m^3/s)	4 384	3 548	3 271	1 712	4 384	3 548	3 271	1 712	4 384	3 548	3 271	1 712
	蓄洪量(亿 m^3)	4.10	2.91	2.52	1.69	4.10	2.91	2.52	1.69	4.10	2.91	2.52	1.69
	最大库容(亿 m^3)	9.78	8.59	8.20	7.37	9.78	8.59	8.20	7.37	9.78	8.59	8.20	7.37
	最高水位(m)	326.49	323.95	323.1	321.23	326.49	323.95	323.1	321.23	326.49	323.95	323.1	321.23
陆浑水库	最大入库流量(m^3/s)	4 015	3 020	2 641	1 814	4 015	3 020	2 641	1 814	4 015	3 020	2 641	1 814
	最大出库流量(m^3/s)	2 526	3 423	2 469	841.8	2 526	3 423	2 549	841.8	2 526	3 423	2 549	841.8
	蓄洪量(亿 m^3)	4.83	4.04	3.31	0.72	4.83	4.04	3.34	0.72	4.83	4.04	3.34	0.72
	最大库容(亿 m^3)	7.62	6.83	6.10	3.52	7.62	6.83	6.13	3.52	7.62	6.83	6.13	3.52
	最高水位(m)	548.01	545.23	542.54	531.44	548.01	545.23	542.64	531.44	548.01	545.23	542.64	531.44

续表 5.9-4

名称	项目	淤积量小于 42 亿 m^3				淤积量大于 42 亿 m^3 小于 60 亿 m^3				淤积量大于 60 亿 m^3			
		重现期(年)											
		1 000	200	100	30	1 000	200	100	30	1 000	200	100	30
花园口	洪峰流量 (m^3/s)	22 616	17 805	15 749	12 382	22 616	17 805	15 739	12 382	22 616	17 805	15 739	12 382
	超万洪量 (亿 m^3)	16.8	10.1	7.63	2.36	16.8	10.1	7.61	2.37	17	10.2	7.65	2.38
孙口	洪峰流量 (m^3/s)	18 834	14 872	13 225	10 220	18 837	14 899	13 245	10 259	18 883	14 992	13 324	10 348
	超万洪量 (亿 m^3)	14.2	6.37	3.51	0.36	14.2	6.46	3.6	0.39	14.5	6.72	3.82	0.44

5.10　中下游防御洪水原则及安排

5.10.1　防御洪水原则

当发生设计标准及以下洪水时，合理运用干支流水库调蓄洪水，充分利用河道泄洪排沙，适时运用东平湖滞洪区分滞洪水，确保大型水库、堤防、滞洪区安全；当发生超标准洪水时，合理运用水库拦蓄洪水，充分利用河道排泄洪水，充分运用东平湖滞洪区，合理运用北金堤滞洪区分滞洪水，采取一切必要措施，尽最大可能减轻灾害损失。

5.10.2　防御洪水安排

5.10.2.1　设计标准及以下洪水

(1)当预报花园口站发生 8 000 m^3/s 及以下洪水时，视洪水量级、含沙量、来源区、下游河道主河槽过洪能力等，小浪底水库适时进行水沙调节；三门峡水库敞泄运用；陆浑、故县、河口村水库按照各支流下游防洪要求运用；充分利用河道泄洪排沙，尽量减少水库、下游河道淤积和下游滩区淹没损失。

(2)当预报花园口站发生 8 000 m^3/s 以上、10 000 m^3/s 及以下洪水时，视潼关站洪水含沙量情况，小浪底水库按敞泄或控泄方式运用(控制花园口站流量不大于 8 000 m^3/s)；三门峡水库敞泄运用；陆浑、故县、河口村水库按照各支流下游防洪要求运用；充分利用河道泄洪排沙，尽量减少水库淤积。

(3)当预报花园口站发生 10 000 m^3/s 以上、22 600 m^3/s(30 年一遇)及以下洪水时，小浪底水库按控制花园口站 10 000 m^3/s 方式运用；三门峡水库敞泄运用；陆浑、故县、河口村水库按照各支流和黄河下游防洪要求控制运用。采取以上措施后，花园口站洪峰流量不超过 13 100 m^3/s，充分利用河道排泄洪水。

(4)当预报花园口站发生 22 600 m^3/s 以上、29 200 m^3/s(百年一遇)及以下洪水时，小浪底水库按控制花园口站 10 000 m^3/s 方式运用；三门峡水库按敞泄或先敞后控方式运用；陆浑、故县、河口村水库按照各支流和黄河下游防洪要求控制运用。采取以上措施后，花园口站洪峰流量不超过 15 700 m^3/s。

孙口站洪峰流量超过 10 000 m^3/s 时，合理运用东平湖滞洪区分滞洪水，控制艾山站洪峰流量不超过 10 000 m^3/s，充分利用河道排泄洪水。

(5)当预报花园口站发生 29 200 m^3/s 以上、41 500 m^3/s(近千年一遇)及以下洪水时，小浪底水库视洪水来源区、水库蓄洪量和花园口站 10 000 m^3/s 流量以上洪量情况，适时进行控泄、敞泄运用；三门峡水库视洪水来源区和小浪底水库蓄洪量相机控制运用；陆浑、故县、河口村水库按照各支流和黄河下游防洪要求控制运用。采取以上措施后，花园口站洪峰流量不超过 22 000 m^3/s，确保黄河下游堤防安全。

孙口站洪峰流量超过 10 000 m^3/s，合理运用东平湖滞洪区分滞洪水，控制艾山站洪峰流量不超过 10 000 m^3/s，充分利用河道排泄洪水。

5.10.2.2　设计标准以上洪水

当花园口站发生设计标准以上洪水时，在确保水库工程安全的前提下，充分运用小浪底、三门峡、陆浑、故县、河口村水库拦洪、错峰削减洪水，加强超标准河段堤防防御措施，充分运用东平湖滞洪区分滞洪水，充分利用河道排泄洪水。

预报孙口站洪峰流量超过 17 500 m^3/s 或 10 000 m^3/s 以上洪量超过东平湖滞洪区分洪容量时，合理运用北金堤滞洪区分洪，采取一切必要措施，尽最大可能减轻灾害损失。

5.11　本章小结

5.11.1　关于中游水库群联合防洪运用

(1)下游滩区淹没。现状条件下，花园口 6 000 m^3/s 以下洪水滩区淹没损失较小，洪峰流量从 6 000 m^3/s 增大到 8 000 m^3/s 时淹没损失增加很快，8 000 m^3/s 时的淹没范围达到 22 000 m^3/s 淹没范围的 89%，淹没人口达到 22 000 m^3/s 淹没人口的 83%。因此，将花园口洪峰流量控制到 6 000 m^3/s 以下，可以有效减小滩区的淹没损失。

(2)洪水量级划分。考虑下游河道主槽过流能力、下游堤防设防流量、花园口中小洪水量级、中游水库群运用情况和运用后下游洪水量级等多种因素，以花园口站洪峰流量是否达到 4 000 m^3/s、8 000 m^3/s、10 000 m^3/s、22 600 m^3/s(30 年一遇)、29 200 m^3/s(百年一遇)、41 500 m^3/s(近千年一遇)划分下游洪水量级。其中，4 000 m^3/s 为下游河道主槽过流能力，8 000 ~ 10 000 m^3/s 为中小洪水上限量级、滩区淹没损失较大，10 000 m^3/s 为山东河段堤防过流标准，22 600 m^3/s 为“下大洪水”东平湖启用节点，29 200 m^3/s 为“上大洪水”东平湖启用和三门峡水库控制运用节点，41 500 m^3/s 为超标准洪水、北金堤滞洪区启用节点。

(3)中小洪水调度。防御中小洪水时花园口控制流量越小(防御标准越高)所需的小浪底水库防洪库容越大。在小浪底水库拦沙后期，对于花园口 10 000 m^3/s(约 5 年一遇)洪水，控制花园口 4 000 m^3/s、5 000 m^3/s、6 000 m^3/s 运用，小浪底水库需要 18 亿 m^3、9 亿 m^3、6 亿 m^3 左右库容；对于花园口 8 000 m^3/s(约 3 年一遇)洪水，控制花园口 4 000 m^3/s、5 000 m^3/s、6 000 m^3/s 运用，小浪底水库需要 10 亿 m^3、5.5 亿 m^3、3.2 亿 m^3 左右库容；淤积量 60 亿 m^3 后防洪库容不超过 7.9 亿 m^3。由于小花间洪水的存在，小浪底水库能够控制的花园口中小洪水的洪峰流量最低为 6 000 m^3/s。

(4)现状防洪体系联合运用。"上大洪水"50 年一遇以下洪水，三门峡水库敞泄，超过 50 年一遇洪水，三门峡水库按照先敞后控方式运用；小浪底水库在水位达到 263 ~ 266.6 m 时可加大泄量按敞泄或维持库水位运用，下游东平湖配合分洪。"下大洪水"小浪底水库首先投入控制运用；三门峡水库在小浪底水库水位达到 263 ~ 269.3 m 时，按照小浪底水库的出库流量泄洪；预报花园口洪峰流量达到 12 000 m^3/s，陆浑、故县水库按设计防洪方式运用；东平湖滞洪区在孙口流量大于 10 000 m^3/s 后投入运用。孙口站洪峰流量超过 17 500 m^3/s 或 10 000 m^3/s 以上洪量超过东平湖滞洪区分洪容量时，北金堤滞洪区分洪。

5.11.2　下游中小洪水防洪需多种措施共同解决

小浪底水库拦沙后期，随着水库淤积量的增加，254 m 以下的防洪库容逐渐减小，对中小洪水的防洪作用也逐步减小。在淤积量超过 60 亿 m^3 后，对中小洪水控制运用可能占用 254 m 以上防洪库容，影响水库长期有效库容的维持；若对中小洪水不控制或不完全控制，又会造成下游滩区较大的淹没损失。由于中小洪水防洪问题复杂，涉及防洪与减淤、近期与长远、局部与全局等多种情况，仅靠小浪底水库不能解决黄河下游和滩区防洪问题，黄河下游和滩区防洪应依靠水库、滩区安全建设、滩区淹没补偿政策等多种措施共同解决。

第 6 章　黄河凌汛期防御洪水方案研究

黄河是我国凌汛灾害最为严重的河流之一，黄河上游宁蒙河段、中游北干流河段和下游河段每年 12 月至翌年 3 月频发凌汛，尤其在封河、开河时常形成冰塞、冰坝壅水，严重的甚至引发堤防决口等凌汛灾害。小浪底水库建成后，黄河下游防凌形势有较大改善，本次重点针对黄河上游宁夏、内蒙古河段防御冰凌洪水方案进行研究。由于影响凌情的因素众多、各因素间的相互响应关系复杂、以往对宁蒙河段凌情观测资料积累较少等诸多原因，本次在分析凌情变化影响因素的基础上，着重对以往水库防凌调度成果进行总结提炼。

6.1　上游防御冰凌洪水方案研究

黄河上游防凌是本次研究的重点，首先分析宁蒙河段凌汛情况及变化特点；其次根据物理成因，从热力、动力和河道边界条件三个方面分析凌汛洪水发生的成因；再次从动力和河道边界条件两个方面，重点分析水库调度和河道淤积对宁蒙河段凌情的影响；然后在以上研究基础上，综合分析提出冰凌情势等级判别指标和量级划分标准；最后提出不同等级凌情的上游防御冰凌洪水原则。

6.1.1　宁蒙河段凌情及变化特点

6.1.1.1　宁蒙河段凌情概况

黄河上游发生凌汛的河段主要是宁蒙河段，干流河段全长 1 237 km，河段大致呈“Γ”形。

宁夏河段从南长滩入境，经黑山峡、青铜峡至石嘴山麻黄沟出境，河段长 397 km，南长滩至枣园河道呈西南东北流向，河段长 135 km，为坡陡流急的峡谷型河道，是不常封冻河段，一般只有冷冬年才封河；枣园至麻黄沟河道自南向北而流，河段长 262 km，坡小流缓且气温低，为常封冻河段。青铜峡、刘家峡水库运用以后，由于河道的流量增大、水温升高，不常封冻河段下延至中宁县白马，同时青铜峡水库坝下 40～90 km 河段也成了不常封冻河段。

内蒙古河段位于黄河流域的最北端，自石嘴山麻黄沟入境，河道由南向北经三盛公水利枢纽，向东北折到羊盖补隆，再转向东南至三湖河口，又自西向东经包头折向东南奔向喇嘛湾，到了喇嘛湾后河道流向改为由北向南流，经万家寨水利枢纽进入榆树湾出境，河段长 840 km，总体来说河宽坡缓，弯道多，弯曲度大，河道比降“上大下小至包头，而后再沿程又加大”，河床由上游窄深逐渐向下游变为宽浅，三湖河口至包头河段有明显的平原河床特性，比降仅为 0.117‰～0.089‰。万家寨水库运用前，万家寨至拐上河道因比降大、流速大，一般不封冻，以流凌为主，仅有岸冰和流冰花。万家寨水库运用后，由于库区水面比降和回水末端流速变小，输冰能力变小，容易发生卡冰和冰塞，并向上游延伸，原来不常封冻河段成了封冻河段。

黄河宁蒙河段地处黄河流域最北端，大陆性气候特征显著，冬季干燥寒冷，常被内蒙古高压所控制，气温在0 ℃以下的时间可持续4~5个月，头道拐站极端气温1988年1月1日达-39 ℃，干流几乎每年都会发生不同程度的凌情。凌汛期一般从11月中下旬开始流凌，12月上旬封冻，翌年3月中下旬解冻开河，封冻天数一般为110天左右，最长达150余天。封河长度一般在800 km左右，其中内蒙古封河长度一般约为700 km。宁夏河段历年封河长度不等，龙羊峡和刘家峡水库控制运用后，一般不超过200 km。宁蒙河段冬季封河时从下往上，开河时自上而下。在封河期，由于下端已开始封河，水流阻力加大，上端流凌易在封河处卡冰结坝，壅水漫滩，严重时会造成堤防决口。在开河时，上游先开河，而下游仍处于固封状态，上游解冻的大量冰水沿程汇集排向下游，越积越多，如冰凌排泄不畅，极易发生冰凌壅高水位而威胁堤防安全和产生凌汛灾害的情况。

宁蒙河段下段封冻早而开河晚，上段封冻晚而开河早；封冻自下而上，解冻开河自上而下。

6.1.1.2　龙羊峡水库运用后宁蒙河段的凌情变化特点

刘家峡、龙羊峡水库先后于1968年、1986年投入运行，在凌汛期，水库通过控制下泄流量调节水量，下泄水流的水温较高，使沿程水温升高，调节了热量，加上河道淤积逐渐增加和气候变化影响，改变了河道的水力条件、热力条件、河道条件，直接影响下游河道封冻长度、封开河日期及开河形势。总之，水库运用40年来，特别是龙羊峡水库运用后，宁蒙河段凌汛特点发生了较为显著的变化，主要表现在以下几方面。

1.宁蒙河段流凌、封冻日期延迟

建库前，黄河兰州河段十年有八年封冻。自青铜峡、刘家峡水库运用后，因水温升高，封冻河段缩短，青铜峡水库以下40 km左右不再封冻。自1986年龙羊峡、刘家峡水库联合运用后，水库蓄水发电下泄流量使兰州站12月至翌年2月平均水温在2 ℃以上，流量增加100~150 m^3/s，兰州至青铜峡河段流凌日期延迟20多天，兰州以下100 km以上河段不再封冻，200 km以上河段封冻日期推迟。

2.封冻天数减少

石嘴山站多年平均封冻天数为59天，是全河段观测站封冻天数最短的；三湖河口站多年平均封冻天数为108天，是全河段观测站封冻天数最长的。1986年龙羊峡水库建成运行以来，宁蒙河段封河日期推迟，开河日期提前，封冻天数明显减少。

3.内蒙古河段平均冰厚、最大冰厚均有所减小

建库前河段平均冰厚、最大冰厚分别为0.71 m、0.89 m，建库后减小为0.63 m、0.84 m。

4.封冻期流量增大，槽蓄水增量加大

黄河宁蒙河段每年凌汛期因封冻冰盖等因素影响而滞留在河道中的水量称为槽蓄水增量。由于每年的气温和上游来水以及冰情特点不同，槽蓄水增量的变化也不相同。黄河宁蒙河段的槽蓄水增量的变化是随着稳定封冻后冰盖的不断增长而增加的，当封冻发展到最长时槽蓄水增量也达到最大，其后在冰盖稳定时槽蓄水增量变化不大，当气温升高

冰盖开始消融时，槽蓄水增量逐渐减小，水量向下游释放，直到开河时槽蓄水增量集中释放形成桃汛。

5.稳定封河期日平均水位、最高水位增高，水位涨差加大

开河期瞬时最高水位除巴彦高勒外，均有所降低；稳封期与开河期最高水位高、低关系发生了变化，由建库前“稳低、开高”变为建库后“稳高、开低”（见表6.1-1）。

表6.1-1　各控制站建库前、后年段稳封期、开河期特征水位变化比较

项目	石嘴山		巴彦高勒		三湖河口		头道拐	
	建库前	建库后	建库前	建库后	建库前	建库后	建库前	建库后
稳封期日平均水位(m)	1 087.8	1 087.9	1 050.1	1 052.0	1 019.1	1 019.3	988.1	988.0
稳封期日最高水位均值(m)	1 088.4	1 088.7	1 050.7	1 052.6	1 019.6	1 019.8	988.6	988.7
开河期瞬时最高水位(m)	1 088.5	1 087.9	1 051.0	1 052.1	1 020.2	1 019.7	988.7	988.7

6.三湖河口以上各站凌峰流量减小

龙羊峡、刘家峡水库运用后，三湖河口以上各站凌峰流量减小，沿程相对减小率是“上大、下小”，头道拐凌峰流量加大。各站建库前、后年段凌峰流量均值变化比较见表6.1-2。

表6.1-2　各站建库前、后年段凌峰流量均值变化比较

项目	石嘴山		巴彦高勒		三湖河口		头道拐	
	建库前	建库后	建库前	建库后	建库前	建库后	建库前	建库后
凌峰流量均值(m^3/s)	950	740	962	751	1 491	1 350	1 869	2 252
变幅(%)	-22.1		-21.9		-9.5		20.5	

7.封河形势出现了多次封开的不稳定情况，三湖河口以上冰塞壅水的概率有所增加

1986年龙羊峡水库运用后，尤其是20世纪90年代以来，由于大流量机遇减少，内蒙古段河床逐年淤高，再加上气温的变化和人类活动影响等环境因素的变化，内蒙古段封河期出现不稳定封河形势，发生冰塞壅水的概率有所增加。1968年以前的18年中，仅发生2次冰塞，而1968～2008年40年中有12年发生冰塞灾害，其中1990年、1992年、1994年、1995年巴彦高勒站冰塞壅水位均超过百年一遇洪水位，1988年和1993年冰塞壅水位超过千年一遇洪水位，分别达1 054.33 m和1 054.40 m。

8.开河形势发生明显变化

水库运行后，开河期冰坝壅水次数明显减少，凌灾年均次数明显减少，但凌汛期灾情损失明显加重。水库建库后，尤其自2000年以来，由于龙刘水库在封、开河期间的水量调控，促使槽蓄水增量提前释放，上段凌峰流量削减，下段凌洪过程由建库前尖瘦型转变为肥胖型；开河前后水位由建库前递增转变为递减，开河期动力作用明显减弱。建库前后相比，开河期冰坝壅水次数明显减少，特别是乌达、巴彦高勒上下河段冰坝次数减少尤为明显，冰坝壅水造成的凌灾年均次数也明显减少，但由于社会经济发展，一旦凌汛期发生灾

情,经济损失明显加重。

由上述分析可以看出,龙羊峡、刘家峡水库运用后,宁蒙河段凌情形势有所变化,由原来主要在开河期易产生凌灾转变为封开河期都易产生凌灾,尽管开河期凌汛灾害概率有所减小,但封河期冰塞灾害加剧。

6.1.2　凌汛洪水发生的成因

6.1.2.1　冰凌洪水特征

冰凌洪水主要发生在河道解冰开河期间。黄河上游宁蒙河段解冻开河一般在3月中下旬,少数年份在4月上旬。冰凌洪水总的来说,峰低、量小、历时短,洪水过程线形式基本上呈三角形。凌峰流量虽小,但水位高,这是因为河道中存在着冰凌,使水流阻力增大,流速减小,特别是卡冰结坝壅水,使河道水位在相同流量下比无冰期高得多。即使是与伏汛期的历年最大洪水的水位相比,有时也会超过它。

表6.1-3是黄河宁蒙河段主要站开河期洪峰流量统计表。凌峰流量一般为1 000~2 000 m^3/s,全河实测最大值不超过4 000 m^3/s。洪水总量,上游河口镇(头道拐)一般为5亿~8亿 m^3。洪水历时,上游一般为6~9天。

表6.1-3　黄河宁蒙河段主要站开河期洪峰流量统计

水文站	凌峰日流量多年均值(m^3/s)	最大凌峰		最小凌峰	
		流量(m^3/s)	出现年份	流量(m^3/s)	出现年份
巴彦高勒	807	1 890	1 956	600	1971
三湖河口	1 251	2 700	1 969	800	1987
头道拐	1 897	3 500	1 968	1 000	1958

“武开河”时凌峰流量一般沿程递增,这是因为“武开河”时,河道槽蓄水量及槽蓄水增量急剧地释放,不断向下游推移,沿程冰水越积越多,以至于形成越来越大的凌峰流量。例如,1961年上游凌汛期间,石嘴山凌峰流量为866 m^3/s,渡口堂为890 m^3/s,三湖河口为2 090 m^3/s,头道拐为2 720 m^3/s。

6.1.2.2　冰凌洪水成因

冰凌洪水发生的成因主要受以下几方面因素的影响。

1.河段河道形态

河道的边界特征主要指河道的宽窄、弯曲、深浅、比降、分汊等,这些特征可以改变水流条件,从而影响冰情,其表现为:在缩窄、弯曲、浅滩、分汊处,排冰不畅,容易发生卡堵、堆积、结坝现象。

宁蒙河段河流流向是自西南向东北,由于河流自较低纬度流向较高纬度的特殊河流流向,下游的气温往往低于上游,造成冬季下游封河比上游早,而春季开河上游比下游先解冻,水冰下泄不畅,致使宁蒙河段凌汛期容易形成冰塞、冰坝,这对排凌和封开河形势不利。

宁夏河段河道是三放两收形势,流向自西南向东北,纬度跨度为2°。黑山峡至枣园为峡谷河段，河面宽200~300 m，比降0.8‰~1.0‰，坡陡流急，只有冷冬年份才能封河，为不常封冻河段。枣园以下262 km，河面宽500~1 000 m，比降0.1‰~0.2‰，坡缓流速小，气温低，为常封冻河段。青铜峡、刘家峡水库相继运用后，冬季流量增大，水温增高，封冻河段较以前缩短。宁夏河段几乎每年封冻，但凌汛灾害一般不严重，每年气温、水情不同，封冻长度长短不一，最长200 km以上，最短几十千米。冷冬年最上可封至下河沿，暖冬年则封冻不超过枣园。

内蒙古河段河宽坡缓，总落差仅162.5 m，其中昭君坟至头道拐的河道比降仅为0.09‰~0.11‰。内蒙古河段河床从上而下逐渐由窄深变为宽浅，其中渡口堂最宽为400~1 200 m，昭君坟最窄，为200~600 m，并且浅滩、弯道迭出，在巴彦高勒至托克托区间，较大的弯道就有69处，最大弯曲度达3.64，解冻开河时，冰块常常搁浅，形成冰坝。

2.河段动力条件

河段动力条件包括流量、水位、流速等。流量的动力作用主要表现在水流速度的大小和水位涨落的机械作用力上。水流速度的大小直接影响结冰条件以及对冰凌的输送、下潜、卡塞，水位的升降则与开河形势有着密切的关系，水位平稳则形成"文开河"形势，水位急剧上涨则形成"武开河"形势。水位、流速的变化，取决于流量的大小，封冻前流量的大小能促使河道提前或延迟封冻；若累计负气温还没有达到封冻条件，流量小，则提前发生封冻，若累计负气温已达到封河条件，流量大，则可推迟封冻时间。解冻开河时，若流量大，则加速开河过程，可能促成"武开河"，流量小，则易形成"文开河"形势。

宁蒙河段流量主要受上游来水和灌区引水的影响。龙羊峡、刘家峡水库运用前，上游来水基本上由河道自然调节，龙刘水库运用后，在凌汛期进行防凌调度，河道流量受水库调节影响很大。

20世纪70年代水库运用以来，兰州站凌汛期流量比多年均值增加，宁蒙河段流量也随之增加。20世纪90年代以来，上游兰州来水偏枯，宁蒙河段流量也相应减少。凌汛期宁蒙河段流量增大，冰下过流能力增强，但在稳定封冻期上游流量太大时，到下游则会蓄在封冻河道内，增加槽蓄水增量，到开河时大量槽蓄水增量释放。

3.河段热力条件

热力条件包括太阳辐射、气温、云量、风、湿度等。河流冰凌是低温的产物，太阳辐射(含散射辐射)量的多少决定了大气温度，大气与河流水体的热交换，使水温升高或降低。冬季气温转负，负气温使水体失热冷却而产生冰凌，冬季气温的高低决定封冻的冰量及冰厚。春季气温转正，气温的高低及上下河段回暖差异不仅影响开河的速度，也改变开河的形势。因此，气温的高低与上下游气温的差异决定着冰量和冰质，热力条件是影响河道结冰、封冻和解冻开河的主要因素。

4.人类活动对宁蒙河段凌情的影响

人类活动影响主要为水库、引水工程，桥梁建设和浮桥影响等。

上游水库可以改变下游河道天然条件下的动力因素和热力因素，改变河道的天然属性。冬春季水库下泄的较高温度的水流，使一定距离沿程河道中的水温升高，这些都直接或间接地对冰情产生影响。在开河期上游水库可适时平稳控制泄流，使水力因素减弱，由过去水鼓冰开的"武开河"形势为主，改变为以"文开河"形势为主，热力因素的作用相对增强，岸冰滩冰大部分不动，就地消融，河道卡冰结坝个数减少，凌汛灾害有所减小，这在三湖河口以上河段表现尤为明显。

水库下泄流量控制不当、冬季引水灌溉以及其他一些原因导致封开河期间出现异常。如 1993 年 11 月中旬内蒙古突遭强冷空气侵袭，日均气温下降 20 ℃左右，导致内蒙古境内数百千米河流在几天之内全河封冻，封河来得突然，而上游水库 11 月中旬泄流量在 800~900 m^3/s 之间，使巴彦高勒站 11 月下旬至 12 月上旬日平均流量较常年偏多 18%~38%，巴彦高勒至三湖河口河段槽蓄水增量较常年偏多 70%。由于水量增多，大量流冰在巴彦高勒附近形成冰塞，水位急剧上升，超过千年一遇设计洪水位 0.20 m，导致磴口县南套子堤防溃决。

冬季引水不当会引起宁蒙河段凌情变化。1997 年 11 月中旬内蒙古河段流量为200~350 m^3/s，较常年偏小。但宁夏灌区冬灌引水仍在继续，在此期间受强冷空气影响，在昭君坟断面上游出现小流量封河，较常年提早 17 天左右，封冻后由于宁夏河段停止引水，流量增大，气温回升，封冻河段开通，此后在 11 月底由于强冷空气影响，于 12 月初再度封河，首次出现两封两开。

浮桥未及时拆除，也会引起卡冰壅水。1989 年洪水期间内蒙古镫口扬水站曾架设浮桥，汛后一直未拆除，凌汛期间桥上游冰块受阻停滞，使封河提前，浮桥以上水位壅高，浮桥以下河段未封，开河前拆浮桥时，桥上巨大冰盖整体滑动，在下游弯道处发生卡冰结坝，水位猛涨，出现险情。

6.1.3　龙刘水库调度对凌情影响分析

刘家峡、龙羊峡水库投入运用以来，至 2008 年已历经 40 年。根据水库运用情况变化，将 40 年来水库防凌运用大致分为 1968~1985 年、1986~1998 年和 1999~2007 年(均为凌汛年度，即当年 11 月至翌年 3 月)三个阶段。以下通过对刘家峡、龙羊峡水库建成前后不同阶段影响凌汛的动力条件、热力条件以及河道边界条件等因素的变化进行比较，综合分析水库运用对凌情的影响。

6.1.3.1　宁蒙河段凌汛期水温提高，凌汛热力条件发生明显改变

天然情况下，贵德至黑山峡河段自 12 月中旬至 2 月中旬水温基本趋于 0 ℃，黑山峡以下至内蒙古巴彦高勒水温基本趋于 0 ℃的时间是 12 月上旬到 3 月上旬，内蒙古三湖河口及以下河段水温趋于 0 ℃的结束时间推迟到 3 月中旬。

刘家峡水库建成后(1968~1985 年)水库下游一定河段内水温发生了明显变化，小川以下至黑山峡河段各站自 12 月中旬至 2 月中旬水温已均在 0 ℃以上；受影响的各站 11 月至翌年 3 月上旬平均水温提高，11~12 月各旬水温提高较多，达 3~6 ℃，1~2 月提高 2 ℃左右；石嘴山 11 月下旬至 12 月上旬平均水温略有提高。刘家峡水库建成以后，下泄水温变化最远影响到下河沿至青铜峡河段，冬季水温为 0 ℃的最上断面位置在下河沿站附近。

龙羊峡水库建成后，内蒙古巴彦高勒以下河段 0 ℃水温出现时间与刘家峡水库运用期基本一致。

6.1.3.2　河道动力条件发生改变

1.受河道淤积影响，流凌封河初期加大流量对封河后增大过流能力的作用降低

流凌封河初期适当加大下泄流量，有利于提高封河水位，抬高冰盖，有利于提高冰下过流能力。但冰下过流能力的大小，不仅与封河初期流量大小有一定关系，而且与主槽淤积状况、流凌封河初期流凌情况造成的不同封河形势有关。三湖河口上下河段经常为内蒙古河道首封河段，为此，利用三湖河口站不同阶段封河前、后5日平均流量变化，来说明近期河道动力条件的变化。

表6.1-4是龙刘水库运用三个阶段三湖河口站封河日前5日、当日、后5日平均流量，可以看出，三个阶段封河前5日平均流量均在600 m^3/s上下，第一、第二阶段封河后5日平均流量相当，在350 m^3/s左右，第三阶段封河后5日平均流量比前两个阶段显著减小，为205 m^3/s。这表明，封河前加大流凌期流量，抬高封河期冰盖水位、提高冰下过流能力的做法在水库运用的第一、二阶段基本可行，在现状（第三阶段）随着河道边界条件恶化，内蒙古河道冰下过流能力减小条件下，提高封河前流量对增加封冻后冰下过流能力的作用降低。

表6.1-4　三湖河口站各阶段封河前5日、当日、后5日平均流量比较

阶段（年-月）	各年段不同时段平均流量（m^3/s）			封河前与封河后5日平均流量差（m^3/s）
	封河前5日	封河当日	封河后5日	
（1）1968-11～1986-03	564	318	319	244
（2）1986-11～1999-03	633	407	385	248
（3）1999-11～2008-03	593	291	205	388
（2）-（1）	69	89	66	
（3）-（1）	29	-27	-114	

2.封河期减小下泄流量，对控制内蒙古河道槽蓄水增量过度增长起到重要作用

为分析凌汛期上游流量大小与宁蒙河道最大槽蓄水增量关系，统计了不同阶段石嘴山—头道拐河段最大槽蓄水增量均值，刘家峡水库运用前和运用后的三个阶段，石嘴山—头道拐河段的槽蓄水增量分别为8.52亿m^3、10.0亿m^3、11.94亿m^3、15.35亿m^3。

在主要封河期12月至翌年3月上旬兰州站径流总量与内蒙古河段最大槽蓄水增量有着密切的正相关关系。分析各阶段逐个凌汛年度内蒙古河段最大槽蓄水增量与同期兰州12月至翌年3月上旬径流总量关系，三个阶段两要素线性相关系数分别达0.63、0.54、0.68，相关关系显著。在主要封河期兰州站下泄水量越大，该年内蒙古河段槽蓄水增量也越大。但水库运用不同阶段，在兰州来水相同的情况下，内蒙古河段槽蓄水增量以水库运用第一阶段最小，第二阶段次之，第三阶段最大。

建库前与建库后第一阶段相比，河道过流条件、热力条件基本相当，建库后第一阶段动力条件加大（12月至翌年3月上旬兰州来水量由30.9亿m^3提高到47.7亿m^3），最大槽蓄水增量均值仅增加1.5亿m^3。而水库运用现状第三阶段与水库运用第一阶段相比，在水库凌汛期下泄水量减小、严寒程度明显减轻条件下，第三阶段的最大槽蓄水增量均值却

比第一阶段增加5.35亿m^3。可见,现状条件下宁蒙河道过流能力减小是导致槽蓄水增量增大的主要影响因素。

因此,在现状水库运用阶段,如仅考虑气温回暖条件,应该考虑在12月至翌年3月上旬期间适当加大下泄流量。但实际运用中,现状已较前一运用阶段明显减小了凌汛期水库下泄径流总量,削减了进入宁蒙河段的水量。如果不是这样运用,而是仍按第二阶段兰州来水水平下泄,则内蒙古河段最大槽蓄水增量将会有较大幅度提高,最大值可能达20亿m^3。因此,对于水库现状运用期,在气温回暖情况下,进一步削减封河期水库下泄流量,对控制内蒙古河段最大槽蓄水增量具有积极意义。

3.3月上旬开始提前进一步削减下泄流量,对控制开河期凌汛形势起到一定积极作用

开河前夕的3月上中旬,龙刘水库进一步削减下泄流量,控制与削减宁蒙河段开河期凌峰流量自上而下快速增长,以促使内蒙古河段形成"文开河"的局面。现状与水库运用前两个阶段相比,这方面更有所加强。由各年段各控制站开河期凌峰流量均值变化(见表6.1-5)可见,1968年以后,石嘴山、巴彦高勒、三湖河口3站凌峰流量较建库前1954~1968年均有所减小,只有头道拐在初期运用阶段有所增加。

表6.1-5　各控制站不同年段开河期凌峰流量均值比较

凌汛年段	凌峰流量均值(m^3/s)			
	石嘴山	巴彦高勒	三湖河口	头道拐
1954~1968	950	972	1 533	1 995
1969~1986	782	861	1 447	2 384
1987~1999	726	738	1 250	2 106
2000~2008	678	781	1 302	1 963

从2000~2008年现状阶段看,石嘴山站与头道拐站凌峰流量较水库运用前两个阶段有所减小,而巴彦高勒、三湖河口站的现状阶段凌峰流量均值较第二阶段略有增加。由此可初步判断,现状水库运用期,提前加大削减下泄流量力度,对控制宁蒙河段开河形势、减轻凌汛灾害仍起到一定积极作用,但控泄力度已不足以来进一步削减巴彦高勒、三湖河口凌峰流量,这对水库开河期防凌调度提出了新的要求。

6.1.3.3　河道边界条件变化

刘家峡水库蓄水运用后,改变了宁蒙河段天然来水过程,促使水沙关系和河道冲淤发生变化。从巴彦高勒和三湖河口断面平滩流量变化分析可知,20世纪90年代以前,巴彦高勒、三湖河口断面平滩流量变化不大;20世纪90年代以来宁蒙河段平滩流量持续减小,到2004年巴彦高勒站平滩流量减小到1 350 m^3/s,三湖河口站减小到950 m^3/s;2005年之后,巴彦高勒站平滩流量基本维持在1 700~2 150 m^3/s之间,三湖河口基本维持在1 100~1 340 m^3/s之间。龙羊峡水库的运用对宁蒙河段的冲淤产生了一定的影响,最直接的反映为河道的过流能力减小。

综上所述,龙刘水库的运用有效改善了凌汛热力条件,改变了凌汛动力条件,部分改变了河道边界条件,对凌汛期防凌工作具有一定的积极作用。综合内蒙古河段凌汛灾害

情况看，水库运用现状阶段与前两个阶段相比，凌灾出现年份概率小于第二阶段，与第一阶段相当；凌灾发生地点的数量为各阶段最小，这表明现状水库防凌运用方式是有成效的。

自建成运行以来，龙刘水库在发电、供水、防洪防凌减灾等诸多方面产生了巨大的效益，促进了社会经济发展。伴随而来的凌汛期龙刘水库下泄水量增大的问题在现状条件下基本上是不可避免的，由此引发的宁蒙河段槽蓄水增量增加、对河段淤积影响等不利于防凌减灾的新问题，仍需今后进一步研究。

6.1.4 河道淤积形态变化对冰凌洪水的影响分析

近 20 年来宁蒙河段淤积严重，其中宁夏河段淤积量较小，内蒙古河段淤积萎缩严重，河床明显抬高，断面形态调整，平滩流量减小，对行洪和输冰产生不利影响。宁蒙河段河槽淤积萎缩，断面形态发生调整，平滩流量减小，河槽的过流能力和输冰能力降低，增加了槽蓄水增量，也导致了凌期水位的抬升。

6.1.4.1 槽蓄水增量增加

刘家峡和龙羊峡水库运用以来(1968 年以后)，由于增大了凌期下泄流量而使槽蓄水增量较水库运用前明显增大。图 6.1-1 是内蒙古河段最大槽蓄水增量与凌期(12 月至翌年 2 月)径流量的关系图，可以看出，最大槽蓄水增量与径流量具较好的相关性，随径流量的增大而增大。显然，对于内蒙古宽浅河段，流量的增大导致水面宽增加和主流两侧缓流带增大，从而促进水体热量散失，进而促进冰凌形成。从图 6.1-1 中还可以看出，1996 年以后的点据明显偏高，形成一个独立的趋势，这一特点与 1996 年以来河道持续淤积和平滩流量持续减小密不可分。

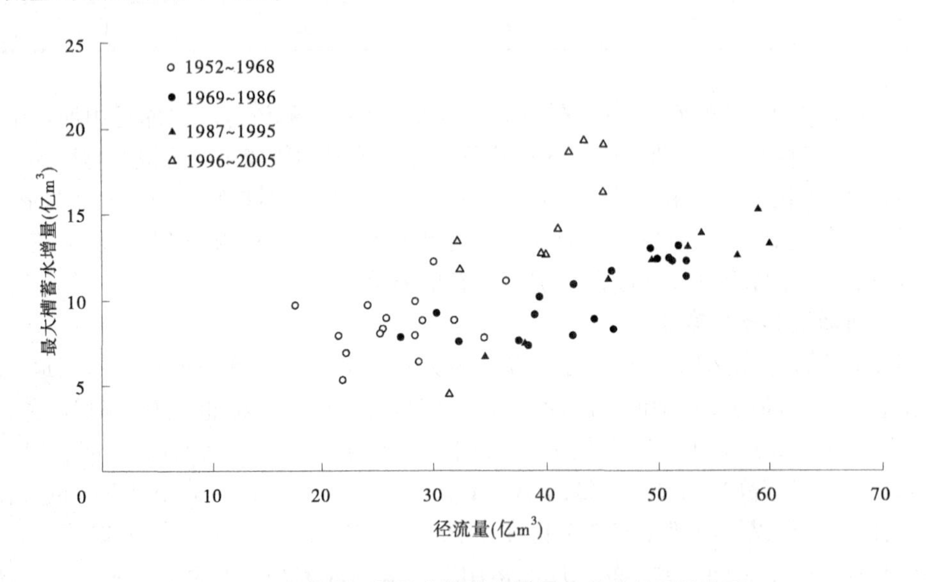

图 6.1-1　内蒙古河段最大槽蓄水增量与凌期径流量关系

1995 年以后三湖河口平滩流量降低至 3 000 m^3/s 以下，低于前期所有年份，并继续减小,2004年只有950 m^3/s。河道过流能力降低,使凌期壅水状态下漫滩概率和漫滩程度增大,同时河槽淤积萎缩、河湾增多,造成排凌不畅,凌期卡冰结坝现象突出,从而导致槽蓄水增量的增大。可见,河槽淤积萎缩也是槽蓄水增量变化的重要影响因素。以凌期径流量和平滩流量为主要影响因素,并考虑气温(封河期累积负气温的绝对值)的影响,对各因素与槽蓄水增量做多元回归分析,建立如下关系式:

$$\Delta W = 6.818\ 2 \frac{T^{0.075\ 8} W_i^{0.789\ 6}}{Q_c^{0.353\ 5}}$$

式中,ΔW 为河段槽蓄水增量;T 为封河期累积负气温的绝对值;W_i 为凌期径流量;Q_c 为平滩流量。

该式具体地体现了累积负气温、凌期径流量以及平滩流量三个因素对槽蓄水增量的作用和影响程度。其中,W_i 的指数最大,说明其对槽蓄水增量的影响最大;平滩流量 Q_c 指数次之,说明平滩流量对槽蓄水增量的影响也较大,槽蓄水增量随平滩流量的减小而增大。

6.1.4.2　凌期水位抬升

1.同流量水位抬升

河道冲淤和过流能力的变化影响水位流量关系的变化。对于畅流期而言,水位流量关系的变化主要与河道冲淤有关,而对凌期而言,水位流量关系除受畅流期河道冲淤变化影响外,还受河道冰凌、冰塞和冰盖阻力的影响。

从图6.1-2和图6.1-3可以看出,凌期同流量水位不仅明显高于畅流期,而且与畅流期同流量水位变化趋势基本一致,这种一致性显然是过流断面淤积萎缩所致。对三湖河口断面而言,刘家峡水库运用前的同流量水位相对较稳定,刘家峡水库运用后的1969~1986年同流量水位虽然年际变化较大,但总体仍较稳定,无趋势性变化,而由于水库运用前后河道的冲刷影响,该时段内凌期同流量水位低于水库运用前,时段平均值较运用前降低了0.61 m。1987年以后凌期同流量水位呈逐年抬升趋势,1987~2008年从1 018.85 m上升至1 020.7 m,上升了1.85 m。这一抬升值与汛期1 000 m^3/s 流量水位变化结果基本相当。巴彦高勒断面在1968年以前同流量水位阶段性降低,从1958年的1 050.64 m降低至1968年的1 049.45 m,降低了1.19 m,该阶段降低主要是受三盛公枢纽和青铜峡枢纽运用的影响。1968年以后巴彦高勒凌期同流量水位逐渐抬升,由于1972年河道严重淤积,1973年同流量水位抬升幅度较大,抬升了1.45 m。之后凌期同流量水位经历上升下降反复波动,至1986年为1 051.15 m,与1968年相比抬升1.7 m。1986年以后同流量水位逐年抬升,只在1990年和1991年经历过下降,至1994年以后基本维持在1 053 m上下,1987~2008年由1 051.15 m抬升至1 052.9 m,抬升1.75 m。

巴彦高勒断面位于内蒙古冲积性河段进口、三盛公枢纽出口,受此影响,其冲淤变化与三湖河口有所差异,其同流量水位的变化也更复杂一些。但1986年以来巴彦高勒、三湖河口两站凌期同流量水位均有抬高趋势,这与1986年以来的河道持续淤积具有必然的联系。

2.最高水位攀升,高水位持续时间大幅增加

随着同流量水位的抬升,凌期最高水位也不断攀升。1991年三湖河口断面凌期最高

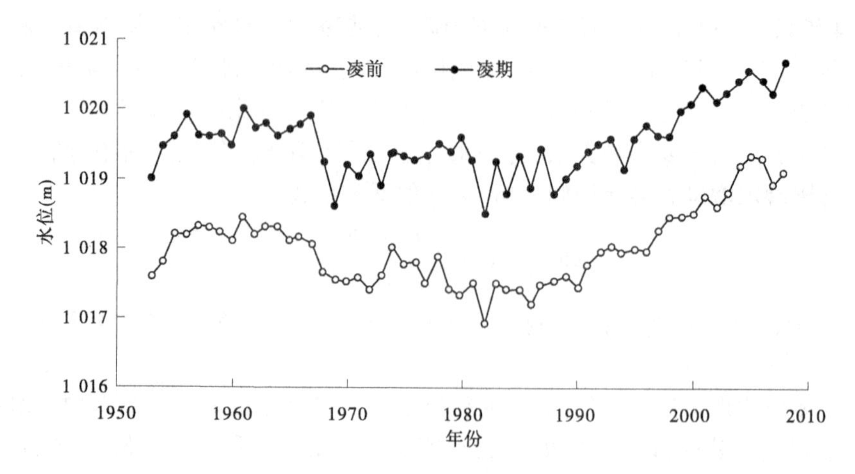

图 6.1-2　三湖河口断面凌期和畅流期 500 m³/s 流量水位变化过程

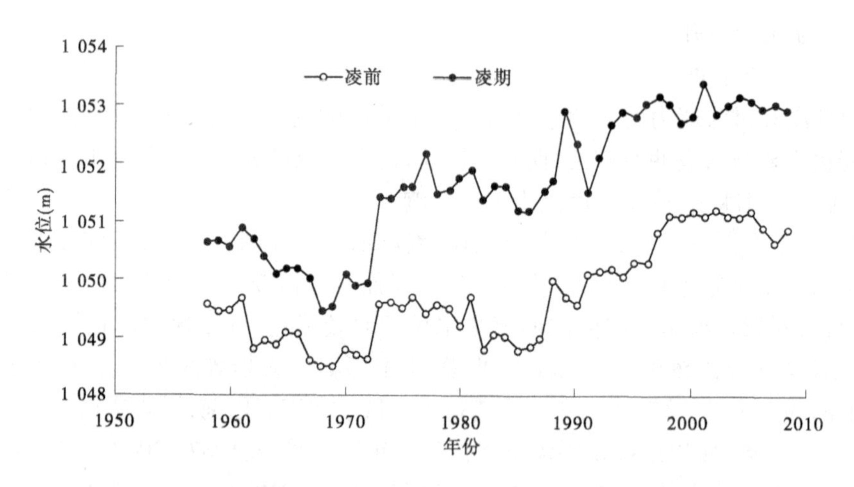

图 6.1-3　巴彦高勒断面凌期和畅流期 500 m³/s 流量水位变化过程

水位(1 019.98 m)超过 1981 年洪峰 5 500 m³/s 对应水位 1 019.97 m,1999 年凌期最高水位 1 020.5 m,与凌期历史记录最高水位持平。2008 年凌期最高水位达到 1 021.11 m,与 1986 年相比抬升 1.47 m。同时,高水位持续天数显著增多。三湖河口断面凌期水位 1998 年以前只有个别年份高于 1 020 m(该水位接近 1981 年洪峰 5 500 m³/s 对应水位 1 019.97 m,并且可视为漫滩水位),最多仅为 10 天(1976 年),多数年份凌期水位均不超过 1 020 m。1999 年和 2000 年超过 1 020 m 的天数连续猛增至 55 天,2004 年再次增大至 89 天,其后各年维持在 80 天上下。从高于 1 020 m 天数变化过程来看,1999 年是明显转折点,对比平滩流量的变化可以看出,1998 年以前平滩流量在 2 200 m³/s 以上,凌期水位较低且相对稳定,1999 年后平滩流量在 1 800 m³/s 以下,并逐年减小,相应凌期水位增高明显、持续时间迅速增长。凌期水位的升高和高水位持续时间的增长与平滩流量的减小呈对应关系,即河槽淤积和平滩流量减小,是造成凌期水位抬升的关键因子。

6.1.4.3 凌汛洪峰变化较小

刘家峡水库运用以后由于槽蓄水增量增大，三湖河口至头道拐区间凌峰增值明显增大。1955~1968年该区间年均凌峰增值为551 m^3/s，1969~1987年和1987~2005年两个时段该区间凌峰增值分别为1 142 m^3/s和1 060 m^3/s，均增大近1倍。同时，头道拐最大10日洪量随时序增加，由1955~1968年的7.51亿m^3增大至1969~1987年的9.08亿m^3，1987~2005年进一步增大至10.93亿m^3。龙羊峡水库运用后槽蓄水增量较刘家峡水库单库运用期进一步增大，这一变化对凌汛洪水洪量的影响是显著的，但并没有使头道拐凌峰进一步增大，凌峰流量的大小更多与气温条件和开河形势关系密切。

6.1.5 冰凌情势量级判别指标及量级划分研究

6.1.5.1 确定划分冰凌量级的原则

(1)预防性原则：能对未来冰凌形势进行初步估计，有利于及时采取相应防凌措施，最大限度地减少冰凌灾害。

(2)动态原则：受天气形势、人工干预等影响，冰凌量级也会发生相应变化，尤其是随着开河形势的发展，冰凌的严重程度一般都会有所变化，因此冰凌量级划分是一个动态过程。

(3)偏重安全的原则：黄河冰凌情势具有预报难、情况复杂、防守困难等特点，冰凌洪水量级划分要着重防凌安全。

初步考虑将冰凌量级划分为两个等级：一般凌情和严重凌情。在等级划分过程中，尽可能考虑各种影响防凌安全的因子。严重凌情是指在凌汛期可能对河道建筑物、堤防，甚至人民群众生命财产安全带来损失的凌情形势。

6.1.5.2 确定划分冰凌量级的指标分析

根据黄河冰凌最近几年的新特点和黄河致灾凌水的主要影响因子，从预防性原则出发，初步选取槽蓄水增量(最大槽蓄水增量)、封开河期三湖河口和头道拐重点断面水位、开河凌峰、开河期天气形势(动态定性指标)等4个指标作为划分冰凌量级的主要指标。

1.内蒙古河段槽蓄水增量

黄河内蒙古河段首封位置通常位于三湖河口至头道拐河段之间，封冻初期，由于一部分水量转化为冰，还有一部分水量受冰盖阻水影响，转化为槽蓄水增量，头道拐站通常出现一段时期的小流量过程，此后随着冰盖下冰花阻水作用的减小，流量逐渐增大。头道拐站封河流量一般在400~700 m^3/s之间，河段首封后，流量可迅速降低至200 m^3/s左右，最低可达150 m^3/s左右。刘家峡水库运用以前，头道拐的小流量过程持续时间为10~20天；水库建成后的1987~1998年为20天左右，最长为1个月；1999~2009年平均为1个月左右，最长达60天以上。宁蒙河段的槽蓄水量呈明显增加趋势，尤其是最近10年，最大槽蓄水增量平均增加了近4亿m^3。1986年以来，河道不断淤积抬高，槽蓄水增量明显增加。由于槽蓄水量增大，冰凌形势变得更加严峻。具体表现在以下方面：

(1)槽蓄水量增加，导致部分河段漫滩积水，堤防偎水时间延长，溃堤概率增大，防凌形势严峻。

(2)开河期冰凌洪量增加，容易造成冰凌灾害。尤其是在开河期气温突然升高，自上而下的开河形势下,大量洪水挟带冰块拥入下游,抬高水位,形成冰坝,造成冰情灾害。

2.开河期三湖河口水位的变化

受气候异常、河道淤积以及河道卡冰等因素综合影响,自 1987 年以来三湖河口开河期水位呈逐年上升趋势,尤其 2004 年以来三湖河口开河期水位明显升高,最高水位均在 1 020.65 m 以上。

2007~2008 年度开河期三湖河口最高水位为 1 021.22 m(出现在 2008 年 3 月 20 日 2 时 30 分),创历史纪录;2008~2009 年度开河期最高水位为 1 020.98 m(出现在 2009 年 3 月 19 日 11 时 50 分),居历史第二位。

3.内蒙古河段开河凌峰

黄河内蒙古河段在槽蓄水增量增加的同时,黄河三湖河口和头道拐站的凌汛洪峰却呈明显下降的趋势。由于刘家峡和龙羊峡水库运用,开河期控制下泄流量,致使巴彦高勒开河凌峰明显减小。而三湖河口河段开河期水量略有增加趋势,凌峰则略有减小。头道拐断面最大 10 日水量明显增加,开河凌峰在水库运用前较小,1969~1986 年和 1987~1998 年两个阶段凌汛洪峰较高;1999~2009 年,由于河道萎缩、冰水漫滩严重等原因,凌汛洪峰显著减小,凌汛期洪水过程出现“量大峰低”现象,洪峰形状由单峰型为主演变为弱的双峰或者无明显洪峰过程。

最近十几年宁蒙河段冰凌洪峰变化较大。两库联合调度后,巴彦高勒站凌峰变化不大,仅减小 2%(14 m^3/s);三湖河口站增加 14%(179 m^3/s);头道拐站变化最大,洪峰减小 18%(441 m^3/s)。

4.开河期天气形势

统计表明,宁蒙河段冬季平均气温从 20 世纪 50~60 年代的-7 ℃上升到了 1990~2000 年的-4.5 ℃,气温升幅超过 2 ℃。自 2000 年以后,冬季平均气温年际变化加大,而且升降波动周期化、规律化;2001~2002 年度冬季平均气温出现了历史同期最高值,达-2.7 ℃。

21 世纪以来,气温的极端情况有所增多。自 2002 年 1 月以来,包头站各旬平均气温共出现历史同期前三位的极端情况 24 次,其中历史同期第一位的极端情况 8 次。每个冬季都至少有 1 个旬出现极端情况。在 24 次极端事件中,气温偏高有 21 次,气温偏低只有 3 次。旬平均气温的年际变化很大。2008 年 2 月上旬平均气温-15.5 ℃,2009 年 2 月上旬为-0.4 ℃,年际变化超过 15 ℃。

年度内气温波动增大。如 2009~2010 年度冬季,11 月中旬平均气温达-8.4 ℃,为历史同期最低值,而 2 月下旬平均气温达 3 ℃,创历史同期最高值,年度内气温波动幅度非常大。

开河期极端气温变化,尤其是温度的迅速上升,往往会加速开河进程,导致槽蓄水增量在短时间内集中释放,这是凌情形势加重的重要原因。

6.1.5.3 冰凌量级指标初步划分

黄河冰凌情级别是动态的,不同程度的冰凌情可能随着气象条件、水库调度和人工分凌等措施的变化而改变。因此,凌情级别划分的指标包括基本指标和辅助指标(动态指标)。

基本指标是确定凌情级别的必要条件。

1.严重凌情的判别指标

符合以下基本条件之一者,可判定为严重凌情。

(1)基本指标。

宁蒙河段最大槽蓄水增量:大于15亿 m^3。

三湖河口水位:大于1 020.0 m。

头道拐凌峰流量:大于2 500 m^3/s。

(2)辅助指标。

开河期气温急剧回升,自上而下开河,槽蓄水增量集中释放,往往导致不严重的凌情形势变得严峻起来。

2.非严重凌情的基本判别指标

凡不符合严重凌情标准的凌情形势,即可判别为非严重凌情。

根据以上标准,1986年以来黄河宁蒙河段凌情形势分级情况如表6.1-6所示。可以看出,自1986年以来的24年,严重等级的凌汛有17年,同时20世纪90年代以来,由于河道淤积逐年加重,槽蓄水量明显增加,三湖河口附近堤防偎水严重,凌情形势有逐年加剧之势。

表6.1-6　黄河宁蒙河段凌情形势分级情况

年份	最大槽蓄水增量(亿 m^3)	三湖水位(m)	凌峰流量(m^3/s)	开河气温	凌情级别	实况简述
1986	7.16	1 019.11	3 230	偏暖	严重	卡冰,炸开
1987	7.38	1 018.79	1 680	偏低	一般	
1988	11.41	1 019.36	2 100	偏暖	一般	有壅冰卡冰
1989	13	1 019.29	2 400	偏暖	一般	有卡冰
1990	14.1	1 019.49	1 990	回升快	一般	堤防窜漏
1991	10.59	1 019.48	2 650	偏暖	严重	冰凌阻水
1992	12.9	1 020.21	1 980	回升快	严重	卡冰决口
1993	11.93	1 019.26	1 990	偏低	一般	冰塞冰坝
1994	16.33	1 019.44	1 250	偏高	严重	封河决口
1995	14.99	1 020.31	1 830	回升快	严重	局部河段灾害
1996	4.42	1 019.43	2 650	偏高	严重	堤防窜漏
1997	13.13	1 020.04	3 100	明显偏高	严重	冰塞冰坝致灾
1998	16.65	1 020.24	3 260	偏高	严重	开河冰坝致灾
1999	18.17	1 020.03	1 800	偏高	严重	封河壅水、开河冰坝
2000	18.54	1 019.76	2 150	偏高	严重	民堤决口,凌灾较小
2001	12.72	1 019.81	2 430	偏高	一般	

续表 6.1-6

年份	历年槽蓄水量（亿 m^3）	三湖水位（m）	凌峰流量（m^3/s）	开河气温	凌情级别	实况简述
2002	11.82	1 019.93	2 140	偏高	一般	
2003	14.09	1 020.68	1 910	偏高	严重	开河卡冰致灾
2004	19.14	1 020.66	2 800	冷暖交替	严重	4 处卡冰
2005	14.31	1 020.81	1 990	偏高	严重	堤防决口致灾
2006	13	1 020.67	1 450	偏高	严重	
2007	18	1 021.22	1 770	明显偏高	严重	封冻冰塞，开河炸冰
2008	17	1 020.98	1 920	回升快	严重	冰坝致灾
2009	16.2	1 020.66	1 590	偏低	严重	壅水，卡冰

6.1.6　上游防凌工程运用方式分析

6.1.6.1　上游防凌工程概况及存在的主要问题

上游防凌工程主要包括堤防工程、水库工程、灌区应急分水工程、应急分滞洪工程等。通过对防凌工程进行科学调度，确保流域防凌安全。

1.堤防工程

中华人民共和国成立后，国家和地方政府对宁蒙河段的防洪、防凌问题十分重视，20 世纪 50~60 年代在宁蒙河段开展了大规模的防洪工程建设。1998~2000 年期间，宁夏、内蒙古先后完成了大量的堤防加高培厚建设，大大提高了宁蒙河段的防洪、防凌能力。目前堤防工程主要存在以下问题：

（1）部分堤段走线不合理，洪水流路不顺，抢险交通条件差。宁蒙河段堤防基本是在历次洪凌灾害过程中抢修而成的，缺乏系统、全面的规划。

（2）堤防工程建设标准低，病险隐患多。由于宁蒙河段河道逐年淤积抬升和凌汛情况复杂，现有干流堤防 2/3 的段落高度达不到设计防洪水位标准，且土方填筑质量差，建筑物数量众多，病险老化问题突出，难以保证防凌、防洪安全。急需对沿黄达不到防洪标准的堤防进行加高培厚，提高其防御能力。

2.水库工程

目前，黄河上游干流已建成的具有防凌作用的大型水库有刘家峡水库，建设中的有海勃湾水库。其中海勃湾水库位于黄河内蒙古河段入口段的海勃湾峡谷河段，上距石嘴山水文站 50 km，下距已建的三盛公水利枢纽 87 km，海勃湾水利枢纽工程已被列入国家大型水库建设规划，这是内蒙古境内黄河干流上唯一一座以防凌为主的大型水利枢纽工程。黄河海勃湾水利枢纽工程以防凌为主，结合发电兼有防洪等综合利用功能，水库原始总库容 4.59 亿 m^3，调节库容 4.43 亿 m^3。正常蓄水位 1 076 m，河床式电站布置在枢纽右岸，年平均发电量为 3.63 亿 kWh。河床左岸布置 18 孔泄洪闸，设计泄洪流量为 6 100 m^3/s。

上游水库现状防凌调度存在的主要问题如下：

(1)刘家峡水库调节库容较小，水库防凌与梯级发电之间的矛盾大，水库难以根据下游防凌要求灵活自如地进行调度，部分年份开河期流量偏大。根据有关资料分析计算，在南水北调西线工程实施前，内蒙古河段凌期需要的防凌库容最大约为 43 亿 m^3，南水北调西线一期工程实施后，需要的防凌库容最大约为 52 亿 m^3，而刘家峡水库调节库容仅约 19 亿 m^3。

(2)刘家峡水库坝址距内蒙古境内首封河段昭君坟水文站 1 267 km，凌期流量传播时间约 16 天，水库难以根据下游的凌情做到适时调度，更难以有效发挥应急调度作用。

(3)水库不能完全有效控制区间来水及宁夏灌区的引水和退水引起的流量波动。

(4)水库尚不能完全、及时、有效控制开河期宁蒙河段槽蓄水增量的集中释放。

3.灌区应急分水工程

利用现有灌区引水工程实施防凌应急分水对于紧急情况下减轻下游的凌汛压力具有一定的作用。目前，灌区分水工程主要有青铜峡枢纽灌区引水工程和三盛公水利枢纽灌区引水工程。青铜峡枢纽灌区引水工程包括东干渠(设计引水流量 45 m^3/s)、河东总干渠(设计引水流量 115 m^3/s)、河西总干渠(设计引水流量 450 m^3/s)、卫宁灌区(设计引水流量 90 m^3/s 左右)。2007~2008 年度凌汛期，3 月 21~31 日通过美丽渠和河西总干渠向灌区分水流量 50 m^3/s，累计分水 0.48 亿 m^3。三盛公水利枢纽灌区引水工程主要包括南干渠(设计引水流量 30 m^3/s)、总干渠(设计引水流量 500 m^3/s)、沈乌干渠(设计引水流量 50 m^3/s)。2007~2008 年度凌汛期，3 月 10~24 日通过总干渠向乌梁素海分水，最大分水流量 275 m^3/s，共计分水 2.27 亿 m^3。

由于灌区引水工程原设计没有考虑应急分凌运用，当前分凌运用存在如下问题：

(1)各级灌区渠首工程和渠道不具备分洪减灾能力，从三盛公水利枢纽总干渠和沈乌干渠引水后，入乌梁素海渠道实际分水能力仅为 60 m^3/s，输水能力严重不足。

(2)闸门启闭困难，冰块撞击水工建筑物和小流量运行冲淘渠道十分严重。

(3)在分凌运用中渠道有可能发生卡冰结坝，造成灾害搬家。需要对灌区引水闸门和主要渠道进行加固处理，以减少应急分洪时出险。

4.应急分滞洪工程

在凌汛期当槽蓄水增量较大，下游河道发生冰塞、冰坝，造成水位壅高，堤防出现险情时，如提前分滞凌汛洪水，可减少槽蓄水增量、削减凌峰、降低下游河道水位，从而达到预防和减轻凌汛灾害、缓解防凌压力的目的，进而最大限度地保护防洪工程安全，保护沿黄两岸人民生命财产和基础设施的安全。为此，必须建立完善的防御体系，其中，需要在凌汛险情易发河段建设应急分滞洪区，并建立长效运行机制应对突发险情。

针对内蒙古河道凌汛突发性强、来势猛、水位高、防守难度大，且凌汛险情发生河段主要在巴彦高勒—昭君坟段的特点，结合现有可用于分水防凌的工程条件及设置新分洪区的地形条件，共设置了以下 6 个应急防凌分洪工程：①河套灌区及乌梁素海分洪区，利用三盛公水利枢纽，通过总干渠、沈乌干渠及 8 条输水干渠分引黄河凌水，向乌梁素海及灌区周边一些小型湖泊分滞洪水，最大分洪量 1.61 亿 m^3，其中乌梁素海分洪 1.05 亿 m^3。②乌兰布和分洪区，位于黄河左岸巴彦淖尔市磴口县粮台乡境内，面积 230 km^2。③杭锦淖尔分洪区，位于黄河右岸鄂尔多斯市杭锦淖尔乡境内，面积 44.07 km^2，最大分洪量 8 243万 m^3。④蒲圪卜分洪区，位于黄河右岸鄂尔多斯市达拉特旗恩格贝镇境内，面积 13.77 km^2，最大分洪量 3 090 万 m^3。⑤昭君坟分洪区，位于黄河右岸鄂尔多斯市达拉特旗昭君镇境内，面积 19.93 km^2，最大分洪量 3 296 万 m^3。⑥小白河分洪区，位于黄河左岸包头市稀土高新区万水泉镇和九原区境内，面积 11.77 km^2，最大分洪量 3 436 万 m^3。

河套灌区及乌梁素海分洪区、乌兰布和分洪区承担黄河内蒙古全河段的防凌任务；杭锦淖尔、蒲圪卜、昭君坟和小白河分洪区承担相关河段的应急分凌任务。

目前，临时滞洪区运用存在的主要问题为运用不规范。急需对滞洪区工程进行统一规划、规范运用。

6.1.6.2　刘家峡水库防凌运用方式

目前，宁蒙河段防凌调度主要通过对龙刘水库进行调度，其防凌调度原则及运用方式主要是根据国家防总国汛〔1989〕22 号文《黄河刘家峡水库凌期水量调度暂行办法》中的规定来执行。

刘家峡水库防凌调度原则：凌汛期 11 月 1 日至次年 3 月 31 日，按照发电、引水服从防凌的原则，黄河防汛总指挥部根据气象、水情、冰情等因素，在首先保证凌汛安全的前提下兼顾发电和引水，优化调度刘家峡水库的下泄水量。

刘家峡水库凌汛期调度运用方式：刘家峡水库凌汛期下泄水量采用月计划、旬安排的调度方式，提前 5 天下达次月的调度计划及次旬的水量调度指令；水库下泄流量按旬平均流量严格控制，各日出库流量避免忽大忽小，日平均流量变幅不能超过旬平均流量的 10%。

具体在实际防凌调度运用中，刘家峡水库从 10 月下旬或 11 月初开始加大下泄流量，腾空防凌库容，同时满足宁蒙河段冬灌引水需要且有利于内蒙古河段较大流量封河。之后，随着凌汛期内蒙古河段过流能力逐步减小，为避免河道槽蓄水增量过快、过大增长以及促使河道槽蓄水增量提前释放，改善开河形势，水库逐月逐步减少下泄流量，并在开河期加大控泄力度。2000~2008 年期间刘家峡水库凌汛期多年平均各月下泄流量见表 6.1-7。

表 6.1-7　刘家峡水库凌汛期多年平均各月下泄流量(小川站)

年份	平均下泄流量(m^3/s)					总水量(亿 m^3)
	11 月	12 月	1 月	2 月	3 月	
2000~2001	710	465	444	334	373	60.8
2001~2002	751	468	407	334	372	60.9
2002~2003	624	413	303	267	231	48.0
2003~2004	730	453	420	337	361	60.4
2004~2005	781	514	481	456	372	67.9
2005~2006	925	509	474	440	588	76.7
2006~2007	725	509	443	403	438	65.8
2007~2008	826	514	471	404	418	69.1
平均	759	481	430	372	394	63.7

由表 6.1-7 可以看出，封河期 11 月平均下泄流量为 759 m^3/s，12 月至次年 2 月是宁蒙河段的稳封期，考虑到冰下过流能力，调控流量按均匀下泄并逐月缓慢递减考虑，平均下泄流量分别为 481 m^3/s、430 m^3/s 和 372 m^3/s。3 月上中旬是宁蒙河段开河期，对下泄流量加以控制，3 月下旬宁蒙河段开河后根据灌溉供水和发电需要加大泄量，3 月多年平均下泄流量为 394 m^3/s。凌汛期刘家峡水库平均下泄总水量为 63.7 亿 m^3。

龙羊峡水库根据刘家峡水库蓄水运用情况、上游梯级发电运用要求等，与刘家峡水库进行发电补偿调节。

6.1.6.3　海勃湾水库防凌作用分析

由于黄河上游龙羊峡、刘家峡水库距离宁蒙河段较远，防凌紧急时刻应急调度作用不明显，不能有效控制凌汛灾害，需要在刘家峡水库以下修建大型防凌调节工程。作为内蒙古段黄河干流上唯一的控制性工程，海勃湾水利枢纽建成后，可以灵活方便地控制黄河内蒙古段汛期流量，将对内蒙古河段的防凌、减淤起到重要作用。另外，可以有效缓解内蒙古河段目前存在的突出问题，特别是日趋严峻的防凌形势和日益恶化的河道形态，减轻黄河凌汛灾害，对沿黄地区的水资源调配也有着积极意义。

海勃湾水库建成后，可以改变库区及坝下河段的凌情特点，石嘴山以下至乌海的大部分河段将成为库区，海勃湾、九店湾等狭窄、弯曲、比降大的河段将被淹没在库区里，库区河段易发生冰塞、冰坝的位置可能会上移至库尾末端；受出库水温影响，水库坝址至下游 34 km 的镫口站为不封冻河段，将缓解该河段的冰情。

海勃湾水库库容有限，目前尚难从根本上解决内蒙古河段凌汛期的防凌安全问题。因此，海勃湾水库主要解决内蒙古河段封河期的防凌问题，并在开河期相机运用，发挥应急防凌作用。从水库防凌任务来看，海勃湾水库对内蒙古河段的防凌作用主要体现在以下三个方面：

(1) 当内蒙古河段发生重大凌汛灾害时，海勃湾水库可以应急滞洪，减少凌灾损失，一旦堤防决口，可以减小下泄流量，为下游防凌赢得时间。

(2) 在目前刘家峡水库防凌调度的基础上，海勃湾水库按照防凌安全控制泄流，尽量消除刘家峡水库防凌运用时及宁夏灌区引、退水水流演进到内蒙古河段的不稳定性。

(3) 当内蒙古十大孔兑高含沙洪水淤堵黄河干流时，海勃湾水库可以适当加大泄流，冲刷河槽，尽量恢复主河槽的过洪能力。

总体而言，海勃湾水库对内蒙古河段的防凌作用，只是近期在龙刘水库现状防凌调度基础上，根据当年气象特点和来水条件，对关键时期、重点地段的凌情进行防凌调度，以起到应急抢险和缓解凌汛灾情的作用。远期内蒙古河段的防凌问题还需结合大柳树水利枢纽工程和南水北调西线工程解决。

6.1.6.4　应急分水防凌工程作用

(1) 应急分水防凌工程布局全面启动，可有效控制 2008 年春溃口凌汛壅水灾害。

2008 年春开河期发生在三湖河口下游侧的溃口凌汛壅水，是现状内蒙古河道面临的最为严重的防凌汛洪水形势。其主要特点是河道槽蓄水增量明显偏大，封河期持续高水位时间长，临近开河，气温剧增，导致一些分段槽蓄水增量急剧释放，流量突增，水位再度陡升。封、开河期凌汛威胁大，防凌形势严峻。

三盛公水利枢纽提前分水对溃口洪水过程流量的影响分析：如果从 3 月 12 日 0 时起，就动用乌梁素海分洪区分水，按设计条件至 17 日，每天分水 273 m^3/s，则三湖河口 15～20日流量可直接削减相应数量，估计水位可能降低 10～20 cm，再相继启用杭锦淖尔分洪区，将可能出现的凌峰主要部分分入滞洪区，这样河道凌峰流量将控制在 1 700 m^3/s，水位控制在保证水位以下。沿程还可以再相继动用蒲圪卜、昭君坟和小白河分洪工程，对以下 160 km 重点河段可能出现的分段壅水进行分滞。如此，该年溃口及以下凌汛灾害将可以得到较有效的控制。

（2）若内蒙古河道槽蓄水增量明显偏大，在开河前乌梁素海、三盛公水利枢纽联合运用，可有效削减石嘴山—巴彦高勒河段槽蓄水增量，降低下游河道临近开河前的冰塞壅水水位，减小开河动力条件。

石嘴山—巴彦高勒河段 2000～2008 年平均最大槽蓄水增量均值达 3.4 亿 m^3，最大值为 4.2 亿 m^3。如乌梁素海、三盛公水利枢纽联合运用，在开河期可以较大幅度削减该河段最大槽蓄水增量近 2 亿 m^3，促使巴彦高勒—三湖河口河段冰塞壅水水位有所降低，明显降低这个河段的冰塞壅水水位，减轻壅水对堤防安全的威胁。同时，巴彦高勒凌峰流量估计可控制在 800 m^3/s 以下，可以减小促使巴彦高勒—三湖河口河段冰坝形成的动力条件，而这一段是冰坝形成的多发段，1987～2008 年 22 年间，该河段发生卡冰结坝 17 次，接近 1 年 1 次。

（3）杭锦淖尔、蒲圪卜、昭君坟和小白河分洪工程可有效削减冰坝壅水程度，减轻三湖河口—包头河段冰坝壅水灾害。

例如，从这个河段形成冰坝壅水，产生灾害比较严重的 1996 年 3 月 25 日出现在达旗乌兰乡的冰坝情况看，冰坝高 5 m，长 7 000 m，最大壅水高度 1.9 m。初步估计，冰坝壅水按宽 4 000 m、长 15 000 m，平均壅水高 1.0 m 计，壅水量达 0.6 亿 m^3，略小于 2008 年奎素决口段洪水过程洪量，如动用蒲圪卜分洪区分洪，参照蒲圪卜分洪工程设计分洪能力计算，可将壅水水位控制在堤防保证水位以下。

其他河段出现的冰坝壅水规模、壅水量一般不及上述实例情况，但按近 50 多年来该控制河段最严重冰坝壅水指标估计最大壅水高 2 m、宽 3 000 m、长 10 000 m 计，壅水总量达 0.3 亿 m^3。所以，估计壅水量一般在 0.4 亿 m^3 以下，故利用昭君坟、小白河分洪工程，削减所控制河段冰坝壅水程度，若运用得当，可取到明显效果。

6.1.6.5　龙刘水库、海勃湾水库和应急分凌工程联合防凌调度分析

1.海勃湾水库、宁蒙河段应急分水防凌工程与龙刘水库防凌运用关系

从理论上讲，海勃湾水库、宁蒙河段应急分水防凌工程位置紧靠凌汛壅水河段，若运用及时，防凌效果应较明显。但由于这些工程的调节容量小，运用功能受多种条件限制，总体防凌功能的定时、定向性较窄。如凌汛期内海勃湾水库虽能蓄、放运用，但其防凌库容较小，受下游冰下过流能力限制、库尾冰塞壅水影响，加上其他运用要求限制，调蓄运用受一定限制。而宁蒙河段应急分水防凌工程目前只能向河道外分水，不能向河道补水，分凌运用功能不完善。在严寒期间运用三盛公水利枢纽引水时，由于凌水流动不畅、冰冻对渠系存在破坏影响，三盛公的运用时间也主要在解冻期。同样，其他分水防凌工程可控制河段更短。因此，海勃湾水库、应急分水防凌工程只能局部、部分解决内蒙古河段的防凌问题。

海勃湾水库和应急分水防凌工程，只有在龙刘水库防凌运用的基础上，联合运用才能较充分地发挥工程的防凌功能，取得良好效果。

2.联合运用方式分析

刘家峡水库凌汛期下泄水量采用月计划、旬安排的调度方式。刘家峡水库凌汛期调控下泄流量基本保持“前大后小，缓慢递减，开河期进一步减小下泄流量”的运用方式，防凌效果明显。

1986~2007年刘家峡水库的最大蓄水量约21亿m^3，一定程度上反映了龙刘水库实际运用的防凌库容仍有余地，具备进一步控泄流量的条件。因此，可在封河期（一般为12月至翌年2月），平均下泄流量在现有480 m^3/s、430 m^3/s、370 m^3/s基础上适当下调；因诸多因素影响开河期有提前趋势，为有效应对，应提前于2月下旬至3月上旬进行开河期流量控泄，根据来水丰枯情况，平均下泄流量控制在300~350 m^3/s。

海勃湾水库的防凌调度原则是：在刘家峡水库凌期调度运用的基础上，就近调蓄刘家峡水库在凌期难以控制的水量。在封河期，当上游来水较小时，为防止下游河道小流量封河，水库按600~800 m^3/s向下游补水；在宁夏冬灌结束，灌区退水时，为防止大流量封河，水库仍按600~800 m^3/s控泄。在稳封期，根据下游封河形势和上游来水情况，水库相机控制泄放，避免封河期流量忽大忽小。在开河期，为了防止内蒙古河段因动力因素而致灾，水库按300~500 m^3/s进行控泄。

在凌汛期当槽蓄水增量较大，下游河道发生冰塞、冰坝，造成水位壅高，堤防出现险情时，采取提前分滞凌汛洪水，减少槽蓄水增量、削减凌峰、降低下游河道水位，从而达到预防和减轻凌汛灾害、缓解防凌压力的目的，进而最大限度地保护防洪工程安全，保护沿黄两岸人民生命财产和基础设施的安全。

6.1.7 上游防御冰凌洪水原则制定

6.1.7.1 防御冰凌洪水原则

上游防御冰凌洪水坚持工程措施与非工程措施并举，凌汛期采取“上控、中分、下排”的调度措施。“上控”主要是通过凌汛期控制龙刘水库及海勃湾水库下泄流量，来调控进入宁蒙河段的水量，减少槽蓄水增量。“中分”主要是依靠沿河引黄灌溉渠系和应急分滞洪区来临时分水。“下排”主要是对位于宁蒙河段下首的万家寨水库，在封、开河时进行水位控制，起辅助作用。通过这些综合措施防御，确保宁蒙河段防凌安全。

凌汛期（11月至翌年3月）水库调度是黄河防凌工作的核心，也是防凌的重要手段。按照发电、供水服从防凌的原则，根据气象、冰情和水情，在首先保证防凌安全的前提下，兼顾供水和发电，优化调度龙羊峡、刘家峡、海勃湾（建成后）等水库的下泄流量。

在封、开河期间，当河段内出现或可能出现冰塞、冰坝等严重凌情，导致水位猛涨、威胁堤防安全时，通过实时调度水库、启动临时分凌区等工程措施，防御冰凌灾害。如出现凌汛决口，应根据造成决口的原因，采取积极有效的工程措施，扩大河道排冰能力。

黄河防凌工作实行“统一部署、统一指挥、统一调度”的基本原则，全面落实以行政首长负责制为核心的各项防凌责任制，把行政首长负责制贯穿到防凌工作的全过程。

6.1.7.2　上游防御冰凌洪水安排

1.一般凌情形势下的防御冰凌洪水安排

根据黄河凌汛发生的特点,利用干流骨干水库进行防凌调度,控制河道槽蓄水增量和较稳定的封开河流量,是黄河防凌工作的主要措施之一。

在凌汛期出现一般凌情形势下,主要根据冰情预报,通过水库调度来防御黄河冰凌洪水灾害的发生。

1)刘家峡水库

刘家峡水库凌汛期下泄水量采用月计划、旬安排的调度方式。凌汛期调控下泄流量基本保持"前大后小,缓慢递减,开河期进一步减小下泄流量"的运用方式,其调度过程为:

(1)流凌初封期,封河前适当控制泄量,一般控制在500~600 m^3/s,最高不超过700 m^3/s,使宁蒙河段封河后水量能从冰盖下安全下泄,防止产生严重冰塞造成灾害。

(2)封河期水库下泄流量逐渐减少,一般不超过500 m^3/s,主要目的是减少河道槽蓄水增量,稳定封河冰盖,为宁蒙河段顺利开河提供有利条件。

(3)在宁蒙河段开河期,控制刘家峡水库下泄流量,平均下泄流量控制在300~350 m^3/s,防止"武开河"的出现,为保证凌汛安全提供必要条件。

2)海勃湾水库

在刘家峡水库防凌调度的基础上,海勃湾水库按照防凌安全控制泄流,尽量消除刘家峡水库防凌运用时及宁夏灌区引、退水水流演进到内蒙古河段的不稳定性。在封河期,当上游来水较小时,为防止下游河道小流量封河,水库按600~800 m^3/s 向下游补水;在宁夏冬灌结束,灌区退水时,为防止大流量封河,水库仍按600~800 m^3/s 控泄。稳封期,根据下游封河形势和上游来水情况,水库相机控制泄放,避免封河期流量忽大忽小。在开河期,为了防止内蒙古河段因动力因素而致灾,水库按300~500 m^3/s 进行控泄。

在开河期,海勃湾水库根据内蒙古河段的封、开河条件,利用水库反调节作用,控制下泄流量,改善内蒙古河段的开河形势。

3)万家寨水库

万家寨水库的防凌调度运用,主要根据内蒙古河段封、开河情况,以库水位的控制为主,保证库区安全。一般情况下,在流凌及初封期—封冻期—开河期—畅流期的库水位,分别采取较低—较高—低—高的运用方式。

(1)流凌封河期,库水位控制在970 m左右运行。

(2)稳定封河期,库水位控制在975 m左右运行。

(3)开河期,库水位控制在不超过970 m运行。

2.严重凌情时防御冰凌洪水安排

在凌汛期封、开河期间,当河段内出现或可能出现冰塞、冰坝等严重凌情,导致水位猛涨、威胁堤防安全时,应通过水库实时调度、应急滞洪区分水分凌、破冰和抢险等综合措施,减少凌灾损失,确保防凌安全。

1)水库调度

(1)刘家峡水库。在宁蒙河段出现严重险情情况下,刘家峡水库出库流量要根据凌情实况及凌情预报进行实时调度,减少下泄流量,确保宁蒙河段防凌安全。

(2)海勃湾水库。当内蒙古河段发生重大凌汛灾害时,海勃湾水库应根据上游来水条件和水库运用水位情况相机运用,发挥应急防凌作用。采取应急滞洪,减小下泄流量,尽可能减少凌灾损失,为下游防凌赢得时间。

(3)万家寨水库。当上游宁蒙河段出现严重凌情时,万家寨水库应降低库水位,保证上游河段冰凌通畅下泄。同时保持下泄流量平稳,避免对下游凌情产生不利影响。

2)分水分凌调度

在严重凌情下,利用应急分洪区分蓄冰凌洪水,是避免或最大限度地减小凌汛灾害的重要措施。

当出现严重凌情等特殊紧急情况,凌汛水位达到或超过现状堤防防御标准,防凌处于危机状态,达到应急分洪区启用条件时,经黄河防汛抗旱总指挥部或所属省级防汛抗旱指挥部批准,由相关防汛抗旱指挥部组织实施分水分凌,以减轻凌汛威胁。原则上优先启用青铜峡、三盛公灌区分水工程实施应急分水,视情启用应急滞洪区分滞凌洪。

在应急分洪工程实施分洪运用时,应保证分洪设施、分洪区围堤和渠道等分洪工程的安全,防止次生灾害的发生。

上游应急分洪区启用条件如下:

(1)河套灌区及乌梁素海分洪区启用条件:拦河闸下游部分河段发生卡冰壅水,水位有上涨趋势或已经开始上涨,高水位危及堤防安全时;拦河闸下游堤防发生较为严重险情时;内蒙古河段的槽蓄水增量超过龙刘水库联合调度以来多年均值(1987~2008年均值为13.8亿m^3)的20%,即16.6亿m^3时(槽蓄水增量以黄河防办发布的数据为准);出现其他特殊紧急情况,需通过分洪措施减轻冰凌灾害时。

(2)杭锦淖尔、蒲圪卜、昭君坟和小白河分洪区启用条件:分洪闸上下游50 km段范围内,出现严重险情或堤防发生溃堤时;分洪闸下游30 km河段范围内出现卡冰壅水,高水位危及堤防安全,需减小流量、降低水位时;分洪闸上下游50 km河段范围内,水位距防洪堤顶不足1.5 m时;上游出现冰坝,通过破冰解除冰坝或冰坝自溃,可能在此河段出现较高水位,危及堤防安全时;出现其他特殊紧急情况,需通过分洪措施减轻冰凌灾害时;下游开河一旦形成冰坝壅水,水位陡涨,危及堤防安全时,利用沿河水闸、展宽区(分洪区)分泄冰凌洪水。

3)人工破冰

在开河期,在局部险工堤段一旦卡冰结坝,有可能造成重大损失,除利用分凌工程分水外,在合适时机,可采取爆破、炮轰、飞机投弹、人工打冰等工程措施破冰,扩大河道排冰能力,避免灾情的发生。

6.2　中游防御冰凌洪水原则分析

6.2.1　黄河中游凌情特征

黄河中游河段上自内蒙古托克托,下至河南桃花峪,全长超过1 200 km,凌情自上而下逐渐减轻,干流凌情较严重的河段主要有河曲河段和小北干流河段。黄河北干流水文站水利工程位置示意见图 6.2-1。河曲河段的上下游因先后修建了天桥水库和万家寨水库,凌情发生了很大变化;小北干流(禹门口至潼关)河段,因三门峡水库不同的运用时期受到影响,从有时流凌有时封冻到个别年份出现凌灾。如 1996 年出现过较为严重的凌汛灾害。潼关至三门峡坝前,一般都在 1 月坝前封冻,封冻长度达几十千米,有时全河段封河。

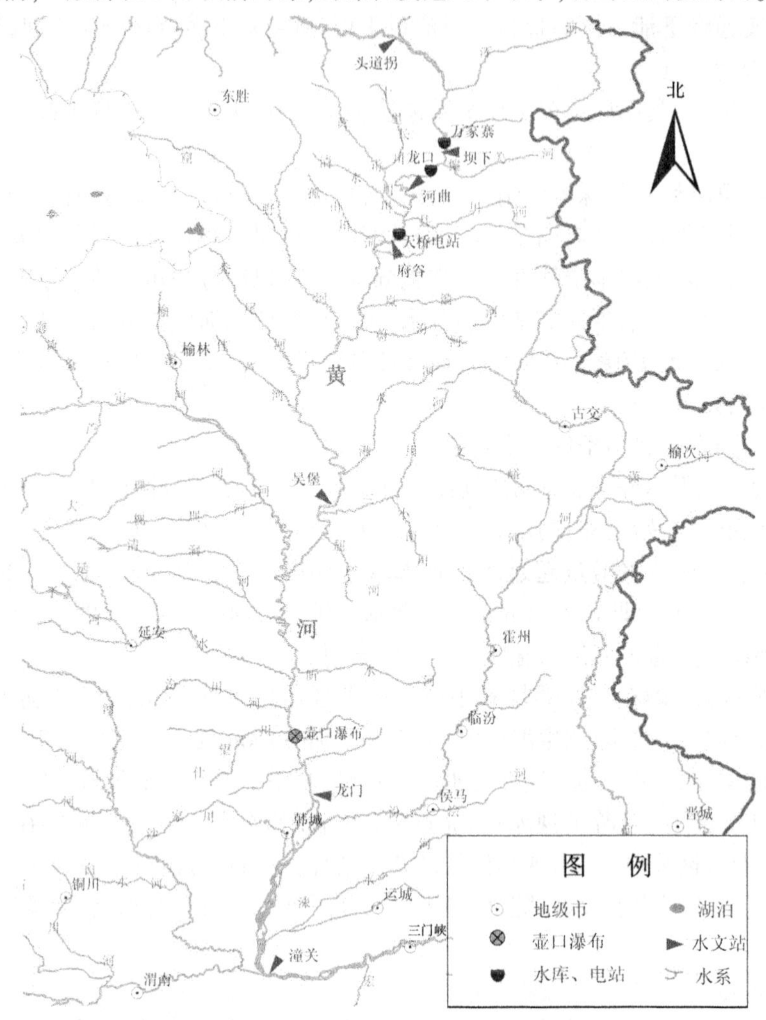

图 6.2-1 黄河北干流水文站、水利工程位置示意图

中游的防凌工程主要指万家寨水库。

6.2.1.1 头道拐—万家寨大坝以上河段

万家寨水库投入运行前,头道拐—万家寨河段河道比降大,水流速度大,一般冬季不封河,河道仅有岸冰和流冰花,整个冬季以淌凌为主,封冻期不产生冰塞。开河期河道冰凌顺利下泄,基本没有凌汛灾害发生。

万家寨水库于 1998 年 10 月 1 日下闸蓄水,由于水库运用后改变了河道的天然条件,凌情发生了很大变化。水库修建后,水面比降仅有 0.1‰,库区回水末端流速很小,500 m^3/s 流量时的流速仅有 0.17 m/s 左右。由于输冰能力变小,具有阻冰作用,容易卡冰,流凌封河时容易形成冰塞,成为首封地点,然后向上游延伸,使喇嘛湾大桥(距大坝 69.77

km）以下河段成为稳定封冻河段；同时，库区回水末端开河时容易形成冰坝。根据库区河道情况，在坝上58 km附近的牛龙湾处有一“S”形弯道，加上该段有浑河入口及铁路桥，受弯道与桥墩的阻冰作用，冰凌在此下泄不畅，极易形成卡冰结坝，造成壅水。如1998~1999年度库尾河段发生了较严重的凌汛灾害。封河及开河期，准格尔旗东孔兑镇前房子、小榆树湾两村先后被凌水淹没，冲毁农田21 hm^2、林地8 hm^2、公路2 km、涵洞1处、10 kV输电线路0.7 km、380 kV输电线路0.5 km、采石厂1处、碎石厂2处、预制厂1处及其他5个工厂的附属设施，造成200户1 000余人搬迁。之后采用了较为合理的调度方案，凌汛灾害明显减轻。

6.2.1.2 河曲河段

河曲河段是大北干流凌情较严重的河段，受河床边界条件、水文、气温等因素的影响，冰情形势变化复杂。按照一般年份的规律，河曲河段每年冰期的流凌始自11月中旬，11月底至12月初进入稳封期，3月为开河期。

河曲段受河势等因素的影响，即使在同一水文气象条件作用下，全河段冰情并不一致，不同断面有很大差别。河曲段是自北向南流向，但每年封冻却自南向北延封，成为其特点之一。

龙口以上为峡谷河段，河床窄深，比降大，水流湍急，难以形成封冻冰盖。该敞流段是水内冰的生成场地，随着天气转冷，大量密集的冰花淌入龙口下游。因此，河曲段冰塞开始于初封期，在1月下旬到2月中旬规模达到最大，冰花层厚度则是自上游向下游逐步增大。

位于河曲县城关下游4 km的石窑卜断面，河床窄深，比降较缓，处于弯道凹岸顶点部位，凹岸有裸露石崖，凸入河心，石窑卜弯道处加之凹岸石嘴的阻水作用，形成天然卡口。该处河床狭深，上游比降小（0.23%），下游比降大（0.29%），因此在没有下游库冰堆积上封情况下，当流凌密度大于70%~80%，河面流速小于0.6~0.8 m/s时，冰块会首先在此卡阻，形成初封冰盖。随着凌花的堆积，冰盖不断上延，可直抵龙口附近，封冻长度约35 km。初封冰盖厚度取决于封冻前缘流速和凌块的大小，流速过大往往形成立封，凌块层层堆积，冰面粗糙，高低不平。在初封冰盖向上游发展的同时，有一些冰花或凌块下插于冰盖之下，遇有阻力则形成初封期冰塞。天桥水电站建成后，历年在此首先封冻，始封后，冰盖上延至龙口附近。

开河期间，由于河曲段所处的纬度较内蒙古河段低1°左右，冬季的同期气温较内蒙古河段为高。河曲段多年平均解冻开河日期为3月23日，上游昭君坟河段多年平均解冻开河日期为3月24日，加上包头至河曲200 km以上的流程，河曲段开河日期平均较内蒙古河段凌峰到达时间提前2天左右。因此，河曲段开河多表现为以热力因素为主的“文开河”，或以热力和水力因素共同作用的“半文半武开河”形势。开河期最高水位一般低于稳封期的最高水位，不致产生大的威胁，但个别年份，凌峰出现于开河之前，所夹冰块大而坚硬时，可能结成冰坝，形成“武开河”。

天桥电站投入运用，改变了河曲河段河道的天然水流，致使冰凌特性发生了显著变化，除了原龙口至船湾河段封冻外，库区段亦年年封冻，并且冰塞、冰坝明显增多，凌灾频繁出现。

万家寨水库、龙口水库相继建成后，河曲河段冰情进一步减轻，但应避免河曲河段封河期流量频繁、过大波动，造成河曲河段严重凌情形势。

河曲河段以下至禹门口为连续峡谷，由于河道断面小、比降大，水力作用强烈，从未发生过封冻。如吴堡站即使在极端最低气温-25.4 ℃的情况下，300 m^3/s 流量也未发生封冻。

下游壶口瀑布河段，每年冬季从 12 月开始，由于水量骤减，壶口瀑布就会逐渐封冻，龙槽下结冰一般在 2 m 左右，最厚处达到 8 m。2008~2009 年度壶口瀑布发生了较严重的凌汛。

过去 30 多年来，北干流河段的径流规律随着河道的开发建设发生了明显变化，这种变化敏感地反映到河段冰情的动态上。1977 年以前的河段属于自然河段，流凌、封冻、开河各个过程完全取决于自然因素。一般年份河段不封冻，很少发生凌灾，个别年份封冻自石窑卜弯道（下距天桥大坝 44 km）溯源延伸至龙口。石窑卜以下河段为峡谷激流，排凌通畅，不封冻。1977 年底，河曲段末端建成了天桥电站，电站运行初期由于采用不排凌的高水位运行方案，库区水面坡降变缓，流速降低，大量冰花滞留库区，敞流段变为封冻河段，天桥大坝造成的径流条件改变，使原来的石窑卜天然起封点下移至天桥大坝，并上溯延伸，以致河曲段冰塞、冰坝现象频繁出现，如 1982 年的特大凌灾。

6.2.1.3　小北干流

黄河小北干流气候属暖温带大陆半干旱季风气候，12 月平均气温为- 0.8 ℃，1 月平均气温为- 2.34 ℃，2 月平均气温为 1 ℃。

从气候、地理等因素分析，小北干流河段不属严寒地区，该河段不产生大量流冰，小北干流河段河冰主要来自上游大北干流河段，特别是天桥电站以下至禹门口的 526 km 河段。因此，小北干流的凌情与上游来冰关系密切，上游来冰量大而集中，小北干流的凌情就严重。

一般情况下，小北干流每年的 11 月下旬或 12 月初才开始流凌，当地船工总结说："小雪不流凌，大雪不饶人"，就是指"小雪"至"大雪"必定流凌。次年 2 月中下旬终冰，主要冰情有岸冰、流冰花、流冰。封河期无规律，少数年份在局部河段出现封冻现象。初封时间多发生在 12 月中下旬，少数年份可延迟到 1 月中旬，封冻期一般为 10~30 天，最多可达 40 多天（如 1977~1978 年度）。封冻河段主要发生在禹门口至夹马口河段，夹马口至潼关河段则较少封冻。

发生严重凌汛的河段主要在禹门口下游小石嘴附近河段，这与该河道形态有关。黄河禹门口以上河道狭窄，出禹门口后突然展宽，河面开阔，水流分散，流速降低，冰块易搁浅。2000 年 2 月上旬，河津县遭受凌灾，就是此原因形成的。而上段大石嘴河湾与禹门口相对，为历年大中小水流汇聚顶冲之处，水域狭窄，弯道水流流向急剧变化，具有兜溜、卡冰作用，这是大石嘴冰期卡冰封冻现象频繁出现的主要原因。下段永济段最宽达 18 km，到了潼关后，又突然紧缩为 800 m，形成潼关卡口，且折向东流，河道呈"L"形大弯，极易发生冰凌壅塞堆积。

6.2.2 北干流凌汛变化影响因素分析

黄河北干流凌汛的发展与热力条件、动力条件和河道边界条件有密切关系。北干流河段发生的凌汛,就是气温、河道边界条件、来水来冰情况和水库运用等因素综合作用的结果。

6.2.2.1 气温(热力条件)影响

气温是影响冰情变化的热力因素,它决定着冰与水之间的相互转化和冰质冰量的改变。冬季气温转负,负气温使水体失热冷却产生冰凌,冬季气温高低决定封冻的冰量及冰厚。春季气温转正,气温的高低不仅影响开河的速度,也能改变开河的形势。因此,气温的高低决定着冰量和冰质,是影响河道结冰、封冻和解冻开河的主要因素。

图 6.2-2 为北干流河段河曲、吴堡(绥德气象站)(1987~2010 年)凌汛期(12 月 1 日至翌年 2 月 10 日)平均气温变化过程,可以看出北干流气温基本围绕均值上下波动,近几年河曲凌汛期平均气温呈上升趋势(2004 年后河曲气温资料来源于黄河凌情日报)。

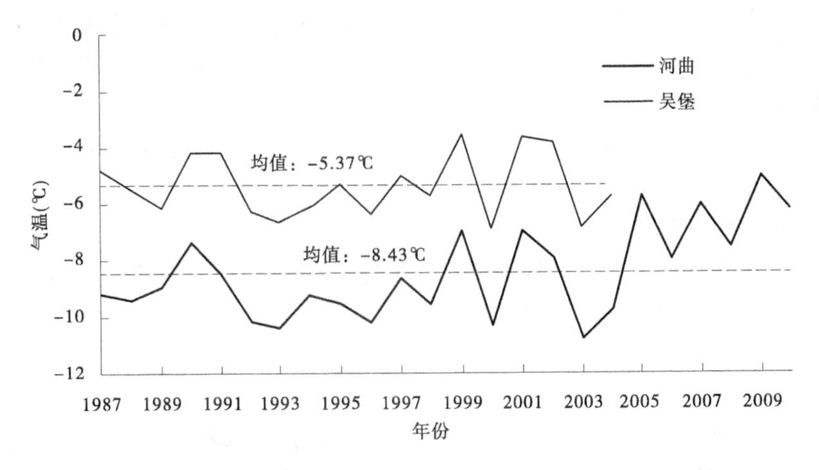

图 6.2-2 北干流河曲、吴堡凌汛期平均气温变化过程

根据凌情观测资料,气温低则河道封冻长度长,气温高则河道封冻长度短。2000 年 1 月,黄河遭遇低温天气,河曲 1 月平均气温为-12.2 ℃,晋陕峡谷内大面积结冰,壶口也出现历史罕见的封冻,龙门水文站上下河面均封冻。2002~2003 年度凌汛期黄河北干流河段遭遇 20 多年来最低气温,河曲站(12 月 1 日至次年 2 月 10 日)平均气温为-10.8 ℃,其中 1 月平均气温为-13.2 ℃,北干流出现了历史罕见的封冻。该河段 12 月 5 日出现凌情,到 3 月 20 日整个北干流河段开通,历时 106 天。

对北干流凌灾影响最大的是气温的急剧变化。由于气温下降,河道流冰增加,冰层加厚,在弯曲段或狭窄河段易发生卡冰现象。河道流冰密度大和当地气温低同期出现,大量流冰受气温低影响相互冰冻黏结,形成冰塞、冰坝。因此,寒流是北干流凌汛致灾的重要原因。1995~1996 年度和 1999~2000 年度以及 2009~2010 年度北干流的凌灾都因遭遇寒流侵袭而致。

在开河期气温突然升高,也会对凌汛产生严重影响,气温升高,河道解冻,产生大量流冰，如遇上游来水量大增，冰凌集中下泄，在特殊河道条件下因排凌不畅，极易形成卡冰结坝，比较典型的为2008～2009年度北干流凌灾。

6.2.2.2　**河道边界条件（河势条件）**

1.河道形态

河道形态是产生冰凌阻塞的河势条件，北干流河曲河段和小北干流易形成严重凌汛或凌灾，与这两个河段河道形态密切相关。

河曲河段上段龙口至船湾，河道宽阔，多弯道、河心滩，冰期水流多分汊，流速减缓，常常冰凌滞留堆积，容易造成封冻。位于河曲城关下游4 km的石窑卜断面，处于弯道凹岸顶点部位（曲率半径0.7 km，曲折系数1.773），凹岸有裸露石崖，凸入河心，形成天然卡口，该处河床狭深，上游比降小，下游比降大，因此在没有下游库冰堆积上封情况下，当流凌密度大于70%～80%、河面流速小于0.6～0.8 m/s时，冰块会首先在此卡阻，形成初封冰盖。随着凌花的堆积，冰盖不断上延，可直抵龙口附近。

小北干流河段禹门口以上河道狭窄，黄河出禹门口后突然展宽，河面开阔，水位突然降低，冰块易搁浅。而上段大石嘴河湾与禹门口相对，为历年大中小水流汇聚顶冲之处，水域狭窄，弯道水流流向急剧变化，具有兜溜、卡冰作用，这是大石嘴冰期卡冰封冻现象频繁出现的主要原因。

下段永济段最宽达18 km，到了潼关后，又突然紧缩为800 m，形成潼关卡口，且折向东流，河道呈“L”形大弯，亦极易壅塞堆积。

2.天桥电站对北干流冰凌的影响

北干流万家寨大坝以下河道目前已建的水库工程有1977年建成的天桥电站和2009年建成的龙口水库，因龙口水库修建较晚，对北干流河道凌情的影响有待观察，下面重点介绍天桥电站对北干流凌情的影响。

1977年天桥电站投入运用，改变了河曲段河道的天然水流，致使冰凌特性发生了变化，基本上年年封河。由于库区水面坡降变缓，流速降低，大量冰花滞留库区，敞流段变为封冻河段，天桥大坝造成的径流条件改变，使原来的石窑卜天然起封点下移至天桥大坝，并上溯延伸，以致河曲河段冰塞、冰坝现象频繁出现。

由于水电站大坝建设时，对泥沙冲淤平衡和水库淤积考虑不足，大坝设计排沙能力严重偏低，加上多年淤积，原有排沙功能也在锐减，致使大坝淤积速度加快。电站刚建成时总库容为6 700万m^3，目前库容仅为1 400万m^3，库区淤积量已达总库容的80%，天桥电站对冰凌基本上已没有调节作用。

库区淤积严重，造成库区上游河床淤高，导致水库回水末端延长。建站时设计回水末段淤积不超过距电站21 km处的皇甫川，现回水已到达距电站30 km以上的河曲县巡镇地段。

天桥电站上游万家寨峡谷河道比降达到1.3‰，流速很大，使得峡谷河段不易封河而成为大的造冰场，整个冬季冰凌不断产生、下泄。河曲县城下游的石窑卜黄河有一个大弯道，一旦弯道卡冰成功，冰盖会快速上延，到达河曲县城附近时由于流速加大促使冰花下潜，在冰盖下形成堆积，堵塞过流断面，产生冰塞壅水。因此，河曲河段几乎每年都会发生大小不等的冰塞现象。天桥电站淤积也加剧了河曲河段冰凌灾害的发生，而且在开河前大流量泄水,冰块下移将直接威胁天桥电站自身安全。

目前天桥电站调节能力差,对来冰采取即来即排的方式,而且使用泄洪闸和骤减水位集中排冰,这种排冰方式若与寒潮同时发生,极易使小北干流发生凌灾。

3.河道淤积对冰凌的影响

黄河从龙门站下游约 1.5 km 的禹门口卡口出晋陕峡谷区间,河道骤然展宽,由约 130 m 展宽到 3 000 m 左右,河道流速减小,输沙能力降低,水流中挟带的泥沙沿程淤积。黄河从禹门口至潼关河段(也称小北干流),属于强烈堆积游荡性河道,最窄处宽约 3 km,最宽处可达 18 km,河道宽浅,水流散乱,沙洲密布,冲淤变化剧烈,其主流摆幅上段最大为 12 km,下段最大为 14 km,素有"三十年河东,三十年河西"之称。小水走槽、大水漫滩,是该河段的水流特征。

1986 年以来龙门站水沙量明显减少,由于来水来沙量的减少,小北干流河段发生累积性淤积,河道淤积导致小北干流河段河床抬高。1986 年以来干流龙门站洪水的频次和量级均减小较多。由于水沙条件的改变,黄河小北干流和渭河下游河道严重萎缩,主槽过洪能力减小,小北干流平滩流量 1985 年汛后各河段平均平滩流量为 5 200~6 300 m^3/s,1998 年汛后减小为 2 000~2 800 m^3/s,2003 年最小平滩流量平均仅为 2 600 m^3/s,2008 年汛后恢复至 3 000~4 000 m^3/s,但仍较 1985 年汛后偏小 18%~44%。

河道淤积造成冰凌下泄不畅,易形成冰塞、冰坝。1977 年以前凌灾较少,主要原因是每隔几年河道就发生"揭河底"冲刷,形成槽深滩高的局面,有利于流凌。1977 年以来,由于黄河小北干流河段来水偏枯,一直未发生"揭河底"冲刷,河床淤积严重,河道萎缩,河道输冰能力差,不利于流凌,冰块难以顺利下泄,容易形成卡冰结坝等。近 10 年来,小北干流严重凌汛频发,与小北干流河道淤积密切相关。

6.2.2.3　来水来冰情况(动力条件)

1.来冰情况分析

万家寨水库建成运用后,在凌汛期,宁蒙河段下泄的冰凌被万家寨水库拦截,使得河曲河段的冰凌压力明显减轻。但万家寨以下河曲河段以及天桥以下河段在凌期仍然有较大的产冰能力。

河曲河段上游峡谷的河道比降达到 1.3‰,流速很大,使得峡谷河段不易封河而成为大的造冰场,整个冬季冰凌不断产生、下泄,通过天桥电站,采取即来即排的方式排冰,进入小北干流。

天桥以下至禹门口为黄河干流上最长的一段连续峡谷,由于河道断面小、比降大,水力作用强烈,一般不封冻,冬季寒冷时期冰凌不断产生,也是一个巨大的造冰场。

可见,这两个河段成为小北干流冰量的主要来源,其来冰量与集中度对北干流凌情影响重大。

2.河道流量减少对冰凌产生不利影响

近 10 年来,由于上游凌汛期来水量减少,北干流河道流量明显减小,小流量天数大幅增加。河道流量减小,流速降低,遇低温天气,极易形成冰凌。同时,流量也是冰凌畅泄下排的水力因素,在目前河道严重淤积、水流宽浅散乱的条件下,水流动力较小,使河道中冰块不能输向下游,从岸边逐渐向河中堆积,容易造成大量的流冰遇浅堆积或在窄深水域卡冰堵塞。2000 年、2003 年和 2009 年凌汛期流量小，3 年均出现较严重凌情。

封河期较小的流量也创造了封河的不利条件，造成凌灾的发生，如 1996 年凌灾。1996 年 1 月初，封河前期，龙门站流量仅 200 m^3/s 左右，较以往同期流量偏小一半左右，水深较浅，流速缓慢，输送冰块的能力降低，流凌堆积，造成主河道封堵。由于气温下降，黄河晋陕峡谷来水形成大量冰块，来水流量减小。水流动力因素减小，挟冰能力减小，河出禹门口后，由于水流散乱，河槽不分，容易形成多股水流，水流较浅，河道边界对水流和水流挟带的冰块产生阻力作用，水流的动能进一步降低。当水流流到该河段的卡口地带或遇到新的阻碍物时就容易形成冰塞，进一步减小水流的动能。当水流的挟冰能力下降至无法将全部的冰块带走时，就会形成冰塞，并逐步向上发展，以致形成凌汛灾害。

6.2.2.4 万家寨水库运用致使河道流量日际、日内变幅增大(动力条件)

1.万家寨凌汛期运用方式

万家寨水利枢纽建成后，其泄流调度方式已成为河曲河段冰期安全与否的关键因素，每年凌汛期间不同阶段库水位的控制非常关键。

万家寨水库运用方式是根据内蒙古河段凌情发展情况，以库水位控制为主。一般情况下，在流凌及初封期—封冻期—开河期—畅流期的库水位，分别采取较低—较高—低—高的运用方式。

在内蒙古河段封河发展期，库水位降低，防止库尾形成冰塞；稳定封河期，库水位提高；开河期，库水位按控制不超过 970 m 运行，保证冰凌顺畅入库，以防形成冰坝；遇严重凌情时，随时降低水位。

2.水库调峰发电，下泄流量日内变幅大

万家寨水库运用以后，水库电站调峰发电，使北干流河道流量日际、日内变幅大幅度增加，电力低负荷发电泄流仅十几立方米每秒，而电力高负荷时泄流可达 1 500 m^3/s 以上。万家寨水库出库流量日际、日内变幅非常大，陡涨陡落非常突出。

由于万家寨运用方式为调峰发电，一般晚上下泄流量小、温度低，小流量遇低温易结冰，而白天下泄流量大，温度也高，大的泄流对已形成的冰层易产生破坏，特别是突发大的下泄流量遭遇气温突变情况下。如在凌汛期 1 月或 2 月初温度骤减，河道结冰。此时水库下泄流量突然增大，已封冻冰面在强大动力作用下会被冲开，大量冰凌随水流下移到下游河段，造成下游河段非自然解冻，形成“武开河”，冰凌在特殊河段一带堆积，极易形成卡冰结坝。冰块堆积还会造成主河槽缩窄，水流漫滩，淹没部分滩地，导致凌灾。

可见，万家寨水库建成后，水库下泄流量变幅大，导致北干流河道流量变幅增大，发生凌汛的突变性增强，水库泄流已成为北干流形成严重凌汛或凌灾的重要因素。如 1998~1999 年度、1999~2000 年度、2008~2009 年度和 2009~2010 年度北干流形成的凌灾，均与万家寨下泄流量波动很大有关。

6.2.3 中游防御冰凌洪水原则及防凌工程运用方式

6.2.3.1 防御冰凌洪水的基本原则

中游防御冰凌洪水的主要措施是利用万家寨水库和龙口水库进行合理调度。

防御冰凌洪水的原则为：

(1)万家寨水库(龙口水库配合)承担库区河段和北干流河段的防凌调度任务;万家寨水库、龙口与天桥电站联合运用,保证天桥库区和北干流河段的防凌安全。

(2)水库调度严格遵守"发电、供水服从防凌,防凌调度兼顾供水和发电,实现水资源的优化配置和合理利用"的原则。

(3)万家寨水库的防凌调度运用,主要根据内蒙古河段封开河情况,以库水位的控制为主,保证库区安全。

(4)龙口水库配合万家寨水库进行调节,控制下泄流量要均匀,避免忽大忽小,以保证河曲河段和天桥库区较稳定的封冻冰面,防止天桥库区及北干流河道产生冰凌堆积现象。

(5)在下游河道可能发生冰塞冰坝情况下,控制水库下泄流量,避免形成更大凌灾。

6.2.3.2　万家寨水库防御冰凌洪水运用方式

万家寨水利枢纽建成后,其泄流调度方式已成为北干流河段冰期安全与否的关键因素。因此,北干流河道对万家寨水库、龙口水库凌期运用的要求是在凌汛期水库应尽可能保持下泄流量的稳定。尤其应该注意的是,尽可能避免在气温突变时段,下泄流量变幅过大。因此,应加强气温预报,当封开河气温可能发生骤降或升高时,保证下泄流量平稳。

1.万家寨水库

万家寨水库的蓄水对库区内蒙古河段防凌影响较大。在内蒙古河段封河初期,万家寨水库水位不能太高,一般控制在970 m左右,以防库尾形成冰塞;当内蒙古河段进入稳定封河以后,适当抬高库水位,一般控制在975 m左右;当内蒙古河段开河时,再进一步降低库水位,一般控制在970 m以下,以利于上游来冰顺利入库,避免在库尾形成冰塞或冰坝。如遇宁蒙河段或库尾河段发生严重冰塞冰坝,及时采取措施,降低库水位。

同时水库泄流不宜太大,且要保持均匀,以防在河曲段形成"武开河"。

2.龙口水库

龙口水库凌汛期运用主要配合万家寨水库调度,控制合理的下泄流量。在流凌期,要求出库流量相对稳定;在封河期,下泄流量最好稳定在500~800 m^3/s,以保证下游河曲河段和天桥库区较稳定的封冻冰面,防止产生冰花堆积现象;在稳定封河期,要求下泄流量相对稳定。在解冻开河期,天桥库区及河曲河段解冻前,要求水库下泄流量控制在1 000 m^3/s以下,以防止冲开封冻冰面,形成"武开河"。当河曲河段自然开河或天桥库区开闸排凌时,水库下泄流量最好保持在2 000~3 000 m^3/s之间,以利于天桥库区排冰与冲沙。

6.3　下游防御冰凌洪水原则分析

6.3.1　黄河下游凌情特征

由于下游河段气温上暖下寒,上段河道封冻晚、解冻早、封冻历时短、冰薄,下段河道封冻早、解冻晚、封冻历时长、冰厚。解冻开河自上而下,冰水沿程聚集,极易形成水鼓冰开的"武开河"形势,并在狭窄河段或急弯、浅滩处产生冰坝,造成凌汛灾害。

黄河下游为不稳定封冻河段,在1950~2010年的60年中共有51年封冻,封冻年份约占 75%。封冻最长时上首达河南荥阳汜水河口,长度为 703 km(1968~1969 年度),最短时仅至垦利王家院,长度约 25 km(1988~1989 年度)。冰量最大为 1.42 亿 m^3(1966~1967 年度),最小为 52 万 m^3(1988~1989 年度)。黄河下游多年(1951~2009 年)平均封冻长度为 282 km,其中 1973 年(三门峡水库全面调节前)平均封冻长度为 395 km,1973~1986 年平均封冻长度为 250 km,1986~2010 年(持续暖冬)平均封冻长度为 182 km。在封冻的 51 年中,利津以上河段发生冰塞、冰坝甚至决口形成凌汛灾害的有 13 年。

6.3.2 冰凌洪水特点

在开河期常形成较大的凌汛洪水,一是因冰盖融化、槽蓄水增量释放而引起,二是因流冰阻塞引起局部河段涨水。较大的凌汛洪水往往是由槽蓄水增量急剧释放和冰坝壅水共同作用的结果。

下游冰凌洪水总的来说,峰低、量小、历时短,洪水过程线形式基本上是三角形。凌峰流量一般为 1 000~2 000 m^3/s,实测最大值不超过 4 000 m^3/s,洪水总量一般为 6 亿~10 亿 m^3。下游冰凌洪水一般流量小,但水位高。凌峰流量一般自上而下沿程逐渐增大,一般情况下槽蓄水增量大,则凌洪凌峰亦大且历时长,反之则凌洪凌峰小、历时短,如 1957 年花园口到利津河段最大槽蓄水增量为 6.94 亿 m^3,开河时利津站凌峰流量达 3 430 m^3/s。若同样的槽蓄水增量,则"文开河"凌峰小而历时长,"武开河"凌峰大而历时短。下游利津站历年最大凌峰流量多年平均值为 817 m^3/s,凌洪历时平均为 3~5 天。

冰塞冰坝是黄河下游产生凌汛威胁的根本原因,黄河下游的冰坝一般高出水面 2~3 m,高的可达 4~5 m。新生的冰坝长度较短,从 1 km 到几千米,如果是由封冻时的冰塞演变而成的冰坝,则长度可达数千米,甚至十几千米。开河时气温回升,冰质变酥,当冰坝前的壅水(含流冰)压力超过冰坝自重和坝体支撑摩擦力时,坝体即遭破坏而溃决。冰坝持续时间一般是 1~2 天,短的为几小时,长的可达十几天。如 1978~1979 年度,初封期在博兴县麻湾河段形成冰塞,后由于气温变化,惠民地区形成两封两开,第二次开河时,麻湾冰塞又发展成冰坝,麻湾断面堆积冰厚 2.5 m 左右,过水面积只占总面积的 40%左右。麻湾冰坝长 4.5 km,堆积冰量 270 万 m^3,而在麻湾以下的冰凌滑到王庄又插冰 2.5 km,形成两段冰坝,致使利津壅水位高出 1958 年伏汛最高洪水位 1.0 m。据统计,1950~2005 年,黄河下游发生比较严重的冰坝有 8 年共 9 次。

6.3.3 下游防凌工程体系

黄河下游防凌工程主要包括中游水库工程和下游河道堤防工程,中游水库工程主要指三门峡、小浪底水库,下游河道堤防工程主要指黄河下游两岸大堤和险工、控导等工程。黄河下游防御冰凌洪水的措施主要依靠三门峡和小浪底水库的防凌调度和下游两岸堤防对冰凌洪水的防御。

三门峡水库现状防洪运用水位 335 m,库容 54.57 亿 m^3;防凌运用水位 326 m,库容 18.036 亿 m^3(2009 年 4 月施测)。三门峡水库凌汛期预留 15 亿 m^3防凌库容,在小浪底水库防凌库容不能满足需要时投入运用。

小浪底水库设计正常蓄水位 275 m,相应库容 103.54 亿 m^3(2009 年 4 月施测)。在防凌方面,小浪底水库凌汛期预留防凌库容 20 亿 m^3,与三门峡水库联合运用,以解除下游凌汛威胁。由于小浪底水库近期防凌库容较大,一般情况下下游防凌以小浪底水库为主,遇严重凌情,三门峡水库与小浪底水库联合运用。

黄河下游两岸筑有大堤,在夏秋可以束缚洪水,在冬季是防御凌洪的屏障。目前下游临黄大堤共长 1 370 km,有险工工程 138 处,工程长 312 km,有控导工程 200 处,工程长 344 km。在河南河段可以防御相当于花园口洪峰流量 22 000 m^3/s 以下的洪水和相应水位,在山东河段可防御相当于艾山洪峰流量 10 000 m^3/s 以下的洪水和相应水位。

黄河下游建有各类引黄涵闸 94 座(山东 62 座,河南 32 座),设计流量约 4 400 m^3/s,在凌汛期可适时利用涵闸分水分凌以减轻凌汛威胁。

6.3.4　三门峡、小浪底水库防凌运用方式分析

水库调节水量,不仅能提高水温,而且通过控制下泄水量,可以防止或减轻下游凌汛威胁,是一种常用的积极的预防性防凌措施,黄河三门峡水库、小浪底水库在凌汛期兼有下游防凌任务。

在 1973~2000 年期间,下游凌汛期主要由三门峡水库进行凌汛期调度,在流凌及初封期、稳封期、解冻开河期控制下泄流量运用,在防凌调度期间,三门峡水库水位运用一般控制不超过 326 m,若遇严重凌情,库水位有可能超过 326 m 运用时,需报请黄河防总决定。

小浪底水库在 2000 年 10 月后开始防凌调度运用,其调度原则是:在凌汛期小浪底水库和三门峡水库共同承担下游的防凌调节,两库共同承担防凌库容为 35 亿 m^3,其中小浪底水库在正常蓄水运用时担负 20 亿 m^3,且在防凌运用时优先使用小浪底水库。小浪底水库初期运行阶段,从坝体稳定考虑,按大坝蓄水稳定观测要求,水库需在 250 m、260 m、265 m、270 m、275 m 各级水位蓄水半年以上后分级抬高,经 5 年以上方允许蓄至正常蓄水位。由于防凌蓄水为短期蓄水运用,在小浪底水库稳定蓄水位低于 270 m 时,稳定蓄水位以上库容较大,可以满足防凌蓄水的需要;当凌汛期小浪底水库稳定蓄水位达到 270 m 及以上时,先由小浪底水库承担防凌任务,三门峡水库相机运用。小浪底水库运用初期防凌运用方式为:

(1)11 月 30 日前,根据当年 12 月至次年 2 月小浪底以上来水、小浪底至花园口区间来水的初步预报、下游河道(以泺口上下河段为主)开始封河时间的初步预报以及同一时段内下游沿河地区用水、配水计划,编制水库防凌调度预案。

(2)在泺口河段封冻前,水库水量调度按供水配水计划及发电需求安排,12 月及 1 月控制泺口附近流量不大于 400 m^3/s。

(3)如果中期凌情预报泺口河段可能在 1 月 10 日以前封冻,则密切注意凌情发展,及时调控水库泄流,进一步安排下游供水配水计划,尽可能使封河后泺口河段流量不超过 300 m^3/s。

(4)如泺口河段 1 月 20 日尚未封冻,则以后的水库水量调度主要按供水配水及发电需求安排。

6.3.5 小浪底水库运用后下游凌情变化分析

根据三门峡水库防凌运用经验，拟定小浪底水库防凌运用方式为：每年 12 月水库保持均匀泄流，在预报封冻前一旬，开始控制小浪底水库出库流量，控制花园口站流量在 500 m^3/s 左右；在预报下游开河及开河期应进一步控制小浪底水库下泄流量；封冻河段全部开通以后视来水和下游用水情况逐步加大下泄流量。

小浪底水库防凌运用 10 年来，因来水偏少，供水配水量较大，冬季气温偏高，以及调水调沙运用逐步改善了主槽冰下过流能力，为控制与避免形成较严重凌汛壅水漫滩灾害提供了保证，另外加强了河道工程（浮桥）管理，以及必要时采用爆破等人工破冰措施，故凌情总体形势比较平稳，封河与开河期没有形成较严重冰塞、冰坝壅水漫滩造成灾害的情况。

小浪底水库运用以来，下游凌情有以下特点。

6.3.5.1 出库水温升高，零温断面下移

由小浪底水库运用近 10 年的水库蓄水量和出库水温统计情况可以看出，在 12 月下旬至翌年 1 月下旬的低温时段，蓄水量越多，出库水温越高。小浪底水库运用后，由于出库水温升高，黄河下游零温断面明显下移。

2000～2001 年度冬季，黄河下游在 1 月中旬出现了明显的低温时段，郑州、济南、北镇 1 月中旬平均气温较常年偏低 2～3.5 ℃，其中北镇站 1 月中旬平均气温达－7.3 ℃，为 1951 年以来第四位的低温。但由于小浪底水库出库水温为 5～8 ℃，其下游的花园口、夹河滩、高村河段水温均较高，花园口站日平均水温维持在 3 ℃以上，孙口站及其以上河段的水温均在 0 ℃以上。对比分析历史上北镇站出现日平均气温达到－10.0 ℃以下、利津站日平均流量在 300 m^3/s 以上的年份，小浪底水库运用前年份的零温断面在花园口以上，而 2000～2001 年零温断面在孙口断面附近，下移了约 400 km。

2002～2003 年度，黄河下游在 12 月下旬至翌年 1 月上旬出现了明显的低温时段，郑州、济南、北镇三站 12 月下旬平均气温较历年同期偏低 2.4～5.1 ℃，分别为历史第七位、第四位和第六位低温；1 月上旬三站气温较历年同期偏低 1.5～4.0 ℃，其中济南、北镇均为历史第四位低温，北镇日平均气温达－11 ℃。低温时段小浪底水库出库水温为 5～8 ℃，在气温低、流量小（1 月、2 月平均出库流量分别为 175 m^3/s、144 m^3/s，利津站封河流量为 31 m^3/s）的情况下，零温断面在夹河滩断面附近，而小浪底水库运用前气温相近、流量在 300 m^3/s 以上的年份零温断面均在花园口以上。

6.3.5.2 流量调控能力增强

在 2000～2001 年度冬季的低温时段及时地加大了流量（小浪底 1 月上旬平均流量达到 600 m^3/s 左右，花园口站旬平均流量约 680 m^3/s），使利津站 1 月中旬平均流量达到 440 m^3/s 左右，且较大流量正好在中旬气温较低的时段到达下游流凌河段，使下游河段在低温时段未封冻。在 2001～2002 年和 2002～2003 年两个凌汛年度，由于流域性的缺水，小浪底水库在确保用水安全和黄河下游不断流的情况下，尽量减少出库流量，所以在整个凌汛期下游河道内流量虽小，但较平稳，封河期各河段均为平封，开河时也是热力因素为主的文开，极大地减轻了冰情的灾害。

6.3.5.3　河道主槽过流能力逐渐增大，平滩流量加大

小浪底水库运用前由于水沙条件变化等多种因素影响，黄河下游河道主槽淤积，平滩流量逐年减小，至2002年汛前下游平滩流量降低到历史最低值1 800 m^3/s。小浪底水库运用后，通过调水调沙运用，至2008年汛前下游最小平滩流量达到3 700 m^3/s。河道主槽过流能力的增大明显改善了凌汛期的防凌形势。

6.3.5.4　凌情明显减轻，凌灾损失减少

小浪底水库运用后，下泄流量较大时使可能封河变为不封河，下泄流量较小时封河期冰情减轻，封冻河段缩短，下游凌情明显减轻。小浪底水库运用后，在水库运用初期具有足够的防凌库容，对下游河道的流量进行更加直接的调节，出库水温比建坝前明显增高，基本解除了黄河下游的凌汛威胁。小浪底水库运用后的2001~2007年，凌汛期黄河下游年均封河长度129 km，仅为1950~2000年平均封河长度254 km的51%，河道易封易开。2005~2006年度凌汛期虽然发生了罕见的“三封三开”现象，但没有出现凌汛灾害，显示了水库防凌运用对减小凌汛成灾的效果。

6.3.6　下游防御冰凌洪水原则

由于三门峡、小浪底水库的联合运用，今后黄河下游防凌形势如下：一是水库防凌调控能力较强，小浪底与三门峡水库联合运用，防凌库容35亿m^3，可基本满足防凌水量调节要求；二是水库下泄水流温度增高，封冻河段缩短；三是通过调水调沙运用等多种手段，河道主槽过流能力基本能够长期维持4 000 m^3/s左右的中水河槽流量；四是防凌技术和信息化系统等非工程措施的发展运用，将使下游河道流量控制和调度手段有较大改善。

为保障下游的防凌安全，下游防凌原则为：

(1)一般凌情下，通过小浪底水库的科学合理调度，实现适宜流量封河，减少槽蓄水增量，为封、开河创造有利条件，保证凌汛安全。

(2)遇严重凌情时，启用三门峡水库，通过三门峡和小浪底水库的实时调度、应急滞洪区分水分凌、破冰和抢险等综合措施，减少凌灾损失，确保下游堤防和滩区人民群众生命安全。

在凌汛期首先利用小浪底水库预留的20亿m^3防凌库容控制下泄流量，不足时再利用三门峡水库15亿m^3的防凌库容，联合控制进入下游的流量。

一般凌情情况下：在每年12月水库均匀泄流，在流凌至封冻前控制小浪底水库和西霞院反调节水库下泄流量，使花园口流量保持在500 m^3/s左右，封冻后控制在400 m^3/s左右，开河时根据预报开河日期及河道槽蓄水量和冰量，逐步减少到300 m^3/s左右后平稳下泄。

遇严重凌情：当下游河段出现较严重的冰坝壅水凌情时，根据具体凌情，与三门峡水库联合调度，及时减小小浪底水库下泄流量直至全部关闸，确保下游防凌安全。当出现凌汛险情，危及堤防安全时，根据具体情况及时采取破除冰塞和冰坝、利用沿河水闸和展宽区(分洪区)分泄冰凌洪水、疏通河道流路以及采取相应的防护措施等，并积极做好滩区人员的迁安救护和生活保障等工作，确保滩区人民生命安全。

6.4　本章小结

（1）黄河防凌工程体系主要包括水库、堤防、分凌工程等。目前，黄河干流具有防凌功能的大型水库主要有龙羊峡、刘家峡、海勃湾（在建）、万家寨、三门峡、小浪底水库等。

目前，黄河宁蒙河段干流堤防长约 1 400 km，防洪标准为 20~50 年一遇，设防流量为 5 600~5 900 m^3/s（畅流期）。黄河中游小北干流为无堤防河道，河道治理工程主要有护岸和控导工程，主要作用是控制河势和主流。下游临黄大堤总长 1 371.2 km，设防流量花园口为 22 000 m^3/s，艾山以下为 11 000 m^3/s（畅流期）。

目前在内蒙古河段共布设乌兰布和、河套灌区及乌梁素海、杭锦淖尔、蒲圪卜、昭君坟、小白河等 6 处应急分凌区，设计最大总分凌水量 4.59 亿 m^3。黄河下游建有各类引黄涵闸 94 座，设计引水流量约 4 400 m^3/s。

（2）黄河防凌存在的主要问题：一是黄河宁蒙河段主槽淤积萎缩，现状上游防凌工程不能完全满足防凌要求；二是凌情监测手段、预报水平和破冰抢险等非工程措施还不能满足防凌要求。

（3）防御冰凌洪水原则：①黄河防御冰凌洪水坚持以人为本，主动防御，采取“拦、调、分、疏、滞、泄、守”等综合措施，局部利益服从全局利益的原则。②发生一般凌情时，充分利用河道排泄冰凌洪水，合理利用水库调控，为实现平稳封、开河创造条件。③发生严重凌情时，充分利用水库调控下泄流量，积极采取冰凌爆破、适时运用分凌工程分滞洪水等综合措施，尽可能减轻凌灾损失。④充分利用现代科技手段监测、预报凌情。

（4）防御冰凌洪水安排：①黄河上游。一般凌情下，刘家峡水库凌汛期下泄水量采用月计划、旬安排的调度方式，下泄流量基本保持“前大后小，缓慢递减，开河期进一步减小”的运用方式。海勃湾水库在刘家峡水库防凌调度的基础上，保持平稳下泄，开河期相机减少下泄流量。万家寨水库根据内蒙古河段凌情，封河发展期、稳封期、开河期原则上控制库水位按照低、高、低的方式运用。遇严重凌情，刘家峡水库根据凌情实况及凌情预报尽可能减小下泄流量；海勃湾水库应急控制运用，在确保库区安全前提下，压减下泄流量；万家寨水库在兼顾北干流防凌安全前提下，进一步降低库水位；河套灌区及乌梁素海应急分凌区实施分凌运用，其他分凌区根据险情严重程度和发生位置相机分凌运用；相机实施冰上爆破、炮击、飞机投弹等破冰措施。②黄河中游。万家寨水库与龙口水库联合调度，在确保库区安全前提下，尽量保持下泄流量平稳。若北干流发生严重凌情，尽量压减下泄流量。③黄河下游。一般凌情下，小浪底水库和西霞院水库联合调度，控制流量平稳下泄，开河期适当减小下泄流量。遇严重凌情，小浪底水库和西霞院水库联合调度，进一步压减下泄流量。当小浪底水库不能满足防凌要求时，三门峡水库相机投入运用。引黄涵闸根据险情严重程度和发生位置相机分凌运用。相机实施冰上爆破、炮击等破冰措施。

第 7 章　总结与展望

7.1　总　结

本书主要在黄河暴雨洪水分析、来水来沙变化和泥沙冲淤分析、防洪防凌工程情况、上游龙羊峡和刘家峡水库联合防洪运用、中游水库群联合防洪运用、防御冰凌洪水研究等方面开展了大量深入细致的研究工作，得出以下认识和结论。

7.1.1　暴雨洪水分析

(1)三花间人类活动对洪水的影响分析。通过中小型水库实测资料和降雨径流关系分析等，认为中小型水库对洪水的拦蓄作用有限，与以往相比三花间中小型水库对中小洪水的影响没有趋势性变化。

(2)现状工程条件下，三花间大型水库还原后，中小设计洪水研究。花园口站 5 年一遇洪水洪峰流量由 11 300 m^3/s 减小为 9 760 m^3/s，减小幅度约 14%；三花间 5 年一遇洪水洪峰流量由 6 010 m^3/s 减小为 5 390 m^3/s，减小幅度约 10%。

(3)中小洪水泥沙特性。

①花园口 4 000~10 000 m^3/s 的中小洪水的发生概率约为 1 年 2 次。4 000~10 000 m^3/s 的洪水中，4 000~6 000 m^3/s 的洪水占 62%，6 000~8 000 m^3/s 的洪水占 28%，8 000~10 000 m^3/s 的洪水占 10%。

②花园口中小洪水发生在 5~10 月，5 月、6 月洪水次数占总次数的 5%，7 月、8 月洪水占 67%，9 月洪水占 20%，10 月洪水占 8%。9 月、10 月洪水量级一般不超过 8 000 m^3/s；8 000~10 000 m^3/s 洪水基本都发生在 7 月、8 月。

花园口中小洪水历时平均约为 18 天，68%的洪水历时小于 20 天，51%的洪水洪峰低于 6 000 m^3/s，历时小于 20 天；6 000~8 000 m^3/s 量级洪水中有一半的历时大于 20 天，发生在 8~10 月；8 000~10 000 m^3/s 洪水大部分历时大于 20 天。

③花园口 4 000~10 000 m^3/s 的中小洪水主峰洪量 80%左右来源于潼关以上，洪水量级越小潼关以上来水的比例越高，4 000~6 000 m^3/s 洪水 84%的主峰洪量来源于潼关以上，6 000~8 000 m^3/s 洪水 71%的主峰洪量来源于潼关以上，8 000~10 000 m^3/s 洪水 74%的主峰洪量来源于潼关以上。

花园口 6 000~10 000 m^3/s 历时大于 20 天的洪水，基本来源于潼关以上，洪水主要来源区是上游和龙潼间，一般都是上游或龙潼间与其他区间共同来水组合而成的洪水。历时小于 20 天的洪水基本上是河龙间、三花间来水为主的洪水，一般都是某一个区间来水为主的洪水。

④花园口 6 000~10 000 m^3/s 的洪水中，以三花间来水为主的洪水，小花间洪峰流量

一般大于 4 000 m³/s。

⑤上游大型水库对汛期洪水径流的调节、工农业用水增加等多种因素影响后，使得进入中游的汛期径流量减小较多，这直接导致潼关洪水量级减小、高含沙洪水比例增多（与龙羊峡水库建库前相比）。根据潼关站近期（1987 年～2005 年）实测中小洪水分析，4 000～10 000 m³/s 洪水中高含沙洪水的比例约为 62%，其中 4 000～6 000 m³/s 洪水中约有 50%的洪水为高含沙洪水，6 000 ～10 000 m³/s 洪水绝大部分是高含沙洪水，前汛期较大量级中小洪水几乎全部为高含沙洪水。

7.1.2　来水来沙变化和泥沙冲淤分析

黄河水沙具有水少沙多、水沙异源、水沙年际变化大、水沙年内分配不均匀等基本特征；近年来，黄河来水来沙条件发生了变化，具有年均径流量和输沙量大幅度减少、径流量汛期比重减少、中小洪水洪峰流量降低等显著特点，但仍有发生大洪水的可能。

根据研究结果，2008 年 7 月至 2020 年 6 月，宁蒙河段淤积泥沙 7.81 亿 t，黄河下游河道冲刷泥沙 4.3 亿 t。2020 年 7 月至 2030 年 6 月，宁蒙河段淤积泥沙 7.58 亿 t；若不修建古贤水库，黄河下游河道淤积泥沙 28.73 亿 t，河道回淤严重；若古贤水库 2020 年投入运用，黄河下游河道淤积泥沙 10.29 亿 t，可保持较低的淤积水平。

7.1.3　防洪防凌工程情况

现状情况下，上游宁蒙河段部分堤防未达设计标准，应急分凌工程不完善，宁蒙河段防洪防凌形势较为严峻。到 2020 水平年，宁蒙河段堤防工程基本达到设计防洪标准，防洪形势将有所改观，海勃湾水库、内蒙古河段应急分水防凌工程建成，防凌问题将会有所缓解。

现状情况下，黄河中下游主要水库工程包括三门峡、小浪底、陆浑、故县水库，下游标准化堤防尚未全面建设完成，东平湖滞洪区围坝、二级湖堤护坡质量差。到 2020 水平年，下游标准化堤防建设进一步完善，河口村水库建成，下游滩区安全建设工程逐步推进，初步完成东平湖滞洪区工程加固和安全建设。

7.1.4　上游龙羊峡、刘家峡水库联合防洪运用

（1）中小洪水防洪。在分析黄河上游近期防洪形势变化的基础上，确定龙羊峡、刘家峡水库可兼顾宁蒙河段 10 年一遇及以下洪水防洪，龙羊峡水库利用年度汛限水位（2 588 m）至设计汛限水位（2 594 m）之间的库容，与刘家峡水库联合运用，控制刘家峡水库出库流量不超过 2 500 m³/s。

（2）大洪水防洪。当发生 1 000 年一遇及以下洪水时，龙羊峡水库按控制下泄流量不大于 4 000 m³/s 运用，否则龙羊峡水库按控制下泄流量不大于 6 000 m³/s 运用。当发生 100 年一遇及以下洪水时，刘家峡水库按控制下泄流量不大于 4 290 m³/s 运用；当发生 100 年一遇至 1 000 年一遇洪水时，刘家峡水库按控制下泄流量不大于 4 510 m³/s 运用；当发生 1 000 年一遇至 2 000 年一遇洪水时，刘家峡水库按控制下泄流量不大于 7 260 m³/s 运用；当发生 2 000 年一遇以上洪水时，刘家峡水库敞泄运用。龙羊峡、刘家峡水库

联合运用,控制100年一遇及以下洪水兰州站流量不超过6 500 m^3/s。

7.1.5 中游水库群联合防洪运用

(1)下游滩区淹没。现状条件下,花园口6 000 m^3/s以下洪水滩区淹没损失较小,洪峰流量从6 000 m^3/s增大到8 000 m^3/s时淹没损失增加很快,8 000 m^3/s时的淹没范围达到22 000 m^3/s淹没范围的89%,淹没人口达到22 000 m^3/s淹没人口的83%。因此,将花园口洪峰流量控制到6 000 m^3/s以下,可以有效减小滩区的淹没损失。

(2)洪水量级划分。考虑下游河道主槽过流能力、下游堤防设防流量、花园口中小洪水量级、中游水库群运用情况和运用后下游洪水量级等多种因素,以花园口站洪峰流量是否达到4 000 m^3/s、8 000 m^3/s、10 000 m^3/s、22 600 m^3/s(30年一遇)、29 200 m^3/s(百年一遇)、41 500 m^3/s(近千年一遇)划分下游洪水量级。其中,4 000 m^3/s为下游河道主槽过流能力,8 000~10 000 m^3/s为中小洪水上限量级、滩区淹没损失较大,10 000 m^3/s为山东河段堤防过流标准,22 600 m^3/s为"下大洪水"东平湖启用节点,29 200 m^3/s为"上大洪水"东平湖启用和三门峡水库控制运用节点,41 500 m^3/s为超标准洪水、北金堤滞洪区启用节点。

(3)中小洪水调度。防御中小洪水时花园口控制流量越小(防御标准越高)所需的小浪底水库防洪库容越大。在小浪底水库拦沙后期,对于花园口10 000 m^3/s(约5年一遇)洪水,控制花园口4 000 m^3/s、5 000 m^3/s、6 000 m^3/s运用,小浪底水库分别需要18亿m^3、9亿m^3、6亿m^3左右库容;对于花园口8 000 m^3/s(约3年一遇)洪水,控制花园口4 000m^3/s、5 000 m^3/s、6 000 m^3/s运用,小浪底水库分别需要10亿m^3、5.5亿m^3、3.2亿m^3左右库容;淤积量60亿m^3后防洪库容不超过7.9亿m^3。由于小花间洪水的存在,小浪底水库能够控制的花园口中小洪水的洪峰流量最低为6 000 m^3/s。

(4)现状防洪体系联合运用。"上大洪水"50年一遇以下洪水,三门峡水库敞泄,超过50年一遇洪水,三门峡水库按照先敞后控方式运用;小浪底水库在水位达到263~266.6 m时可加大泄量按敞泄或维持库水位运用,下游东平湖配合分洪。"下大洪水"小浪底水库首先投入控制运用;三门峡水库在小浪底水库水位达到263~269.3 m时,按照小浪底水库的出库流量泄洪;预报花园口洪峰流量达到12 000 m^3/s,陆浑、故县水库按设计防洪方式运用;东平湖滞洪区在孙口流量大于10 000 m^3/s后投入运用。孙口站洪峰流量超过17 500 m^3/s或10 000 m^3/s以上洪量超过东平湖滞洪区分洪容量,北金堤滞洪区分洪。

(5)下游中小洪水防洪问题需多种措施共同解决。

小浪底水库拦沙后期,随着水库淤积量的增加,254 m以下的防洪库容逐渐减小,对中小洪水的防洪作用也逐步减小。在淤积量超过60亿m^3后,对中小洪水控制运用可能占用254 m以上防洪库容,影响水库长期有效库容的维持;若对中小洪水不控制或不完全控制,又会使得下游滩区淹没损失增大。由于中小洪水防洪问题复杂,涉及防洪与减淤、近期与长远、局部与全局等多种情况,仅靠小浪底水库不能解决黄河下游和滩区防洪问题,黄河下游和滩区防洪问题应依靠水库、滩区安全建设、滩区淹没补偿政策等多种措施共同解决。

7.1.6　防御冰凌洪水研究

(1)宁蒙河段凌情等级指标。现状条件下宁蒙河段严重凌情的定量划分基本指标为,槽蓄水增量大于 15 亿 m^3,三湖河口水位大于 1 020.0 m,头道拐凌峰流量大于 2 500 m^3/s。开河期气温是凌情等级划分的辅助指标。

(2)防凌工程运用。上游,一般情况下,凌汛期控制刘家峡水库下泄流量,减少宁蒙河段槽蓄水增量;万家寨水库在封、开河时进行水位控制。严重凌情时,还需依靠海勃湾水库、内蒙古河段应急分凌区、沿河引黄灌溉渠系等应急分凌,相机实施冰上爆破等应急破冰措施。中游,主要利用万家寨水库和龙口水库调节,控制下泄过程平稳。下游,一般凌情,通过小浪底水库控制运用,减少槽蓄水增量,为封、开河创造有利条件;遇严重凌情,三门峡和小浪底水库联合运用,通过三门峡、小浪底水库的实时调度、沿黄引水工程分水、破冰和抢险等综合措施,减少凌灾损失。

7.2　主要创新点

(1)按照以人为本的原则、空间均衡的目标,首次依据管理洪水的理念提出了面向全流域、包括防洪防凌、涵盖洪水泥沙和洪水资源利用的黄河防御洪水方案,为黄河防洪实现流域统一管理、统一指挥奠定了基础。

(2)首次定量分析了人类活动对花园口中小洪水的影响程度,分析提出了中下游现状工程条件下场次洪水过程样本集,开创性地提出了全样本计算中小洪水防洪库容的方法,为科学制定小浪底水库防洪调度指标、提出兼顾黄河下游滩区防洪的调度方式夯实了根基。

(3)首次提出了小浪底水库拦沙期不同阶段的下游防洪体系联合防洪运用方式,确定了 50 年一遇以上洪水小浪底、三门峡水库和东平湖滞洪区的合理控制运用时机,为制订黄河中下游防御洪水方案提供了技术支撑。

(4)紧密结合近期宁蒙河段防洪需求,针对龙羊峡水库多年调节特点,开创性地提出了利用设计汛限水位以下库容兼顾宁蒙河段中小洪水防洪的调度方式。丰富了对多年调节水库防洪方式的认识,使上游水库群防洪调度更切合实际,为科学制订黄河上游防御洪水方案提供了技术支撑。

(5)首次研发了三门峡、小浪底、陆浑、故县、河口村五库联合防洪调度模型。结合黄河中下游突出的洪水泥沙问题,构建了库群预泄、凑泄、控泄、敞泄等多目标调度方案集库,为黄河中下游防洪调度提供了有效的决策支持平台。

(6)在深入分析凌汛特点及成因基础上,首次探索性地提出以槽蓄水增量、三湖河口水位、头道拐凌峰流量为基本指标,开河期气温为辅助指标的凌情等级划分指标集,并确定了黄河上游严重凌情的具体判别标准。为规范黄河防凌调度、判别上游河段凌情等级、指导水库防凌调度提供了重要的决策依据。

7.3 展 望

本项研究取得的研究成果具有较为广泛的应用前景。其中,有关现状工程条件下黄河中游主要站中小洪水特性及设计洪水成果已应用于黄河防御洪水方案编制和洪水调度方案修订、黄河中下游年度洪水调度方案中;兼顾宁蒙河段防洪的龙羊峡、刘家峡水库运用方式,已用于2012年黄河上游洪水调度实践,通过水库调度有效减小了上游洪水淹没范围;小浪底水库拦沙后期防洪运用方式及控制指标成果已应用于黄河干流梯级水库群综合调度方案制订工作中。以上成果在水库防洪、防凌调度实践和沿黄有关省区洪水防御方面具有广泛的应用前景,对其他多泥沙河流以及有凌汛问题的河流防汛、调度具有借鉴作用。

参考文献

[1] 史辅成,易元俊,高治定. 黄河流域暴雨与洪水[M].郑州:黄河水利出版社,1997.

[2] 高治定,李文家,李海荣.黄河流域暴雨洪水与环境变化影响研究[M].郑州:黄河水利出版社,2002.

[3] 高航,姚文艺,张晓华.黄河上中游近期水沙变化分析[J].华北水利水电学院学报,2009(5).

[4] 饶素秋,霍世青,薛建国,等.黄河上中游水沙变化特点分析及未来趋势展望[J].泥沙研究 ,2001(2).

[5] 霍庭秀,罗虹,李欣庆,等.黄河中游河龙区间水沙特性分析[J].水利技术监督,2009(5).

[6] 李晓宇,金双彦,徐建华.水利水保工程对河龙区间暴雨洪水泥沙的影响[J].人民黄河,2012(4).

[7] 陈宝华,高翔,张克,等.人类活动对部分水文要素的影响[J].山西水利,2009(6).

[8] 李文家,石春先,李海荣.黄河下游防洪工程调度运用[M].郑州:黄河水利出版社,1998.

[9] 林秀山,李景宗.黄河小浪底水利枢纽规划设计丛书之工程规划[M].北京:中国水利水电出版社,郑州:黄河水利出版社,2006.

[10] 林秀山,刘继祥.黄河小浪底水利枢纽规划设计丛书之水库运用方式研究与实践[M].北京:中国水利水电出版社,郑州:黄河水利出版社,2008.

[11] 姜斌.黄河滩区的综合治理[J].水利发展研究,2002(2).

[12] 汪自力,余咸宁,许雨新.黄河下游滩区实行分类管理的设想[J].人民黄河,2004(8).

[13] 胡一三.黄河滩区安全建设和补偿政策研究[J].人民黄河,2007(5).

[14] 张红武,黄远东,赵连军,等.黄河下游非恒定数沙数学模型——模型方程与数值方法[J].水科学进展,2002(3):2-7.

[15] 谢鉴衡.河流模拟[M].北京:水利电力出版社,1990.

[16] 张红武,江恩惠,白咏梅,等.黄河高含沙洪水模型的相似律[M].郑州:河南科学技术出版社,1994.

[17] 翟家瑞.常用水文预报算法和计算程序[M].郑州:黄河水利出版社, 1995.

[18] 苏联水文气象委员会水文气象科学研究中心.水文预报指南[M].张瑞芳,等译.北京:中国水利水电出版社,1998.

[19] 霍世青,李振喜,饶素秋.1998—1999 年度黄河内蒙古河段凌汛特点分析[M].郑州:黄河水利出版社,2000.

[20] 饶素秋,霍世青,薛建国.90 年代黄河宁蒙段凌情特点分析[M].郑州:黄河水利出版社,2000.

[21] 可素娟,王敏,饶素秋,等.黄河冰凌研究[M].郑州:黄河水利出版社,2002.

[22] 王军.河冰形成和演变分析[M].合肥:合肥工业大学出版社,2004.

[23] 蔡琳.中国江河冰凌[M].郑州:黄河水利出版社,2007.